U0933843

全部生命系列

不合理的快乐

存在的喜悦

[美] 杨定一 / 著

Jan Martel / 文献整理

陈梦怡 / 编

UNREASONABLY HAPPY

THE JOY OF BEING

华龄出版社
HUALING PRESS

图书在版编目（CIP）数据

不合理的快乐：存在的喜悦 /（美）杨定一著. --北京：华龄出版社，2021.8

ISBN 978-7-5169-2006-0

Ⅰ. ①不… Ⅱ. ①杨… Ⅲ. ①快乐—研究 Ⅳ. ① B842.6

中国版本 CIP 数据核字 (2021) 第 184160 号

北京市版权局著作权合同登记号 图字：01-2021-2999 号

策划编辑	颉腾文化	责任印制	李未圻
责任编辑	董 巍 郑建军		

书 名	不合理的快乐：存在的喜悦		
作 者	[美] 杨定一	编 者	陈梦怡
文献整理	Jan Martel	封面设计	卢峖嵘
出 版 发 行	华龄出版社 HUALING PRESS		
社 址	北京市东城区安定门外大街甲 57 号	邮 编	100011
发 行	（010）58122255	传 真	（010）84049572
承 印	文畅阁印刷有限公司		
版 次	2022 年 1 月第 1 版	印 次	2022 年 5 月第 2 次印刷
规 格	640mm × 910mm	开 本	1/16
印 张	25	字 数	310 千字
书 号	ISBN 978-7-5169-2006-0		
定 价	99.00 元		

www.sedonalandscape.com　摄影作品

写在《不合理的快乐》之前

杨定一

我相信，你只要打开这本书，很快就会发现——虽然我希望探讨的是快乐的不合理的层面，但是，我还是用合理的科学和医学，先为“快乐”这个主题做一个汇总。这个汇总非常完整，用了相当多的篇幅，从各角度做了详尽的说明。

合理与不合理之间，无论用多少文字来衔接，都会让你感到很突然。这两者本来就是不同的逻辑轨道，彼此之间没有交会。

有意思的是，熟悉《真原医》的读者，可能会重视第一篇到第六篇的科学和医学，而喜欢《全部的你》和《神圣的你》的读者，可能会更期待后半的章节。

你也许想问——假如重点是要谈不合理的快乐，为什么要花那么多篇幅，对合理的快乐做详尽的说明？

答案其实相当简单。

我们活在这个世界，都受到理性和“人”带来的种种制约。人类的逻辑，本身已经框住了我们理解的范围。所以，我认为有必要先把这个合理的层面——人类所带来的知识，做一个详细的说明，让你亲眼见到人类穷尽理性的限制，再从这个平台跳出来，到一个更大、更广、不合理的层面。

我相信你自然会发现，透过科学，人是快乐不起来的。但是，这本书的前半部分给我们一个完整的基础，让我们透过现代的科学，可以解释人间的种种快乐，或不快乐。

我在科学与医学的层面做那么仔细的分享，其实还有另一个原因。

我个人认为很少有主题像“快乐”一样，能让那么多人注意。多年来，集中了各种学科的人才，像是社会科学、神经医学、心理学，想解开快乐的谜底。在科学领域，这是相当难得的现象。所以，透过这本书，你也可以对科学的运作有一个全面的观察，并且可以理解为什么科学家会有这样的热情去做种种深入的研究。坦白说，对科学这样一个全面回顾的机会，并不多。

总之你会发现，无论多完整，目前的科学还是像我前面提到的，没办法带来快乐。所以，另一个用意是让你深深体会古人的伟大。他们早就解开了这样一个与我们生命最相关的问题，而现代人透过科学还在定义和说明的阶段原地踏步。

我尽量用最简单的语言和方法来说明，希望把专业的用词变得清晰明了，只需要中学的科学程度就可以轻松阅读。即使有些词不懂，也不用担心，并不会影响这本书的要旨。

“全部生命系列”的朋友，会发现书后半的不合理的层面，其实是延续《全部的你》《神圣的你》这两本书的精神，还带来了一些具体的观念和练习方法。相信你会同意，这些实在的练习，对你的日常生活绝对有帮助。所以，愿意的话，可以先从第八篇和第九篇读起，再回到前面探讨身心的快乐。

序

杨定一

这本书的书名《不合理的快乐》，也可以称为——存在的喜悦、顿时的快乐，或者，不理性的快乐。

在这个世界，没有一个生命不希望快乐。人类以外的每一个生命，自然都在活出最快乐、最舒畅的状态，也就是生命最根本的状态。可惜只有人类不快乐，让自己不快乐，也带给周围的人和生命种种不快乐。

一个人不快乐，是不可能健康的。快乐和健康是一体的两面。找回快乐，其实也只是恢复身心的健全与安康。

不快乐的来源，也只是烦恼。只有人，才有凭空创造种种烦恼的能力。把快乐找回来，也只是解开人生种种的问题，消除烦恼。

多年来，我一直期待看到这样的一本书——不光是整合各领域关于快乐的说法，从科学、文学、哲学、经济学、心理学、医学、社会学探讨快乐这个主题，甚至能透过这个作品本身带来快乐，与读者一同活出快乐的生命。

虽然市面上已经有很多类似的作品，我之所以想写《不合理的快乐》，最主要还是觉得这些作品在理念上不够完整、不够直接，还在人间的快乐着手，甚至颠倒了真实快乐的因果关系。

即使透过每个学术的领域，懂了许多快乐的概念，取得种种快乐的知识，然而，这些概念和知识没有让人更快乐，反而让我们受到更多的制约，更多的限制。

我才会说，人间种种对快乐的追求，因果是颠倒的。

从我个人的角度来看，活出快乐其实比什么都简单。然而，这个问题的解答却可能和你所想、所认为的截然不同。

真正的快乐，不需要有理由。

真正的快乐，也是追求不来的。

真正的快乐，是每一个人本来就拥有的本性，不是在外界寻找或是追求的对象。

真正的快乐，只是轻松透过心境的转变，自然浮出来的。

医学乃至各门科学领域的努力，最多是拿来描述这种快乐所附带的属性。我在《真原医》《静坐》中所表达的也正是——身心的健康和静坐所带来的意识转变，最多只是透过科学、医学来验证，而不是透过科学、医学来追求。

不合理的快乐，是一个我老早就想写的主题。

我写作这本书的“野心”不可谓不大——希望透过这本书，对生命本来的快乐有充分的理解和体会。甚至，能为你打好快乐的基础，让你透过这份领悟，随时把快乐带回来。

这种快乐是永恒，是每个人本来都有的。

这本书引用的科学、医学和各领域的证据，最多只是让你体会人间对快乐的种种说明。无论从生理学、神经化学、文学、社会学、心理学还是哲学等角度来分析，都会发现人的结构就是来支持我们快乐的。快乐，也只是身心最有效率的状态，让我们活得最舒畅、反应最灵光，也最有成就感，最能感到心满意足。

你自然会把这些证据当作工具来用，而且还会发现，这些证据，非但跟这本书要谈的快乐一点都不矛盾，还验证了这本书所要探讨的——生命最大的快乐。

快乐，其实是贯通身—心—灵共同的门户。

这种说法，很可能和一般人所谈、所想的刚好颠倒。对大多数人来说，快乐是需要追求的，要符合某种条件或完成某个目标才可能得到的。然而，这本书所想表达的是——真正的快乐，不过是反映我们最轻松、最自在的心理状态。

身心合一，自然会快乐。换一个头脑能够理解的说法，快乐最多只是一个反映健康的指标。

我希望，透过这本书，以完全不同的角度，和你一起探讨这个问题。我相信，只要你敞开心胸来寻求解答，也自然会得到相同的答案，自然发现这本书所带来的种种观念可以随时落实在生活中。

然而，更重要的是你亲自验证这本书所谈的观念，透过它们完全转变人生的价值观和意义。让快乐直接浮现，让快乐就在眼前。

这本书能丰富精彩并深入浅出，我要感谢两位同事的贡献。

马奕安博士（Jan Martel），与我合作了很长时间。2008年，他在加拿大谢布鲁克大学（Université de Sherbrooke）毕业后，远赴中国台湾加入长庚大学的研究团队，投入纳米细菌和中草药蕈菇类的研究，已经有相当丰硕的成果。他是一个快乐的人，对“快乐”这个主题特别感兴趣。我好几次和他分享我一路走来的蓝图、在这本书想表达的重点以及希望囊括的学术领域，请他在研究之余查阅文献。他很快就进入状态，花了很多时间收集、整理“快乐科学”的研究成果供我们筛选，让我能在这本书中为近代的快乐科学做一个整合。

陈梦怡，最初将《真原医》的部分文章、《静坐》和其他作品译成中文。若没有她的翻译，这些作品也不可能受到广大读者的欢迎。接下来，她又和我合作《全部的你》和《神圣的你》，除了记录我口述的文章，并彻底地和我讨论、编辑。多年来的接触，也是合作完成这本书的不二人选。这本书从科学、哲学、心理学到全部生命一路贯穿下来，走到“活出不合理的快乐”，也要有她融会所学的精彩编辑才得以完成。她自己提到，每合作一本书，就把“我”（自我）更松动一些。我也为她高兴。

合作这本书，其实是很快乐的一件事，比任何其他项目都更轻松愉快。倘若不是如此，这本书所传达出的理念，也不可能符合这个主题。

同时，我也希望你能抱着轻松愉快的心情来读这本书。有些比较难以掌握的观念，我会设法用最简单的语言、不同的切入角度来说明。当然，这不是要让每个人都成为“快乐学”的专家。有了这些快乐的知识，最多只是让我们在人间有一些根据，可以充满信心地走上这条路，找回全部生命的快乐。

最后，我希望你读完这本书之后，可以真正成为快乐的人，活出快乐的人生。以此为基础，为身边的人带来快乐。

这，才是我们这一生最大的目的。

导论

在我们人生的快步调之下，快乐已经不再是一种选择。不快乐，是现代人面临的最大危机。

联合国世界卫生组织（WHO）发布的信息指出，2020 年全世界有三大疾病需要重视，抑郁症正是其中之一。[①]

抑郁症在现代社会不断地蔓延。女性罹患抑郁症的比例是男性的两倍。抑郁及抑郁带来的慢性失调已经成为女性最普遍的健康问题，也是男性除了心血管疾病之外的大问题。1/4 以上的美国人一生会遭遇至少一次严重的抑郁症，中国台湾的抑郁人口则逾百万，中国大陆超过 16% 的大学生出现中度以上的情绪问题。

美国有两位科学家针对全球各地 43 个国家超过 6000 名年轻学生，调查他们的快乐程度。值得注意的是，华人学生的快乐程度最低，如果得分最低是 1 分，最快乐是 7 分，那么华人学生的得分只有 3.3，而荷兰学生得分最高，为 5.4。如果被询问到理论上一个人可以多快乐，华人学生的得分为 4.5，一样也是最低的，而巴西学生的得分最高，为 6.2。或许可以这么说，我们的年轻孩子非但不快乐，甚至不敢奢望快乐。[②]

---

① 另外两个是心血管疾病与艾滋病。

② Suh, E. M., & Oishi, S. (2002). Subjective well-being across cultures. *Online Readings in Psychology and Culture*, 10(1), 1.

年轻人不快乐的情况愈来愈普遍。我相信每一个人身边都遇到过抑郁，甚至有自杀念头的年轻人。长期照护的疲惫、担心抑郁家人自杀的不安与无力感，还可能进一步引发身边亲近的人一并产生抑郁。不快乐带来的社会成本，远比我们想象的要高得多，甚至可以影响到一个社会是否能够永续生存。

不快乐，不光造成健康的衰退，而且是人生幸福和满足感最大的杀手。懂得快乐，自然能深化生命的意义，也自然可以找回生命的健康和潜能。一个快乐的人，不光学习、工作更有效率，对自己和身边的人自然也更友善，更有利他的行为。

这本书的中心理念——要得到快乐，其实比任何人想的都更简单。我们天生就是快乐，而且脑和生理架构就是支持快乐。可惜，透过人生和环境带来的经验，我们变得不快乐。

这本书会分成几个层面来探讨这个主题——用现代的心理学、社会学、医学和生物学，来重新定义——何谓快乐。目前有没有足够的根据，可以得出一套通往快乐的实证公式？我会尽量将这些各自独立的事实贯通，带领读者回到一个整体观，这是这本书前半部分所要触及的。

我相信你很快就会发现，快乐其实有一个“不合理”的层面。快乐，不是纯粹理性的产物，它离不开感受，也就是英语里的“gut feeling”（直接翻译过来是“肠道的感觉”，指的就是灵感或直觉）。你会发现，人生的快乐是身心综合的产物，既离不开大脑的快乐，也离不开身体的快乐。

而且，和大家想的不一样，是透过身体的快乐，我们才会找到身心均衡的快乐。现代人长期的失衡，过度偏重头脑，因此带来不快乐。让注意力落回身体，自然让念头降下来。身心均衡，我们也才能超越身心，自然也能找回真正的快乐。

这种观点，对头脑而言，是不理性、不合理的。但我相信，只要深入探讨下去，你一定也会同意，而且符合你对快乐、对生命最直观的体会。

懂了这些，就已经推翻了我们自己过去对快乐的种种看法和限定，所得到的公式也会截然不同。

这一不合理的层面，还不仅于此。我们可能不会想到，快乐和人生追求的目标及成果不见得直接相关。怎么活这一生，比这一生活成什么样子，有时候是更重要的。

快乐，不需要理由。这一句话，和流行的观点完全不同。就我目前为止所看到的心理学和科学，都还在合理的层面不断强调——快乐是可以学来的，也可以追求到的。然而，所有“合理”的快乐是短暂的，身心很快就会适应，甚至对快乐的追求，反而成了不快乐的来源。

我在这本书的后半部分，想带给你一个全然不同的理解——快乐，其实是“存在”，也就是“在”的概念。假如真有永恒的快乐存在，其实是一种存在的成就，它是“在的喜悦”（joy of being），而不是“追求的快乐”（joy of doing）。

我相信，彻底懂了这些概念，并可以随时带回生活中，会让你这一生截然不同。但愿这本书能成为我们一起快乐的同伴。

目录

壹 | 快乐 ABC

贰 | 快乐是身心合一的体验

叁 | 心情，帮助我们生存

肆 | 总想要更快乐

伍 | “我”和“我们”的快乐

陆 | 快乐，从整体来看

柒 | 没有“我”的快乐

捌 | 进入真正的快乐

壹

快乐ABC

01
你快乐吗？

Are you happy？

要投入这本书，投入快乐，首先我们要一起来访问自己——**你快乐吗？**或——**我快乐吗？**

我认为，这也许是我们一生最关键、最重要的一个问题。它本身就带来一个提醒——还有什么心理状态比快乐更重要？为什么到现在还没办法快乐？

回答这个问题之前，我们可以用两组简单的问卷从不同的层面切入，检验自己的快乐体质——我们的性格，帮助我们从不同的深度进入快乐这个主题。

第一组问卷是学术界常用的“生活满意度量表”[1]，大致回顾一般人对人生的看法，我们也可以开始填写：

[1] Diener, E. D., Emmons, R. A., Larsen, R. J., & Griffin, S. (1985). The satisfaction with life scale. *Journal of Personality Assessment*, 49(1), 71–75. 经Taylor & Francis及原作者许可，在本书使用经过翻译的量表版本。

生活满意度量表

这个量表由五句话组成，探讨一个人对自己的人生有多么满意。这几句话可能符合你的情况，也可能不完全符合，甚至不符合。填写这个量表时，请依照这些话符合的程度作答，由1分（完全不符合）到7分（完全符合），将分数填写在每一句话之前的横线上。

作答时，最重要的是放轻松，诚恳地依照实际情况填写。

（　）1. 大致上，我目前的生活跟我理想的生活状态相当接近。

（　）2. 我的生活条件非常理想。

（　）3. 我对生活感到满意。

（　）4. 到目前为止，我在人生中想要的事物，大致都得到了。

（　）5. 如果人生可以重来，我几乎不会做什么改变。

总分：________________

填写完这五道题目，把每一道题的得分相加，将总分写在最下方的横线上。我相信，光是这么回顾自己的人生与生活概况，对自己、对生活也就有了一层比较深刻的反思。

结果的相关诠释在这本书的附录，请你别急着先看，等待完成“牛津快乐问卷”，将两个结果一起比较。

你对快乐、对自己快乐的不同层面，会有更深的体会。

我想你也可以看得出来，这个量表每一句话都相当简单，只是反映一个人对自己和人生的观感。如果你还意犹未尽，我们可以在下一章深入探讨自己与快乐的关系。

02

再问一次——你真的快乐吗?

我们可以透过“牛津快乐量表”①，深入探讨自己和快乐的关系。

填写这份量表会需要多花一点时间，好好读每一句话，想想自己的情况然后作答。光是填写的过程，就可以让每个人对自己现在的快乐现状作一个反省与了解。甚至，可以隔一阵子再做一次。比较不同时间的得分，也许可以帮你了解影响自己快乐的因素。它可以作为一个提醒，让你知道自己的努力与心态，是不是能帮助自己更快乐。

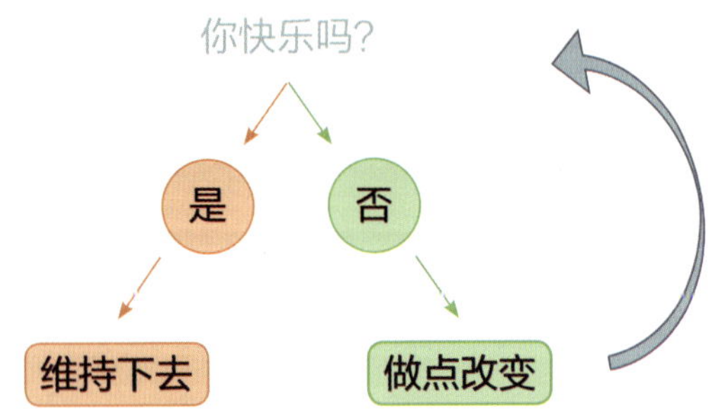

① Hills, P., & Argyle, M. (2002). The Oxford Happiness Questionnaire: A compact scale for the measurement of psychological well-being. *Personality and Individual Differences*, 33(7), 1073–1082.经 Elsevier 许可，在本书使用经过翻译及略做修改的量表版本。

牛津快乐量表（修改过的）

以下是关于快乐的一些说法，请用数字指出你有多同意或多反对这些说法，每个数字反映的程度分别是（1 = 强烈反对、2 = 反对、3 = 有点反对、4 = 有点同意、5 = 同意、6 = 强烈同意）

仔细阅读每一道问题。为了便于计分，这个量表已经略做修改，将原本必须反向计分的反向表达改为正向陈述。放心，题目没有陷阱，请不要钻牛角尖。请记得，无论同意还是反对都是合理的，没有哪一个答案是对的或错的。一般来说，你的第一反应多半就是合适的答案。如果你觉得某些题目不容易作答，请尽量贴近你的现状或一般情况下的反应来填答。

问卷开始：

（　）1. 我对自己相当满意。

（　）2. 我对人很感兴趣。

（　）3. 我觉得生命对我很不错。

（　）4. 无论谁，我都有温暖的感觉。

（　）5. 我醒来时，总是觉得精力充沛。

（　）6. 对未来，我觉得非常乐观。

（　）7. 我觉得这世界大多数的事都很有意思。

（　）8. 我总是相当投入，全力以赴。

(　　) 9. 人生美好。

(　　) 10. 我觉得这个世界是一个好地方。

(　　) 11. 我笑口常开。

(　　) 12. 我对于生命的一切相当满意。

(　　) 13. 我觉得自己长相很好。

(　　) 14. 我想做的事和已经完成的事，相当一致。

(　　) 15. 我很快乐。

(　　) 16. 我可以在某些事物中发现美丽。

(　　) 17. 我总是能鼓舞别人。

(　　) 18. 只要我想做，就挤得出时间。

(　　) 19. 我觉得自己特别能掌控人生。

(　　) 20. 我觉得自己什么都能扛。

(　　) 21. 我觉得自己头脑十分清醒。

(　　) 22. 我时常欢天喜地，兴高采烈。

(　　) 23. 我总觉得做决定很简单。

(　　) 24. 我觉得人生有一种特别的意义和目的。

(　　) 25. 我觉得精力旺盛。

(　　) 26. 我通常能把事情带往好的方向。

（　）27. 和别人相处，是愉快的事。

（　）28. 我觉得自己相当健康。

（　）29. 回想过去，我有的都是快乐的记忆。

总得分：

按照以下的指示计算得分之后，你可以连同前一章测验的结果，一起翻到本书附录，检视你的快乐指数。

步骤一：将 29 题的计分加总。

步骤二：总分除以 29，这就是你的快乐得分。

这些测验经过一定规模的样本验证，有一定的效度和可信度。做完这两个测验（如果还没有完成，记得回到前一章，一步步来），不妨到书末的附录去查对正式的解释。

只要很诚恳地做，相信你会发现，这两个测验的结果是相当一致的。

这些快乐的测验很有帮助，可以帮我们进行反省，也是协助个人改善生活质量、快乐资质的一个工具。因此，才被心理学界普遍使用。

这些测验的设计考虑了一个人怎么看自己、形成自己对快乐和人生的独特定义，更陪伴我们进入生活的每一个角落，从自己应对世界的方式去体会快乐的呈现。

一般来说，透过这些心理测验发现的快乐，还是和一个人所处的社会文化背景有关。举例来说，这些问卷都是西方的心理学家设计的，反映的自然是西方文化下的快乐。如果我们拿鼓励每个人发挥自我的社会与赞同每个人和别人一样的社会来比较，那么，从这些问卷的角度来看，活在鼓励个人的社会的人会比较快乐。显然，这样的快乐标准，脱不开人间的经验和流行的文化价值。

虽然如此，这种问卷还是有参考的价值，至少让人对自己有一个了解。尤其是我们东方人，集体的制约比较强大，来自西方以个人为主的观点是一个相当好的提醒。

有趣的是，这些问卷难免反映的是一般人对快乐的理解——认为快乐还是要符合某些条件、要有所谓快乐的“体质”，或得到人生的种种变化、成就和肯定才有资格或没有资格快乐。

从这本《不合理的快乐》中要谈的真实的快乐来说，这一类的心理测验，最多只是一个参考。只是反映了一个人和自己、和世界的互动模式，还是离不开人间的种种制约。我这里所谈的是超越所有制约的快乐。这种快乐到目前为止，没有问卷可以调查，却会超越你一生的所有想象。

03 追求快乐

我们认为下面这些真理是不言而喻的：人人生而平等，造物者赋予他们若干不可剥夺的权利，其中包括生命权、自由权和追求幸福的权利[①]。

美国第三任总统托马斯·杰斐逊（Thomas Jefferson）在260年前起草《独立宣言》。他的草稿在经过其他元老的讨论和修改之后，仍然把对快乐与幸福的追求视为人权最基本的要素，而且与生命和自由并列。或许，正是如此直截了当指出快乐是人性的要素，才使得美国能在近两百年来始终富强[①]。

有趣的是，美国影星威尔·史密斯（Will Smith）和他的儿子杰登·史密斯（Jaden Smith）也以“对快乐的追求”为主题拍了一部电影——《当幸福来敲门》（*The Pursuit of Happyness*）。

---

① Jefferson, T., Boyd, J. P., Butterfield, L. H., Bryan, M. R., Bush, A. L., & Wilmerding, L. (1950). *The Papers of Thomas Jefferson* (Vol. 1). Princeton: Princeton University Press.
《独立宣言》在很大程度上反映了17世纪英国哲学家约翰·洛克（John Locke）的政治思想，包括认为审慎而不断地追求真实的快乐，是人类天性最高的圆满。

主角克里斯·加德纳将所有钱投入推销医疗器材，没想到销售不佳，经济状况愈来愈差，妻子无法忍受而离开。克里斯设法挤进证券公司无薪实习，指望着成为正式员工以彻底改善生活。好不容易略有起色，又因为欠税，银行存款全数充公，父子俩只好流落街头。在这种困境之下，克里斯决心完成实习，凭着自己的努力、聪明才智以及天不怕地不怕的性格，一路过关斩将，非但得到正职，还走出人生一条路。最后，他还成立了自己的证券公司。

这部电影的剧情相当励志——修好手上的医疗器材、比别人多争取一份业绩、从实习生中脱颖而出，就能带给儿子更好的明天，带来满脸笑容的幸福。这种快乐是一般人都可以理解、认同的——快乐，要透过个人的牺牲、努力得来；为了得到最终的快乐，任何牺牲都值得。华人更是如此，父母都愿意为下一代的幸福和快乐而牺牲。

美国把追求快乐、追求幸福放在《独立宣言》里，在生活中确实也常看到 Pursuit of Happiness 的口号（有时候拼成 Happyness，就像这艘我在海边偶然看到却来不及拍下来的船一样）。人人都想要快乐，然而，也都是透过物质的追求和拥有，认为这就等同于快乐。

我们一般人所想的快乐都是落在未来，还要符合人间种种的条件、目标设定才能得到。倘若这些条件或目标没有达成，甚至会认为自己没有资格快乐。

这种快乐的定义，大概是每一个人都认同的。我这里再分享一个故事——Ruby on Rails 程序的发明人汉森（David Heinemeier Hansson）儿时常玩“如果有一百万，可以买什么”的游戏，想象未来可以得到的快乐。

2006 年，美国亚马逊集团有意购买他与朋友合伙的公司，汉森卖出一小部分股票，成了真正的百万富翁！他描述了那天的情景：“我去查银行账户，存款数字暴增。我觉得自己就站在梦想前方！可以去买想要的计算机、照相机还有汽车！那一整天，我一直在想：‘我再也不用工作，这样会让我永远快乐，太棒了。’”

“头几个月，我几乎没花那些钱，直到年底才买了一个有钱人的东西：一辆黄色的兰博基尼！虽然很棒，却没有想象中那种内心最深层的满足。”

那么，到底什么才能让他满足？汉森回想起的竟是：“写程序、开发网站、写文章、拍照片”——那是他还没有成为百万富翁之前，本来就负担得起的生活。

他说：“我发现真正让我快乐的，其实是全心专注的宁静与心流。那感觉就像——拉开百万富翁的帷幕，才发现帷幕后的东西，我早就拥有了。”

我分享这两个故事，想表达的是，我们会为快乐设定种种条件，然而真实生命的快乐其实是一种存在的状态（state of being），跟任何追求或成果都不相关。无论有再好的成果、达成多艰巨的目标，都还是人间转眼即逝的快乐，早晚都会消逝，是无法依赖的。

只有找到无条件的快乐，才是真正的快乐。

04

世界的快乐地图

我们多少都会想知道，这个地球或世界是快乐的吗？有多快乐？而我们和别人、别的国家相比，是比较快乐或是比较不快乐？世界各地的政治家也关心同样的问题，也衍生出许多计算快乐程度的公式。在这里，让我举出三个实例来说明。

第一种快乐公式，是以英国莱斯特大学的社会分析心理学者怀特（Adrian G. White）开发的“生活满意度指数”为基础，采用“对生活的满意程度”去描述不同国家人民的快乐程度。这个生活满意度指数，反映的主要是健康、财富、基础教育等外在因素，同时也寻求人们主观的评估。

另一种描述世界各地快乐程度的公式，可以用联合国教科文组织（UNESCO）结合人类福祉和人类对环境冲击程度这两大类因子设计的“地球快乐指数”（the happy planet index）作为一个实例。这个指数对于生态足迹较低的国家给予比较高的分数，强调一个国家要永续存在，必须要将追求经济发展所付出的生态环境代价纳入考虑。可以这么说，它谈的不只是人类这个群体的快乐，而是更进一步扩大，总结人类与这个星球的整体快乐。

联合国永续发展方案网络也推出一个志向远大的“世界快乐报告”，想要总结世界各地的快乐状态、描述人类快乐和悲惨的原因，也透过个案探讨政策对人类快乐的影响。“世界快乐报告”结合一个国家的国内生产总值（gross domestic product, GDP）、社会支持程度、人民平均寿命、生活选择自不自由、整个社会是不是乐善好施、贪腐程度等因素来描述快乐。可以想象，又会是另外一幅画面。

这种趋势，相信你在全球许多国家也都注意到了，瑞士这个大家心目中的幸福国度也是一例。进一步探讨，如果一个社会重视人的本质，也就不会造成太大的差异。许多研究指出，社会差异太大，会带给人民无力感，调查结果也反映出不快乐。这种现象，不光是人，连动物也是如此，在群体中落于低阶的狒狒，血液中的压力激素也比较高[①]。

对人的重视，不光是带来平等，也让人民有参与感。例如透过投票，觉得可以掌控自己的未来、对环境有决定权。之后会提到，参与和投入所带来的满足感，对快乐的心情是有帮助的。

我们可以看到，不同的快乐指数，可以勾勒出不同的世界快乐地图。也就是说，尽管专家为快乐设定了不同的条件，或强调物质，或强调公平，或更多综合性的条件，然而，在有条件的世界里，没有一个是普世而可以说有绝对重要性，值得人放下一切去追求的。

① Sapolsky, R. M. (1982). The endocrine stress-response and social status in the wild baboon. *Hormones and Behavior*, 16(3), 279–292.

05

快乐的条件

难道快乐和人间——物质、财富、地位、成就、公平性——都不相关吗？

答案其实非常简单。当然有。

这本书想表达的快乐有两个层面：一是世间的快乐，当然离不开物质和形相的成就，包括财富、名气、地位、影响力。另一种快乐则来自更深的层面，和物质不相关。它不光更容易获得，甚至，是永久的。只是我们往往分不清两者的区别，也就完全投入人间快乐的追求，误以为这是可以永恒的生命的快乐。

"Remember, son...money can't buy happiness, but it pays for a lot of anti-depressants."

“儿子，别忘了。钱买不到快乐，却可以多买几罐抗抑郁药。”

经作者 Shannon Burns 许可重制 © 2002 Shannon Burns.

过去有一个很有趣的研究，也就是在强调——快乐和财富其实没有关系。有时候，财富愈多，反而愈不快乐。

1974 年，美国一位经济学者伊斯特林（Richard Easterlin）在《经济发展能改善人类命运吗？》[①]这篇文章中分析美国人的收入和快乐程度的关系。他发现人如果收入增加，就更容易认为自己“非常快乐”。然而，如果比较各国经济发展程度（他采用的指标是人均国民生产总值），则会发现经济成长和快乐的程度其实并不相关。这个现象，在经济学上被称为“伊斯特林悖论”（Easterlin paradox）。也就是无论在哪个社会，有钱的人都会比较快乐一些。然而，如果让一个社会的每一个人都有钱，整个社会并不会变得快乐。

伊斯特林也就此提出了一个问题——“钱，买得到快乐吗？”他所谈的观念，也成为联合国建构“世界快乐报告”的概念主轴之一。

伊斯特林从两个角度来解释这个社会现象：一个是享乐适应（hedonic adaptation）[②]，也就是说，无论物质带来再多的快乐，快乐久了，人自然也就习惯、麻痹了，不会感受到那么大的满足感。另一个是社会比较，如果身边的人都一样富有，那么，财富并不足以让人比较快乐。至少，从伊斯特林的解释来看，快乐除了和财富有关，也和人的习惯和比较的心理有关。

研究也发现，富有的人多少还是比一般人多快乐一点点，代价是承受更高的压力，忍受更多的焦虑[③]。针对乐透得主的研究也指出，这些“幸运儿”并没有比一般人过得更幸福、更快乐[④]。有意思的是下一个发现：

---

① Easterlin, R. A. (1974). Does economic growth improve the human lot? Some empirical evidence. *Nations and Households in Economic Growth*, 89, 89–125.

② Hedonic 源自希腊神话中的赫多奈（Hδονή, Hedone），爱神丘比特和赛姬的女儿，代表快乐、享受和愉悦的女神。Hedonics 则衍生成为研究快乐感受的学问。

③ Kahneman, D., Krueger, A. B., Schkade, D., Schwarz, N., & Stone, A. A. (2006). Would you be happier if you were richer? A focusing illusion. *Science*, 312(5782), 1908–1910.

④ Brickman, P., Coates, D., & Janoff–Bulman, R. (1978). Lottery winners and accident victims: Is happiness relative? *Journal of Personality and Social Psychology*, 36(8), 917.

把钱花在别人身上，比起把钱花在自己身上，反而更有幸福感[①]。

当然，我们还是会忍不住质疑这些观点，觉得快乐不可能离开经济层面。其他探讨经济发展和快乐关系的研究，也发现其实经济发展水平还是和快乐有一定程度的正相关。至少透过生活满意度来看，在财富到达某一个水平之前是如此[②]，如说法三和说法四所示。

没有错，物质条件确实可以丰富一些导致快乐的因素，或者说至少可以减少一些不快乐的因素，例如健康、长寿、基本教育、新生儿能活下来、生活少一点压力、社会少一点暴力犯罪，都可以降低不快乐的可能。然而，比起一般人的认定，物质对快乐的影响可能没有那么绝对。

从另一个角度来说，假如一个人还要为生存烦恼，那他是难以在人间得到快乐的。至少要满足一些基本条件，才能得到世间的快乐，才能“奢”谈快乐。

除了财富，其他的条件（名誉、成就）也是如此。满足这些条件才能快乐，这是最普遍的看法，也很符合一般人的“常识”。

每个人都想知道自己要符合什么条件才能快乐。延续这种思维，所有的研究都还可以进一步再分析下去。不只是收入，一般公认与快乐相关的经济和社会因素还包括已婚、未婚、有没有家人、周围有没有亲友的支持，或是个人有没有灵性的资源，像是宗教信仰、人生意义、个人工作生活质量、所在的社会和政治价值是否自由民主、身心的健康来比对快乐的关系。

---

① Dunn, E. W., Aknin, L. B., & Norton, M. I. (2008). Spending money on others promotes happiness. *Science*, 319(5870), 1687–1688.

② Deaton, A. (2008). Income, health, and well-being around the world: Evidence from the Gallup World Poll. *The Journal of Economic Perspectives*, 22(2), 53–72.
Diener, E., & Seligman, M. E. (2004). Beyond Money: Toward an Economy of Well-Being. *Psychological Science in the Public Interest*, 1–31.

说法一：收入高似乎更快乐

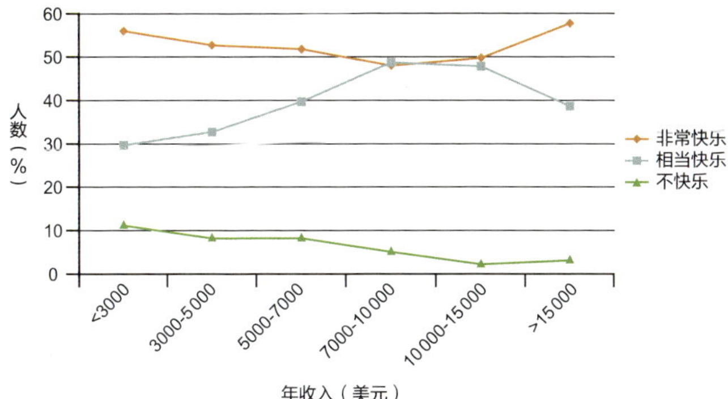

伊斯特林以美国 1970 年的数据，分析个人收入与快乐的关系。纵轴是人数的百分比，横轴是个人的年收入。三角形的点代表不快乐的人数，方形的点代表相当快乐的人数，圆形的点代表非常快乐的人数。除了前面提到的，收入增加，更容易认为自己“非常快乐”之外。我们还可以把“相当快乐”和“非常快乐”的数字加在一起看，也可以说随着收入增加，不快乐的人也就变少了。但是，别急着把快乐和收入画上等号。看看图的最左边，收入最低（一年小于三千美元）的人群中，仍有很高的比例认为自己相当快乐，甚至是非常快乐。

经 Elsevier 出版社同意，重制并翻译 “Easterlin, R. A. (1974). Does economic growth improve the human lot? Some empirical evidence. *Nations and households in economic growth*, 89, 89–125.” 表二。

说法二：经济发展没有让大家更快乐

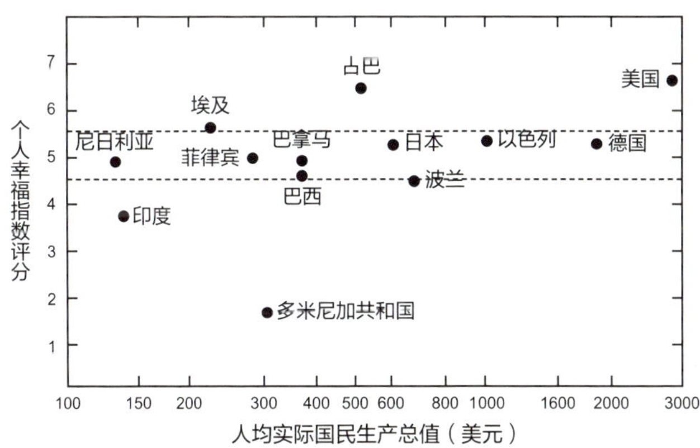

伊斯特林进一步分析了世界各国的经济发展程度与快乐的关系。图的纵轴是个人幸福指数的得分，横轴则是人均国民生产总值。可以看到，大多数国家的快乐程度，无论有钱与否，都落在五分上下。至少，国家整体的快乐，似乎无法全凭经济发展程度来解释。

经 Elsevier 出版社同意，重制并翻译 “Easterlin, R. A. (1974). Does economic growth improve the human lot? Some empirical evidence. *Nations and households in economic growth*, 89, 89–125.” 图一。

说法三：富国人民容易觉得快乐？

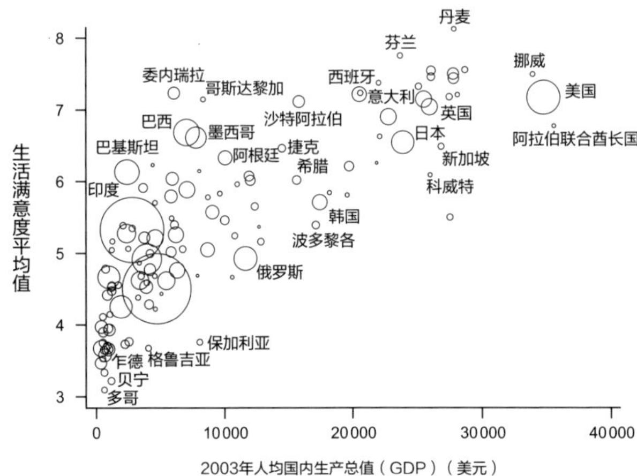

每一个圆圈代表一个国家或地区，圆圈的大小表示人口数，纵轴是生活满意度，也就是快乐的程度，而横轴是经济发展程度，用人均国内生产总值来表示（换算成 2003 年的购买力）。我们可以看到，好像富国的国民确实也快乐一点。这是 2015 年的诺贝尔经济学奖得主 Angus Deaton 在 2008 年发表的研究。

经美国经济学会 (the American Economic Association) 同意，重制并翻译 “Deaton, A. (2008). Income, health, and well-being around the world: Evidence from the Gallup World Poll. *The Journal of Economic Perspectives*, 22(2), 53–72.” 图一。

说法四：财富对快乐的影响有其局限

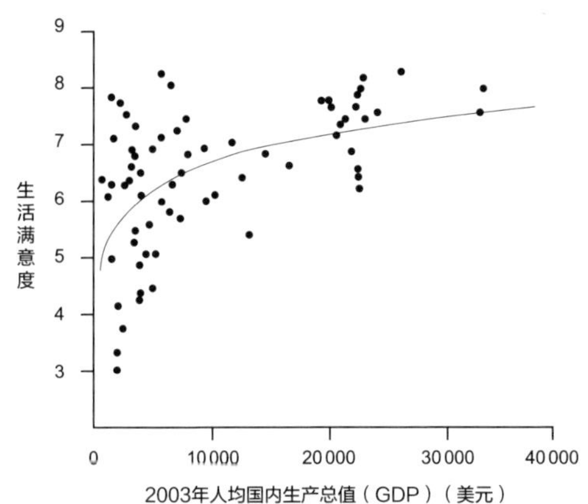

每一个点代表一个国家或地区，纵轴是生活满意度，也就是快乐的程度；横轴是经济发展程度。很明显，大概在人均国内生产总值到达 10 000 美元之后，快乐随经济发展而提高的幅度就没有那么明显。值得注意的是，就连最左边人均国内生产总值极低的国家或地区，快乐程度的分布也很广。看来，经济发展并不是影响一个国家整体快乐的唯一因素。然而，经济发展得好，可能可以减轻其他因素对快乐程度的冲击。

经 SAGE Publications 同意，重制自 “Diener, E., & Seligman, M. E. (2004). Beyond Money: Toward an Economy of Well-Being. *Psychological Science in the Public Interest*, 1–31.”

伊斯特林又做了一个研究，发表在美国科学院期刊（PNAS），造成轰动。美国科学院期刊的稿件主要是由院士提供或推荐，在各领域有相当大的影响力。我之所以在这本书引用这些著名期刊的研究，是要表达快乐的研究已经累积了一定的质与量。这些跨领域的快乐研究运用新的技术，已经得到众多知名期刊的肯定。我也希望能鼓励年轻的科学家能从这方面着手。

回到伊斯特林的研究。他将 19 到 29 岁的女士分成已婚和未婚两群，发现了明显的不同。看起来，已婚的女士比未婚的女士更快乐。他把这个发现扩充到更广的年龄层（20 岁到 80 岁），发现已婚、未婚还是有很大的区别。有婚姻的人，比没有婚姻的人更快乐。男性也是同样的趋势[①]。

① Easterlin, R. A. (2003). Explaining happiness. *Proceedings of the National Academy of Sciences of the U.S.A.*, 100(19), 11176–11183.

说法五：已婚似乎更快乐

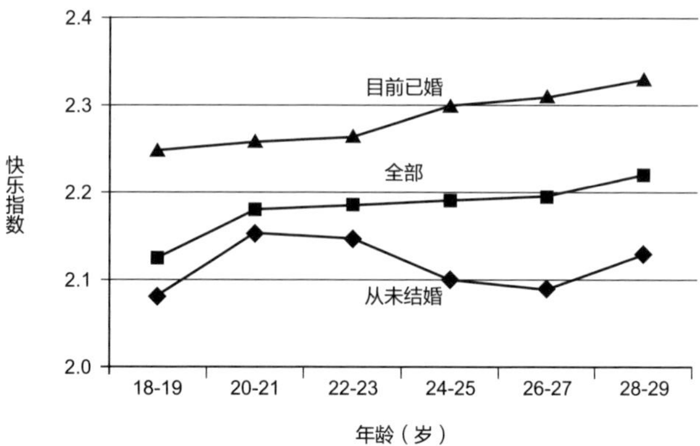

伊斯特林把 19 至 29 岁的女性分作已婚和未婚两群，比较她们快乐的程度。图的纵轴是快乐指数，横轴是年龄，菱形的点表示未婚的人，正方形表示所有人，三角形的点表示已婚的人。可以看出，无论哪个年纪，已婚的人都比未婚的快乐一点。

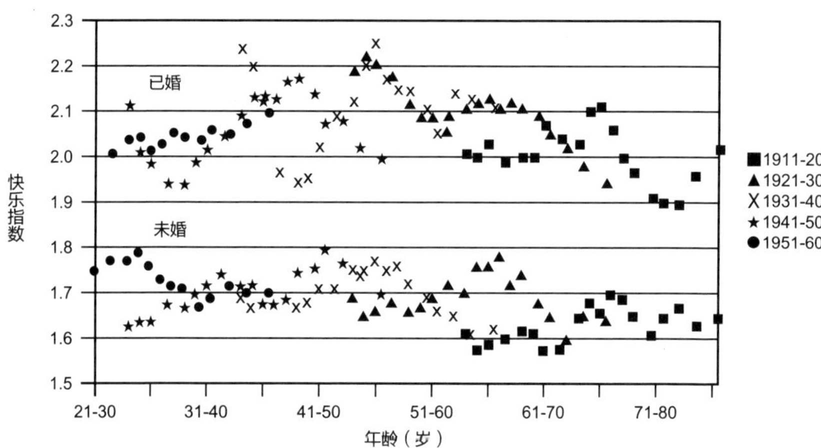

伊斯特林将调查的年龄层扩充到 80 岁，进行更广的调查。图中的点，代表不同年代出生的人（可以参考图例）。图的纵轴是快乐程度，横轴是伊斯特林进行分析时这些人的年龄。我们可以看到，数据很明显分成两大群。比较快乐的一群，是已婚。而下方是未婚的群，快乐得分比较低。

然而，对于个人而言，快乐是什么？可以是一个简单的公式 A + B + C +……就会快乐吗？把所有条件都凑满了，人就会快乐吗？

06

经济和快乐，哪一个重要？从不丹谈起

不光是个人要追求快乐，国家也一样追求快乐。最常见的标准就是从一个国家的进步程度，特别是经济的发展来取得。

然而，前一章也提过，一个国家的快乐并不是只有金钱这个衡量因素。就像以下这个研究显示的，收入最低的印度成为最快乐的国家。加拿大、美国等国家，反而不那么快乐[①]。

说法六：最富足的，反而最不快乐？

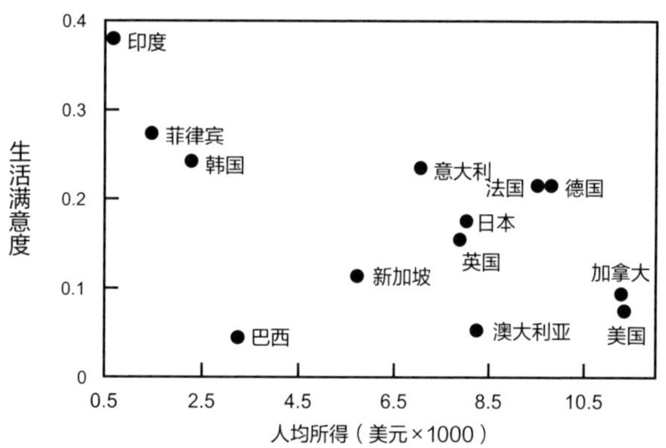

这张图和前一章所引用的经济发展与快乐关系的研究完全相反。纵轴一样是生活满意度，也就是快乐。而横轴是一个国家的经济发展程度，以每人平均所得来表示。我们可以看到，最贫穷的印度最快乐。一般公认最富足的美国和加拿大反而最不快乐。我相信，你读到这里，难免开始怀疑：这些科学家真的懂得快乐是什么吗？他们彼此之间谈到快乐时，指的是同一件事吗？不用担心，跟着这本书继续走下去，我们会进入各种快乐的层面。

经作者同意，重制并翻译自“Veenhoven, R. (1997). Advances in understanding happiness. *Revue Québécoise de Psychologie*, 18(2), 29–74.” 图五。

---

① Veenhoven, R. (1997). *Advances in understanding happiness. Revue Québécoise de Psychologie*, 18(2), 29–74.

那么，除了经济发展，是什么让一个国家的人民能够快乐？

1974 年，当时不丹年轻的新国王辛格（Jigme Singye Wangchuck）提出一个新的观点——“国民快乐总值”（gross national happiness, GNH）比起“国民生产总值”（gross national product, GNP），更能够预测一个国家进步的程度。当初，这个观点被很多专业人士讪笑。但是接下来，不丹从独裁走向民主，也采取了很多稳定社会经济发展、环保和保存文化的措施。现在，它的人均国内生产总值已经超过印度，平均寿命从 1982 年的 43 岁到 2013 年的 69 岁，新生儿死亡率从每千人 163 降至 40 不到，识字率也逐步提升。

当然，快乐是不是应该成为政府的责任、政府的作为是不是真的能够带来快乐、要促进快乐的哪些层面，也引发了很多辩论。不丹这个国家进展的过程也不是毫无问题，包括采取了一些减少个人自由的措施，像是禁烟、禁止私人行医。随着经济发展，失业率、失窃率和药物滥用的问题也在慢慢突显。

我们不得不承认，谈快乐，却完全不谈经济，很难让人相信一个国家能真的快乐。即使打造“世界快乐报告”的不丹，在这份报告的排名也并非名列前茅，一度还下滑到了第 79 名。

然而，当初不丹国王提出以快乐衡量一个国家的发展程度，这一观点确实对世界各地影响深远。

从我个人待过很多国家的经验来看，像巴西国民的本性就是比较快乐。不光是有丰富的天然资源，有山海有矿产，地大物博，加上热带的风情，还有宗教灵性的基础，人也自然心情开朗，看着这世界都友善、轻松。虽然人民很贫穷，却很看得开，觉得物质够用就好了，对物质的需求没那么急迫。看到外国人都在为未来、就业而奔忙，反而觉得难以认同。

我后来从巴西到美国，当时虽然很年轻，很快就发现不同民族的性格有很大差异。北美的民族性格比较一板一眼，凡事相当谨慎，有时候也过度紧张。这一点，用社会经济条件很难解释，或许和历史背景与文化也有关系。很有意思的是，就连语言都反映这一差异，葡萄牙语比较热情，而英语则比较精确和理性。

回来谈不丹，我相信不丹的国民和我所见到的巴西人一样，性格本来就比较单纯，再加上信仰的支持，也就容易快乐。

或许我们必须承认，快乐有太多的条件是无法厘清的。科学家会用听起来比较有学问的“变量”这个词来替代“条件”，这本书以后还会用到。或许你很快就能学会把“我们还不清楚快乐是怎么一回事”这个句子，用科学家的口吻重说一遍——“我们很难用单一层面，甚至用多层面的变量，来预测或描述快乐。”

07

快乐，可以透过科学来探讨吗？

我在《静坐》一书中表达过，一般的科学研究应该让变量保持单一，才能得出清晰的结论。研究的成果，则取决于研究一开始所使用的假设。因此，在谈快乐的研究时，不能不去思考心理和社会研究的困难度。物质科学的研究，比较容易控制变量。然而，快乐和其他心理状态一样，都有很多层面，也自然会受到多重变量的影响，不容易得出一个适用于每个人的正确答案。

当然，这类快乐的研究有很多地方值得商议，包括快乐的定义是不是能用所谓的“生活满意度调查”得到、主体或资料是否能直接比较，在方法上都有许多争议。我希望读者可以明白，即使是所谓的科学研究，换个分析方式，就很容易得到不同的结论。也就是说，种种快乐的条件，包括透过“科学”所归纳出来的，真的是绝对的吗？

前一章提到快乐好像有许多条件，然而，从下图所示的这个研究可以看出来，好像已婚未婚、收入高低，都和快乐没有关系[①]。就像图里显

① Ed, D., Suh, E. M., Lucas, R. E., & Smith, H. L. (1999). Subjective well-being: Three decades of progress. *Psychological Bulletin*, 125(2), 276-302.

示的，人到了四十岁，无论收入还是已婚比例都是最高，然而，生活满意度，也就是快乐的程度，依然不为所动。如果一个人把金钱当作人生目标，那么，即使达到这一目标能够快乐，也只是短暂的快乐。

说法七：财富、伴侣与快乐无关

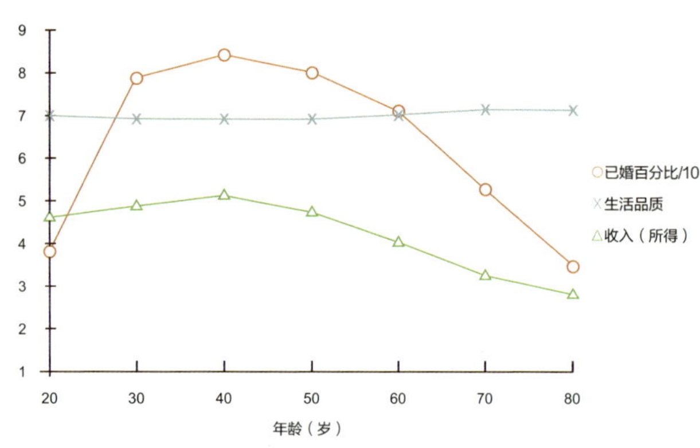

这张图从另一个角度来衡量快乐和婚姻、收入这两个条件的关系。纵轴是程度，要分别从图里的三条曲线去比较，○代表已婚的百分比（除以 10）。× 代表生活品质，也就是这位研究者心目中的快乐程度。△则是收入。横轴则是年龄层。你会发现，随着年龄渐长，经济条件会有变化，可能有伴侣，也可能失去了伴侣，但快乐的程度却没有多少变化。比起这两个外在的条件，快乐好像有更主观的原因存在。

经美国心理学会 (the American Psychological Association) 同意，重制并翻译自“Ed, D., Suh, E. M., Lucas, R. E., & Smith, H. L. (1999). Subjective well-being: Three decades of progress. *Psychological Bulletin,* 125(2), 276-302.”

我相信，你大概已经开始动摇了，知道这类相关的研究非但不少，而且还在不断增加中，可能数都数不清。就像我在《静坐》中提到脑部变化的研究，也是多得难以计数。区别只会愈来愈细，或相关的范围愈来愈广。要快乐，好像需要满足数不清的条件。是这样吗？

我们最多可以从这些研究下一个总结——一个人还是需要一定的物质、社会甚至精神的条件，才有基础来追求快乐。然而，物质的相对重要性会下降。好像快乐要靠更为精神层面的方式，才能满足。

至此，我们真正要问的是：没有这些条件，这一生也能找到真实而永久的快乐吗？

这本书想带来的答案是——当然是。

无论怎么分析，人间所谈一般的快乐，本身都是一种有条件的快乐，离不开物质或境遇的转变。我们仔细观察就会发现，如果一种状态（快乐）还会受到物质或其他条件（即使是精神层面）的影响，它本身并不是永久的，且早晚会消失。

《不合理的快乐》这本书，则是希望带着你找回——无条件的快乐。

08

对快乐的追求有止境吗?

前面提过享乐适应的概念，这个概念联结了现代心理学相当重要的一个新领域，也和这本书的主题有相当紧密的关系。在这里我想多谈一点。

布里克曼和坎贝尔这两位学者在 1971 年首先提出“享乐跑步机”（hedonic treadmill）[①]来描述“享乐适应”（hedonic adaptation）的概念——不管透过怎样强烈的刺激、生活多剧烈的变化，人的快乐会很快回到定值（set point）。

前面提过物质和财富与快乐的关系，透过享乐适应的原则来解释，也就是物质财富的丰富积累并不会提升一个人快乐的程度。从动力的角度来说，既然快乐的值是一定的，那么，为了维持固定的快乐程度，拥有愈多财富，对物质和周边人事物的要求也只会不断提高，这两股动力才能维持平衡。

说白了，就是一个人拥有愈多，自然只会期待更多。透过物质、享乐的方式来追求快乐，是永远没有尽头的。

---

① Brickman, P., & Campbell, D. T. (1971). Hedonic relativism and planning the good society. *Adaptation-level theory*, 287-305.

会用享乐跑步机来表达同一个观念，不光是因为没有尽头，更因为已经享受到的快乐只会带来更多的期待、渴望和追求。接下来，要维持一定的快乐程度，就必须像在跑步机上不断地走才能维持在定点，也才不会跌落。如果停止对物质的追求，反而会感受到失落，而失落本身就带来不快乐。可以这么说，对快乐的追求，反而成了不快乐的来源。

人间的快乐或人间带来的期待、渴望、追求，就这么造就了我们的“不快乐”。

这些是自古以来就有的观念，在每一个宗教都会提到的。比如佛经就有“若众生所有苦生，彼一切皆以爱欲为本，欲生、欲集、欲起、欲因、欲缘而生苦”的说法①。耶稣也说过：“凡自高的，必降为卑；自卑的，必升为高。”②《圣经》也有“狂心在跌倒之前”的说法③。中古世纪神学家圣奥古斯汀也说：“说真的，欲望没有止息，本身即是无限、没有尽头。就像有些人说的，是一个永久的桎梏或马磨。”④现代的学者用停不下来的跑步机来描述人类对快乐的追求，也正是古人在圣奥古斯汀甚至更早的年代就有的感触。可以说，只要对人性有深入一点的观察，都会得到同样的结论。

---

①《杂阿含经》。

②《路加福音》14:10。

③《箴言》16:18。

④ 这段圣奥古斯汀的话，引自1621年牛津大学学者罗勃·波顿（Robert Burton）《阴郁的解析》一书。“A true saying it is, desire hath no rest, is infinite in itself, endless, and as one calls it, a perpetual rack, or horse-mill.” (Burton, R. (1989). *The Anatomy of Melancholy* [1621], ed. Thomas C. Faulkner, Nicolas K. Kiessling and Rhonda L. Blair; commentary JB Bamborough and Martin Dodsworth, 6 vols.)

享乐适应（hedonic adaptation）是一种保护性的生理机制，目的在于保护人体不会受到情绪或环境剧烈变动的过度影响，维持一定的恒定性，才能够稳定地运作。这种生理机制是透过几个层面发挥保护的作用——

首先，透过价值观的彻底改变。一个原本让人很快乐的刺激，经过价值评估的调整，久了，就不再觉得有什么新奇的。

另外，透过神经化学的调控（也就是生物化学的减敏化 desensitizing），自然会把一些激烈的感触淡化，无论是惊喜还是低落的反应，都要尽快回到原本中性的水平。

这就是享乐适应的两种作用方式。

从这样的架构来看，现实生活的快乐其实是相对的，要和过去的经验比较，才说得出来自己多快乐。

这么说，每一个人都有一个固定的快乐值，来保持快乐程度的稳定。一个人的情绪状态无论多高、多低，都要回到这个点上。这个点本身的高低因人而异，一个人长期的快乐感，并不会因为一时的喜怒、好消息、坏消息而受到很大的影响。

举一个实例，大华被加薪，一开始一定很兴奋，接下来，习惯了加薪带来的生活变化之后，兴奋感不再，快乐的程度也就回到一开始的基准点。然而，其他的变化，例如突来的假期、奖励，一样会让他开心。也就是说，对于一个刺激不再那么敏感，有助于我们把注意力重新打开去接受新的刺激、新的体验。

前面提到享乐适应有保护的作用，在面对负面刺激时更为明显。一个人遭遇危机、遇到灾难，甚至生逢战乱而流离失所，这类生命难以承受的失落，对身心健康造成很大的折损。这时，享乐适应的保护效果是特别突出：透过减敏化让整个神经系统麻木，好让身心能够勉强匀出来，应付其他可能的危机。

正因如此，一个人遭遇了极端的痛苦，甚或接二连三的危机，几年、几十年后，回头看这一段经历，都很难相信自己竟然有这样的承受力。

从另一个角度来看，快乐还是促进生存的因子，能让人达到最佳的效率、最佳的运作状态。即使陷入危机，我们本来就内建了保持快乐程度稳定的机制，自然会带我们恢复快乐的定值，重新建立身心快乐的恒定。

这些大的刺激带来的冲击，是我们一般人都可以理解的。我们生活中还有许多小小烦恼带来的压力，例如现代生活过度紧张、过度快速的步调。我们成天受到各种信息的轰炸，这些信息甚至大多都是负面的。享乐适应的机制同样能发挥保护力，让我们对这些信息习惯、麻木了，而不被影响太多。

当然，这样的机制也限制了我们，让我们认为这种步调就是所谓的“正常”，甚至认为人生只可能是如此。

生活上带来的刺激，不可能有一个绝对和永久的影响。这些观念，也就延伸出最新的正向心理学（positive psychology），希望发展出一些工具或方法，让人可以比较长久的快乐。

这本书想表达的是，任何人间的快乐，无论正向心理学多么善意地努力寻找方法，都不可能达到永久的效果。各种条件再怎么丰富而齐备，只会增加我们的依赖性。甚至，愈丰富，失落也会愈大。只要我们可以用条件来归纳的快乐，无论这些条件多么强烈、多么合理，所带来的任何快乐还是靠不住的。

09

人要满足到什么地步，才可以快乐？

前面从伊斯特林悖论开始，谈到生活要达到基本条件才能得到基本的安全感以及满足感，也就是一般人所谈的快乐或幸福。相信这是大家都能接受的看法。

说到这里，许多读者应该听过马斯洛（Abraham Maslow）在 1943 年提出的需求层次理论。他是美国的心理学家，早期受实验心理学的训练，后来成为人本主义心理学的先锋。有人称他为 20 世纪影响最深远的十大心理学家之一。

他研究在各个领域表现卓越的人，包括爱因斯坦，把这些人称为“自我实现者”，并从这些人的传记整理出各种代表心理健康而且运作良好的人格特质。他体会到生命有不同的层面，也可以说生命的快乐有几个不同的层面。

首先，一个人要满足基本的生理需求，包括饮食、保暖、休息，其次是保障人身的安全。再往上是心理层面的归属感与爱的需求，人需要有亲密关系和友谊，我们都想要温馨和谐的人际关系。有了这些，还要满足受尊重的需求，成就、名声、地位和升迁的机会，都代表了自己的才能受到了外界的肯定。

他早期的需求层次理论只有五层，将人类追求自我实现的需求，也就是完全发挥生命的全部潜能（包括灵性和创造），放在最上方。认为底层的需求获得满足，人才有心思去注意更高层的追求。

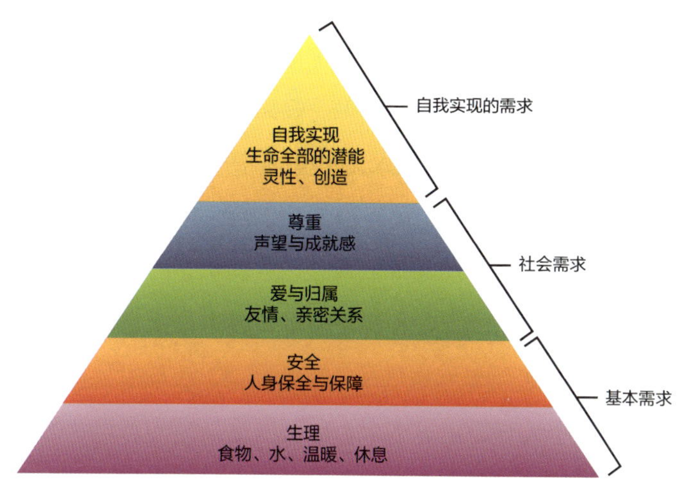

这是早期的马斯洛金字塔，将人的需求分成五个层次，由下而上分别是生理需求、安全的需求、爱与归属感的需求、尊重的需求、自我实现的需求。其中，生理和安全被归为基本需求，尊重与爱和归属归为社会需求。

后来的研究者，很广泛地针对123个国家的人做了一项跨文化的研究，探讨需求满足和快乐的关系。他们发现这个“先底层，再高层”的顺序并不是快乐的必然条件。经济不发达地区的人，即使生理需求没有被充分满足，也能透过人际关系等方式，在更上层的需求得到满足而快乐[①]。然而，很多人还是受到“层次论”这个名词的暗示，而认定——一定要先满足生理和心理需求，才可以自我实现、发挥潜能。

我常常在许多场合听到有人引用马斯洛的需求层次理论来支持自己

① Tay, L., & Diener, E. (2011). Needs and subjective well-being around the world. *Journal of Personality and Social Psychology*, 101(2), 354-365.

的人生观念：要先有财富，才有资格快乐，才有资格追求灵性或意识状态的转化。许多人不但将一生的精力完全拿来累积财富，并且以这个理论来支持自己的选择，甚至引用马斯洛的理论，影射其他人对灵性的追求或想要意识转化是不切实际的需求。

大部分人不知道的是：没过多久马斯洛就推出了新的架构，把上层的需求称为成长的需求。他认为意识转化或生命成长的需求，并不是底层需求一一满足之后自然而然的结果。假如他地下有知，知道需求层次理论只被用来支持一个人对物质永无止境的需求，一定会觉得很可惜。

马斯洛的需求层次理论，除了由下往上看，还可以由上往下探讨。可以这么说，最上方的灵性或价值观念、意识状态的层面，定调了人类最根本的需求。也就是说，种种身心需求，若不是由意识状态来带领，它本身是没有意义的。

甚至，连一个人物质需求多少，也可以被最高的意识状态来调节。例如，一个人心里安静时，非但物质方面需求很少，甚至连作为的需求都很少。既不折腾自己，也不为难别人。一个人内心不安时，累积再多的物质，追求再多的名气，都填补不了心里的空洞。

或许，关于所谓的需求层次理论，真正该探讨的问题是——是否把握住了意识状态，人基本的生理和心理需求也就自然跟着接轨，且可以满足？

很有意思的是，我所谈的观点，也正好符合马斯洛晚年的理论演变方向。他扩充了需求层次，由五层变成八层，除了生理、安全、爱与归属感、尊重的需求之外，还有知性、美学、自我实现和超越的需求。其中，上层的美学、自我实现、超越的需求完全是在谈意识层面的转化。这一点，我相信马斯洛如果看到这本书的观点，一定会认同。毕竟，人之所以为人，从来不是因为和所有动物一样的生存需求，而是体会到在这肉体生命之外还有全部的生命、更高的规律在运作。

再进一步往下谈，其实最值得探究的问题是——懂了这些，能不能得到一个好的方法或快捷方式，帮助自己掌握“心”的状态，得到快乐和幸福？

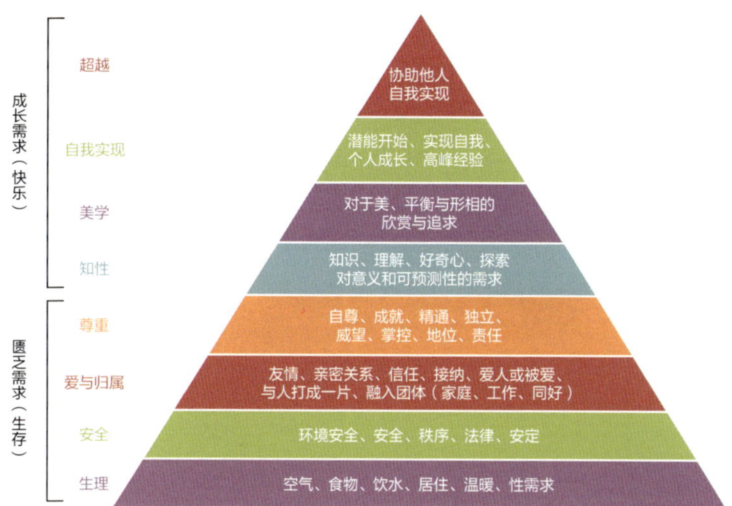

马斯洛晚年将这个金字塔扩充为八层，除了原本的生理需求、安全的需求、爱与归属感的需求、尊重的需求、自我实现的需求。在中间加入了知性和美学的需求，以及最上层的超越需求。他将下方四个需求定义为与生存有关的匮乏需求，而这些需求若是满足了，就暂时不会有新的需求。上方的四个成长需求，跟一个人的快乐有更直接的关系，满足了这些需求，会带来更大的快乐，而让人愿意一直投入。

贰

快乐是身心合一的体验

01

快乐是生命的振动

在西方的语言中，快乐和幸运（fortune）一直是相关的。英文的快乐 happiness 是从 *happ* 这个字演变而来的。古英语和古挪威语的 *happ*，也就是英文的 happenstance，即机遇、运气。法文的 *bonheur* 和德文的 *glücklich* 也是运气的意思。这是多么有趣的说法。

也就是说，一个人的快乐要取决于机遇、喜事、是否有好的结果。快乐的这种定义其实反映了西方文化对快乐的根源是不清楚的，认为快乐是无法掌握的、完全受环境的影响，是宇宙或上苍神秘的条件组合，和人类自身一点都不相关。

针对这一点，我认为西方文化对快乐的认识不够深刻，没有充分了解快乐的来源，才会有这样的演变。

梵文和巴利文则用两个字来描述快乐：*sukha*（愉悦、自在）和 *preya*（享乐），前者比较深沉，是一种比较永恒的满足感，而 *preya* 比较短暂，是透过人间各种变化才能得到。梵文还用 *ānanda* 来表达快乐或喜乐，而 *ānanda* 又比 *sukha* 更深一层。我在《神圣的你》中介绍过 *sat-chit-ānanda*“在・觉・乐”的观念，*ānanda* 是生命的存在（也就是“在”）

衍生出来的喜乐（joy of being），并不是透过“动”或“作为”可以得到的。

更有趣的是，中文里和快乐相关的字，比如说喜、欢、快、乐、笑，都和人的活动有关，抑或是乐器，抑或是人的笑脸。我们可以看小篆的“乐”，长得就像中国的古乐器——编钟。可以这么说，对华人而言，快乐是与声音、身体联结的。[①]

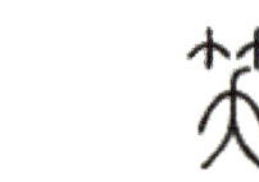

声音是最接近我们肉体的能量频率。古人老早就了解快乐其实是一种场、一种振动。快乐会带动频率的同步，和任何生命达到共振。一个人的快乐会影响周围的人事物。透过快乐、透过声音，甚至能打通气脉。

然而，声音有很多种。有些频率比较正向，符合一种更高的规律，比较容易与生命达成共振，在物理上称之为谐波（harmonics）。

① 中国文字的演变主要经历了甲骨文、金文、小篆、隶书、楷书、草书、行书等发展阶段。我在这里采用小篆的字体来说明。《说文》：“喜，乐也。从壴，从口。歖，古文喜从欠，与欢同。”“欢，喜乐也。从欠，雚声。”“快，喜也。从心，夬声。”“乐，五声八音總名。象鼓鞞。木，虡也。”李阳冰刊定《说文》：“笑，喜也，从竹，从夭。竹得风其体夭屈如人之笑。”

前面谈到更高的规律——生命的运作符合一个根本的频率结构（golden geometry），离不开所谓的“神圣几何”（sacred geometry），离不开数学上基本的比例。从声音波动的角度来谈就是谐波，创出一个神圣的空间或神圣比例（divine portion）。从古至今，最美的音乐、绘画和自然现象，都离不开这个频率的结构。

正因我们本身就是神圣几何组合而成的，我们自然认得、体会这一神圣的频率结构，也自然带来一个舒畅的感受。这，就是快乐。

看到这样神圣的形状，一个人自然认得，认得什么？认得了自己的组成。

声音和身心能量最为接近，最能够带动我们的身心振动，与宇宙和全部生命合一，也就是带动人们回到快乐。

东方文化，无论中文还是梵文的语源，都反映了文化本身清楚地掌握了快乐的源头，掌握了人的本质。

甚至可以说，懂得快乐，也就懂得了人、懂得了生命。

透过振动，达到和谐

华人自古就把快乐和声音做了联结，反映了古人最深的智慧。

声音本身离不开能量，离不开振动、频率或“场”。整个宇宙自然会想回到和谐，而这个回到和谐的力量，物理学上称为entrainment（带动，也有人称“跩引”）。从最大的星球到最小的分子，一切的一切都离不开振动。透过振动，可以达成和谐。

我在《真原医》和《重生》中已经提出了谐振的观点——我们的身体，无论呼吸、情绪还是心跳，都自然会达到一种共振，也就是它最舒畅的状态。这一最舒畅的步调，无论是呼吸还是心跳带来的谐振，自然发挥火车头的作用，带动身体其他部位的韵律。

同时，我也介绍过恒定的观念（homeostasis），也就是身体本身有一个回到最均衡状态的机制，包括自律神经系统交感与副交感神经的作用，自然把人带回到一个最轻松就可以运作的状态。这个状态本身就是快乐。

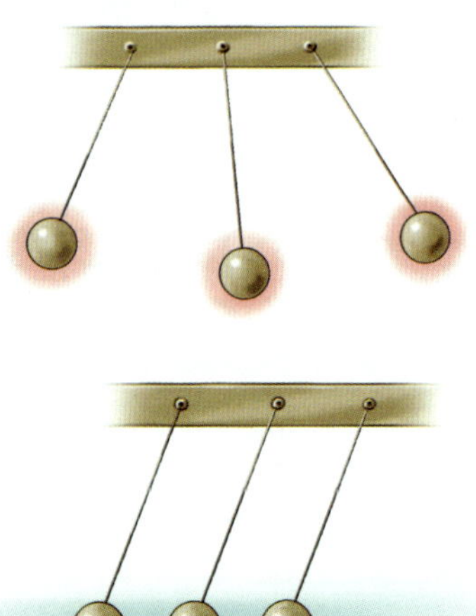

有趣的是，1666年，发明单摆钟的荷兰科学家克里斯蒂安·惠更斯（Christiaan Huygens）发现，当几个钟放在一起时，哪怕钟摆摆动的节律一开始并不一样，带着比较大的动力的钟摆自然会带

动附近的钟摆恢复一样的节律。在物理上，这是多个震荡系统的互动。原本各有各的周期，互动过程中产生些微能量的交换，让频率快的慢下来、频率慢的加快，从而落到同一个周期，这就是同步。

快乐和声音，也只是如此。快乐与声音带来的振动，自然会共振到周边。

希腊哲学家、数学家毕达哥拉斯（Pythagoras），也可以称为声音疗法的始祖，在2600年前就开始谈“星球之声”（the music of spheres）——一种最原始的声音。这些声音含着几种重复的形态，这些形态自然影响到身心的健康。

声音是带来身心合一最简单的方法——透过声音，我们歌唱、表达快乐，这是生活中你我都有过的经验。

身心合一

前面谈到快乐是生命的振动，谈到每个文化用来描述快乐的字源，其实也想表达生命的内在和外在是对称的。

我在《真原医》从这个角度来解释全人类的健康，也可以拿来解释快乐——也就是细胞或身体内的健康与快乐，既反映了外在快乐的刺激，同时也反映了“心”的状态。可以这么说，我们所能经验的快乐既是从外传递到内，也是由内向外发出。

接下来的几章，我会从神经科学的角度反映这个快乐在身体上由外而内、由内而外的过程。当然，这样的快乐离不开脑和神经带来的限制，也依赖种种条件的组合，包括基因、神经传导分子、外在的刺激等。然而，从这个角度，我们也可以体会，就连脑和神经有限的架构也一样是来支持你、我、每一个人在人间得到快乐的经验。

生命永恒的快乐，远远超过我们在人间所知道、所体验到、所活的。而每一个人早晚要跟内在生命更深的层面同步，透过更深的对称达到身心真正的合一，甚至体会到我在《全部的你》中所提到的大喜乐。

02

笑——发自内心的喜悦

谈到快乐，我们一般人自然联想到笑。

我们很少想到，人的脸部可以变化出的各式各样笑容，是透过脸部42条肌肉彼此的牵动与动静配合而来。20世纪70年代，学者埃克曼（Paul Ekman）归纳出19种笑，比如说社交礼貌的微笑、发现自己出糗的窘笑、不满的冷笑、无奈的苦笑。其中，只有一种是发自内心喜乐而生。他透过多年在各个文化的研究，确认是真正的笑。

在脸部的42条肌肉中，有一条眼轮匝肌一收缩，眼睛就眯了起来，会在眼角出现鱼尾纹（英文用“乌鸦脚”crow's feet来形容，相当生动），透过颧骨到嘴唇上方的颧大肌和颧小肌配合，把上脸颊的肌肉往上拉而成了笑容。有意思的是，只有这两组肌肉一起运作，才是真正的笑。这种笑，又称杜兴微笑（Duchenne smile）。

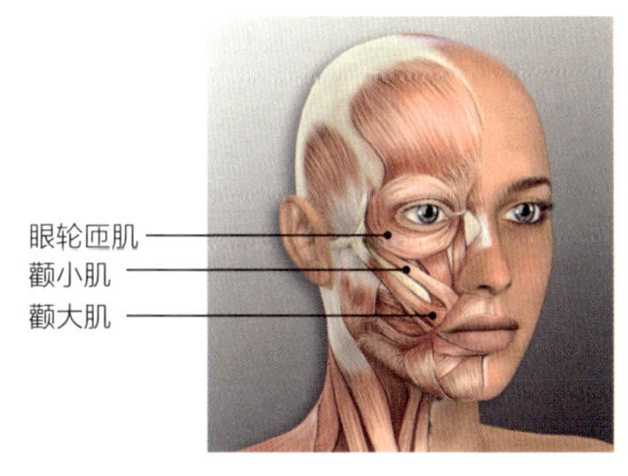

人类脸部的肌肉示意图。我将眼轮匝肌、颧大肌和颧小肌特别标出来。或许你已经开始尝试移动自己脸上这三组肌肉，想体会这么组合出来的笑容，甚至脸上已经泛起了这样的笑容。

杜兴[1]是法国的神经学者，是第一个探讨眼轮匝肌这个括约肌的人。他在 1862 年发现了眼周肌肉和快乐的关系，把眼睛肌肉的这种运动称之为“灵魂最甜蜜的情感”。这个肌肉很难刻意去控制，它的运动是要真心诚意地从内在发出来的。

我们可以很快分辨刻意或不自然的假笑（只用颧大肌和颧小肌来牵动嘴角），以及真心真意发出来的杜兴微笑。只有少数的人能自由控制眼轮匝肌，有些好的演员或政客会刻意去练习控制这个肌肉，但不是每个人都能成功[2]。

很有意思的是，牵动脸部表情的肌肉已经被解码，并构成一套系统[3]。埃克曼将这套编码系统发挥得淋漓尽致，透过不同肌肉收缩与放松的排列组合，可以在计算机的协助下辨识出各种脸部表情所表达的情绪。这套系统后来甚至用以分析抑郁症的强度，或测量无法言语的患者的疼痛程度。

以页这张相当有名的照片，各自代表了真笑和假笑。最有意思的是，即使没有计算机系统的辅助，我们普通人也能认出这两种笑容的差异。

一般人都以为科学家的成果是在实验室或研究室独自孕育出来的，埃克曼完全是一个例外。在埃克曼之前，学术界流行的看法是——情绪表达是文化教养的产物，没有数据指出那是人类共通的天性。

---

① 杜兴（Guillaume-Benjamin Duchenne, 1806—1875），法国神经学者，主要贡献在神经路径的电传导，许多肌肉异常的相关疾病，如杜氏肌肉萎缩症（Duchenne Muscular Dystrophy）、杜氏—阿兰脊髓性肌萎缩（Duchenne-Aran spinal muscular atrophy）、杜—欧二氏麻痹（Duchenne-Erb paralysis）、杜氏病（Duchenne's disease）、杜氏瘫痪（Duchenne's paralysis）等都以他的名字命名。他也是第一个钻研情绪的生理现象的学者。

② Gunnery, S. D., Hall, J. A., & Ruben, M. A. (2013). The deliberate Duchenne smile: Individual differences in expressive control. *Journal of Nonverbal Behavior*, 37(1), 29-41.

③ Ekman, P., & Friesen, W. *Facial Action Coding System: A Technique for the Measurement of Facial Movement*. Consulting Psychologists Press, Palo Alto, 1978.

这一组照片相当有名，是由埃克曼本人示范杜兴微笑与非杜兴微笑。相信从前面的说明，你已经可以体会到，左边的图中眼睛都眯起来了，那是真正的微笑。笑意在脸上泛开来，甚至可以传染给你。右边比较像是礼貌性的现代社会微笑，并不会让人真正放松。

埃克曼还是一个很年轻的研究员时，他拿到美国国防部的经费，要研究各种文化的非口语行为。1967 年到 1968 年，他去巴布亚新几内亚东南高地的一个部落做研究。这个部落和现代文明完全隔绝，可说是被冻结在了石器时代。

他观察当地原住民的互动，发现这些从来没有跟一般人接触过的原住民，也会表现出真正快乐带来的笑，而且和纽约各地住民的笑容是完全一样的。他进一步归纳出六种人类共通的脸部表情，包括愤怒、厌恶、恐惧、快乐、哀伤与惊讶。他发现杜兴微笑完全不是文明和教育的产物，而是深植在人类天性的一种情绪表达。

透过埃克曼的研究，世人才认识到这种真正的笑容是不需要教、也学不来的。当时埃克曼很年轻，他得到的这个结论并不是所有人都接受。也有好多反对埃克曼的科学家到世界各地去研究，想证明他是错的。然而，到最后他们也只能同意——无论世界各地，即使是从来不接触外界的原住民都有这种笑、都有共同的表情。

分享了这个故事，我想表达的也是——快乐和文明的发达没有关系，而是我们生来就有的本质，也是最自然、最自在的状态。我甚至敢说，古人老早就把快乐的科学贯通并落实到生活中，这是值得现代人学习的。

03

身体的快乐

快乐不光从笑可以看出来，从身体每一个部位都可以反映出来。

回想一下，我们多久没有体验到快乐的感受了？那是一种舒畅、爽快、甜蜜而放松的感觉。

一个人快乐时，身体自然产生不由自主的反应，像是心跳往往会略微加快[①]，同时血液循环会加速、呼吸顺畅、血管扩张、皮肤的温度也会升高。很自然地，不光气色看来红润，自己也觉得比较暖和。因为体温略高，如果拿仪器来量，有时会发现肤电值增加。那是察觉不出来的皮肤排汗的湿润效果。体内通畅，也和外界相通了，带来一种温暖有活力的感觉。[②]

当我们开心地笑、舒畅而放松地快乐时，可以观察自己，看看这时候肩膀和手指的肌肉是不是松的，同时有一种通体舒畅的感觉，甚至连

---

① 即迷走神经（vagus nerve）的反应。迷走神经是第十对脑神经，是人类最长、分布范围最广的脑神经。迷走神经从颅顶穿出后，沿着食道两旁，纵贯颈部和胸腔，进入腹部，掌管呼吸系统、大部分消化系统和心脏等器官的感觉、运动和腺体分泌。迷走神经受损，会引发循环、呼吸、消化等功能失调。

② Kreibig, S. D. (2010). Autonomic nervous system activity in emotion: A review. *Biological Psychology*, 84(3), 394–421.

脚步都变得轻盈，身体也自然变得灵活而有弹性。虽然好些负面情绪也会让人心跳加快，然而快乐的情绪还要再加上周边血管扩张的反应，这也可以解释为什么快乐的时候会觉得舒畅。

然而，身心快乐不光是带来肌肉和外表的变化，就连内分泌都有所调整。我会在这本书中进一步分析和说明。

只是，我在这里也要提醒，虽然许多研究都描述了这些快乐所带来的生理变化，然而这些描述反映的也只是研究者自身对快乐的理解。我相信我们从自己的经验都可以体会到，这里的描述还是偏向比较兴奋的快乐。

前面提过，快乐是复杂的反应，不是单单生理现象的变化可以描述的。我们都体验得到，身心的快乐其实是一个连续谱：从深沉的满足感，到任何人都可以察觉的兴奋，都是快乐。兴奋激动的快乐，比较容易和生理现象建立相关。然而，安静的满足感或其他微细的快乐也会带来生理的变化，只是没那么强烈，让我们比较难取得数据。这些快乐，还有待科学家进一步去探讨。

身心快乐的源头究竟是来自脑？还是身体？其实不是那么容易区分的。

吃到好的食物、触摸喜欢的人、看到一朵花、闻到一个好味道……这些经验自然直接带动身体的快乐。想起某些人或事，这些记忆所带来的快乐当然是从脑传递出来的。

然而，如果只有脑和记忆造成的快乐，而没有让这些快乐的念头落到身体，和身体建立联结的话，我们是快乐不起来的。

身心的快乐好像一定要在身体层面产生变化，也许是脸部的肌肉放松、血液循环略微加快等让人舒畅的现象，再回到脑部被知觉到，一个人才会真正感受并且明白自己快乐。

这种说法看似不符合一般的逻辑，仔细观察却会发现是合理的。我们都有过这种经验：有时身体绷得很紧或疼痛，就算很努力地想要快乐，却怎么也快乐不起来。

有意思的是，身体的感受跟脑的心情虽然是一体两面，在生理上却完全是两回事。神经系统和内分泌会影响到身体的感受，而这个感受透过生理和神经的回馈回头建立脑的心情。快乐的心情，自然离不开身体的感受。这个观念听起来简单，却有很深的意义，我会继续探讨下去[①]。

两套神经系统的制约

我们的身体包括肌肉和感受受到两套神经系统的制约：一部分由意志控制，透过躯体神经系统来传递；另一部分不受意志控制，由自律神经系统管辖。

影响动作的身体肌肉，受的就是躯体神经系统的管制。肌肉和骨架紧密结合，我们可以透过意志指挥肌肉的动，而带动整个骨架让人动起来。举例来说，我们感受到尿意，决定起身到洗手间——这一系列的动作，是透过躯体神经的传递，而让我们能满足生理需求，释放膀胱的压力。

躯体神经与大脑皮质的灰质直接相连，位于头骨正下方。大脑皮质是脑部神经细胞和细胞联结聚集的所在，不光管辖身体的动作，也会造出种种念头、期待、幻想和意愿。自律神经则连接到脑干（brain stem），也就是脑最下方快要接近颈部的地方。

这个部位之所以有“脑干”之名，是因为早期的解剖学者把人体比喻成一棵生命树，然而这棵树是上下颠倒的。脑是这棵树的根，脊椎和延伸的神经是长出来的树干和树枝，脑干是树桩的底部，也就是最基础

---

① 我在这本书中区分了身体的感受，以及经过脑和神经作用产生的心情。感受，是身体细胞的反应。感受和心情是会相互建立的。

的地方。脑干维系的也正是生存最基本的功能，比如说心跳、消化、呼吸、醒、睡、排泄、内分泌。树枝上结出的果子，也就是我们透过感觉神经和运动神经所能造出并知觉到的色、声、香、味、触等种种人间体验。

神经系统就像生命树

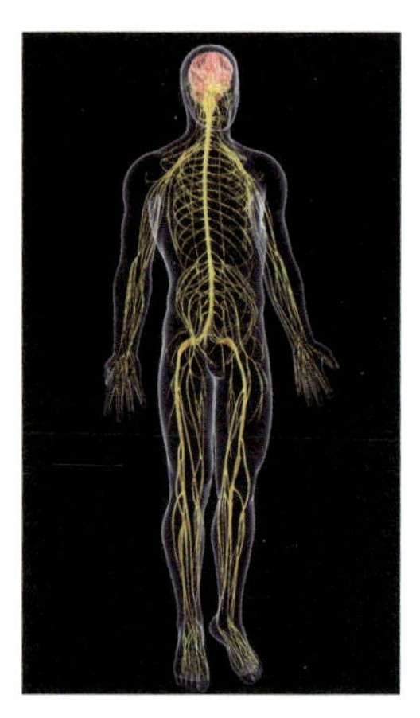

左图是人体的神经系统，就像倒过来的生命树。我们可以从右边的示意图体会到，脑部是知觉生命的根，而散布出去的枝叶是知觉透过神经系统所体会的人生。

此外，从生存的角度来看，身体的感受是一个信号转达的扩大器。透过体内的化学物质扩大神经的信号，让我们能够在短时间内应付生存的危机，包括外在环境的威胁，也包括体内的失衡。

不仅不舒服的感受是生存的工具，愉悦、快感等等快乐的身体感受，也只是一种工具，让我们扩大某一种需求获得满足的效果。吃饱了，把生理满足感扩大，自然让我们下一次更愿意去觅食。爱也是如此，爱一个人，所带来的喜悦和满足，透过身体感受的放大，自然会让我们希望回到同一个经验。

我在《真原医》和《静坐》中都特别强调自律神经系统的作用，它不同于躯体神经系统。躯体神经处理的是随我们意愿而产生的肌肉运动，而自律神经系统从脑干延伸出来，不光控制基础的生理功能，像是心跳、呼吸、消化、排泄、肌肉运动，还影响到情绪和心情，包括快乐。

自律神经系统也掌管了打或逃的生存反射。透过交感神经系统，我们心跳加快、呼吸急促、肌肉绷紧、停止消化。这些变化在生死攸关的瞬间，帮助我们面对生存的危机。我们可以想象，遇到野兽只有打或逃两个选择；无论哪个选择都要在最短时间内启动，才有保护生命的效果。相对地，副交感神经系统则是让身体的每一个部位放松。

很不幸的是，现代人生活步调快，等于让交感神经系统过度活跃。即使天下无事，我们仍然随时处在打或逃的反应里——过度紧张、过度焦虑。

在这种情况下，既然脑随时都在接收身体所产生的信号，倘若身体不舒畅，心情自然也快乐不起来。

最不可思议的是，从身体结构的设计来看，副交感神经系统的放松反应，其实是可以透过更上游的中枢来调控的。只要我们能掌控这个中枢，就可以训练自己得到快乐。

我在过去的作品中也多次强调过静坐和运动的重要性。静坐和运动可以平衡副交感神经系统，把身心的均衡和快乐带回来。当然，这种可以练习的快乐还是人间短暂的快乐，会生起，也会消失。

交感和副交感神经系统不光透过身体影响心情，甚至透过身体感受的回馈，影响我们对世界、对人生的看法。

不由自主的反应

虽然大部分的肌肉归躯体神经系统管辖，然而，我们都体会过一些不由自主的反应。像是天冷或身体发冷时，皮肤会起鸡皮疙瘩。让汗毛竖起来的小肌肉其实是受到自律神经系统的控制，而人体的内脏也一样落在自律神经的范围内。

很有意思的是，由眼轮匝肌所牵动的杜兴微笑很难用意志力去控制，也不容易装得出来。我们可以猜想到，快乐是透过自律神经系统传递给身体的，也随时受到身体内分泌的影响。所以才说，脸的快乐和身体的快乐没办法作假。并不是我们努力想要快乐，就能产生快乐的反应。

在这一点上，身体比我们的脑更诚实。

人类经过上千万年的演化过程分化出自律神经系统，甚至那么依赖其中的交感神经系统，正是为了生存。

交感神经系统管辖各种和生存相关的功能，而且要维持整体的协调和微妙的平衡。在演化的过程中，这么重要的部分自然不会让头脑随便取得控制权，以免对生命造成威胁，而无法维系物种的生存。

自律神经系统是脑与内分泌之间的桥梁，同时受脑和内分泌的管辖，它所管制的范围也同样受到神经系统与内分泌的双重管制。这等于是在自律神经信息传递的上下游，都有双重的安全栓。

或许，大自然也认为，只有这样的设计才能够维持人体的恒定。

从整体来看，这种做法不光最不费力，又很有效率。有这么一套系统集中在环境带来的危机，也就好像委托了自律神经系统来保护生命。透过它找出的最有效率的运作方式，让我们可以把宝贵的注意力挪开，可以将能量用在更精细的思考。

自律神经系统是很忠实的受托者，就像一个好的管家。我们通常不会发现这个系统在运作，只有在生理失衡时才会留意到它们的作用。比如膀胱储存的尿液满了，自然想上洗手间；身体立即可用的能量降低，自然想吃东西。也就是说，身体其实是采用"异常管理"[①]的逻辑 来经营这整套系统。

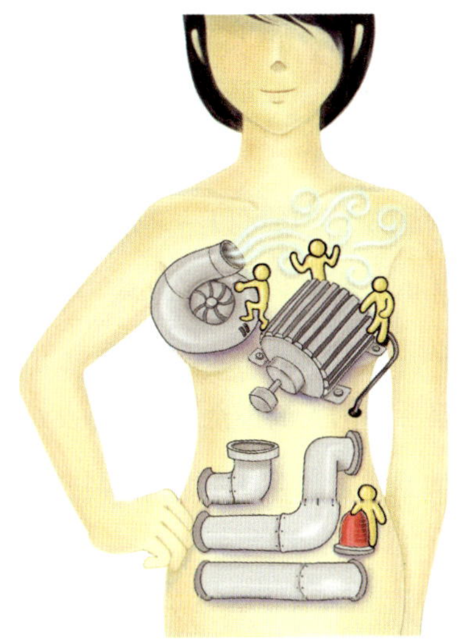

---

① 异常管理，又称例外管理（exception management），最初由泰勒（F. W. Taylor）提出，指最高管理层将日常发生的例行工作规范化（标准化、程序化）后授权给下级管理人员处理，而自己主要去处理那些没有或者不能规范的例外工作。实行这种制度，可以节省最高管理层的时间和精力，使他们能集中精力研究和解决重大问题，同时使下属部门有权处理日常工作，提高工作效能。然而，如果把注意力全部放到异常现象，那就成为一种失衡。

04

先有哪个快乐？是身，还是脑？

这个问题拿来问任何人，可能第一反应都认为——应该是脑的心情快乐带动身体的快乐。毕竟，一般都认为是脑带动一切，而快乐又是一个脑神经的反应。

然而，这个问题不是那么简单可以一笔带过的。

快乐，离不开身体的直觉。许多社会心理学的实验已经指出，我们遇到一个陌生人，会认定喜欢或不喜欢，都有一个身体直觉的部分。就像中国人会说顺不顺眼，外国人的说法是要看 gut feeling，也就是肠道的感觉。透过这些身体的直觉，决定了我们快不快乐、要靠近某个人还是躲开。

不只对人会有这些反应，就连鉴赏艺术品或建筑物、听到音乐或歌曲，身体也有类似的直觉反应来表达喜欢或不喜欢。只是我们总觉得这些身体的直觉“不合理”，要不略过这些反应，要不就是事后再用理性来解释自己的感觉。

看来，我们对“合理”或“理性”的依赖，不见得像自己以为的那么理性。

举例来说，我们有时和朋友争辩，也许是社会伦理的层面，或价值观的层面，而我们在争辩时早就有某个看法或立场。然而，在争辩的时候，双方都会诉诸理性，希望能合理化自己的立场，好让对方接受。最有意思的是，争辩下来，有时看似说服了对方或被对方说服，仿佛达成了共识。但是，不需要多久时间，双方的表现又退回原点。理性的功用再怎么发挥，似乎还是驾驭不了这些“不合理”的选择。

回到感受和心情，每个人都有一个表面看来“不合理”的层面。人会莫名其妙的快乐、莫名其妙的悲伤……有种种不合理的情绪。从人类演化的角度来谈，这种直接的反应很可能是为了达到物种生存的目的而保留下来的。有了这些“不合理”的反应，遇到危机时，不用花费时间在冗长的思考上。可以说，遇到危机时，脑和身心是一体的，没办法区分出身体的反应在前或是在后，它们本来就是一体。其实，本来就是如此，只是一般的情况不那么明显，我们不会随时体会到。

前面也提过快乐是生命的振动，是生命场，也是螺旋场。用“场”的角度来解释，这些看似“不合理”的感受和心情，却是生命和生命之间的共鸣。这是再合理不过的了。只要我们和某一个人或某一件事产生共振，也自然带来快乐。

多年来，我描述身心结构时，都用一体或合一来表达。也就是说，身心是一体两面：脑，有身体的层面；身体的反应，也有脑意识的层面。两者密不可分，也从来没有分开过。

相信你开始明白，表面看来“不合理”的感受和心情其实是很科学、很合理的，也是我们每个人都有的反应。

—— 透过感觉，打开身心的联结

任何感受，不光是快乐，都有身体和脑的成分，而这两者是分不开的。就连味觉也是一样。虽然人类的舌头上有上千种味蕾，而人类饮食的种类也远比其他物种更多元丰富，然而，万种滋味还是可以分成甜、咸、酸、苦和鲜这五种。鲜，这个滋味和谷氨酸这种氨基酸是相关的。最奇妙的是，就这五种滋味，它们彼此排列组合，就有无穷无尽的变化。

小孩子爱吃番茄酱,也是其中有种种滋味的组合,唯独没有苦味。

很有意思的是，除了这五种滋味，科学家还正在寻找让人类尝得出油脂、淀粉、气泡水、啤酒、钙和水的味觉受体，希望可以解释人对这类食物的热爱。

我们都有过经验，一旦某个东西让我们吃坏了肚子或生病，会有好长一段时间，一看到同一种食物就反胃。这种厌恶感甚至会波及类似的食物。从演化来解释，这是一种保护人类免于再次吃下让自己生病甚至中毒的食物的机制。

嗅觉也会影响味觉，甚至比味觉更强烈。我们感冒鼻塞时，也尝不出味道。嗅觉神经直接把信息送到前脑。我们只要回想母亲所做的饭，就能让脑部释放大量的脑内啡和其他分子，带来好多记忆和满满的感情。

从这个例子可以看出，味觉不光是味蕾受物理化学的刺激，还受到嗅觉的影响，更受到过去记忆的渲染。一个简单的觉受，本身既是感官信息的门户，同时也衔接脑的诠释。

05

没有身体相应，身心不能快乐

或许你听到这句话会很惊讶——排斥或否定身体，也就没办法得到身心的快乐。

虽然前一章已经提到同样的概念，现在读到这句话，你或许还是会很惊讶——快乐不就是快乐吗？快乐明明是脑的产物，没有身体的感受，难道就不能快乐吗？

不可否认的是，我们常用种种身体的感受来表达心情，像是英语里的“胃里好像有蝴蝶（having butterflies in the stomach）”来表达紧张，“冷脚（cold feet）”或中文的“胆小”则是畏缩的意思，至于“心碎（broken heart）”就更不用说了。

这些心情，真的跟器官有关系吗？是不是我们的身体也同步反映了心情的改变？

美国科学院的期刊，刊登了一篇由芬兰的科学家进行的研究。他们找了两群人，一群人在西欧（芬兰和瑞典），另一群人在东亚（中国台湾），请他们各自描述不同心情状态下，身体哪个部位比较活跃或比较不活跃。很有意思的是，这两群人所描述的身体反应是类似的，如下图所示[①]。

和其他情绪不一样，快乐活化的是全身性的感受，不只是局部的反应而已。

不同情绪，活化或压制身体不同部位

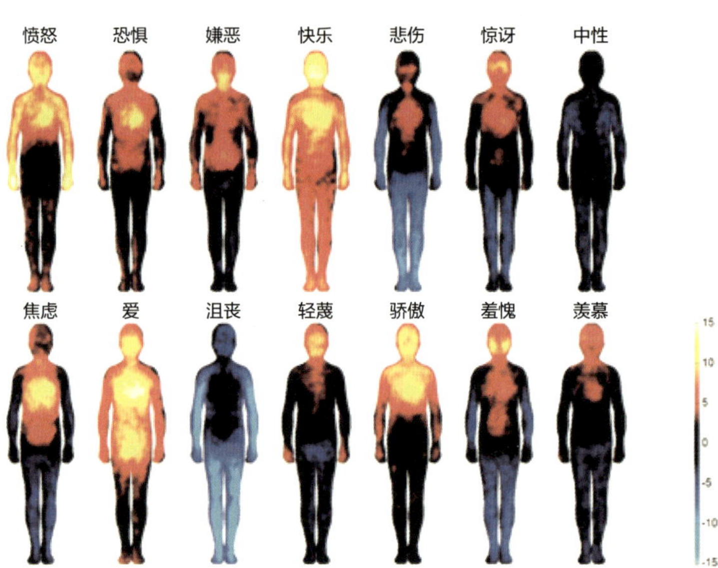

黄红色区域是在某种心情下，觉得比较活络的部位。蓝色则是比较不活络的位置。科学家调查了各种心情状态下，人所体会到的身体感受。愤怒、恐惧、嫌恶、快乐、悲伤、惊讶、中性、焦虑、爱、沮丧、轻蔑、骄傲、羞愧和羡慕，相信这些感受每个人都有过。我们也可以把这样的一张图作为一种陪伴自己觉察的工具，体会看看，自己在不同心情下，身体哪里有特殊的感觉？是紧绷冰冷？刺痛激动？还是放松暖和？

经《美国科学院期刊》同意，重制并翻译自“Nummenmaa, L., Glerean, E., Hari, R., & Hietanen, J. K. (2014). Bodily maps of emotions. *Proceedings of the National Academy of Sciences of the U.S.A.*, 111(2), 646–651.”图二。

科学最了不起的进展在于，就连“先有身体的感受，还是大脑的心情”这个问题都做了探讨和解答。前面提到，感受和心情，是分别站在身心两个层面的反应。脑部得到身体的信号之后，才能体验到快乐或哀伤等

---

① Nummenmaa, L., Glerean, E., Hari, R., & Hietanen, J. K. (2014). Bodily maps of emotions. *Proceedings of the National Academy of Sciences of the U.S.A.*, 111(2), 646–651.

种种情绪[1]。当我们害怕时，身体自然有一些典型的征兆，像是心跳加速、脸色苍白、肌肉也开始紧缩。然而，这些反应是无意识的。脑部只有在从身体得到这些信号后，才会“知道”自己害怕。身体的感受，是身体透过内分泌和自律神经系统直接的反应，而这个反应是在头脑还不知道时，就自动产生了。

如果没有透过神经把这个生理的反应回馈给脑，那么，脑既不知道有这个反应，也不知道透过这个反应所产生的“冷”的感受。

有些心情可以光凭脑部的作用形成，像是内疚、罪恶感或孤单。大多数的心情却似乎是因着身体先对环境刺激产生反应，才能被脑部所知觉和认识。也就是说，脑要“知道”身体哪个部位有快乐或不快乐的感受，它才能产生相应的心情。

身体的感受，是脑得到快乐与否的结论所需要的素材。

一般认为，直觉是透过经验累积的。我们看到一个人假笑，自然就知道那不真实。然而，我们可以从自己的身体读到许多信息，知道对一个人是喜欢还是讨厌。

这个反应的速度相当快，快到我们意识不到，不可能是透过理性的路径来决定的。然而，这种直觉也不是什么超能力，而是每个人都有的，可以说是一种落在身体上的聪明。

就我个人来看，即使过去的经验有影响，这种直觉也不完全是由过去经验所组合的，而是来自每一个人都有的内在的聪明。而且，这一聪明远远大于逻辑和理性带来的聪明，任何逻辑和理性带来的聪明反而是一种局限。

我在过去的作品中提过这个观点。在这本书中也会接着讨论这一点和快乐的关系。

---

① Lenzen M 2005. Feeling our emotions. *Scientific American Mind* 1, 14–15.

如果我们回想自己一生快乐或哀伤的记忆，科学家透过脑部影像的追踪技术已经发现，是脑干的信号先活跃起来，进入中脑，然后小脑也活络起来，同时这个信号走到间脑（diencephalon），最后才跑到皮质去活跃相对应的部分[①]。

大脑和身体对应的部分必须活起来，一个人才能感到快乐。无论欢喜还是痛苦，首先身体知觉的脑区要先产生信号，才会得到脑所能知觉、理解、知道的心情。可见身体确实有它的聪明和反应，而身体的感受和脑的想象与心情是可以区分的。

① Damasio, A. R., Grabowski, T. J., Bechara, A., Damasio, H., Ponto, L. L., Parvizi, J., & Hichwa, R. D. (2000). Subcortical and cortical brain activity during the feeling of self-generated emotions. *Nature Neuroscience,* 3(10), 1049–1056.

身体和脑的交流没有中断过，在某个范围内如果身体对某个刺激的反应疲乏了，透过脑的回想和想象是可以恢复的。甚至有些学习，只需要透过回忆或幻想就能模拟真实的情况，不见得要去亲身经历刺激。然而，这种透过脑刻意造出来的经验，都有范围和程度的限制，难以取代身体的具象体会。

很有意思的是，科学家在研究神经细胞膜上的信息处理受体时，发现同样的神经元受体在生物体内大多数细胞上都有，和脑细胞一样可以接受特定的信息分子。

美国国立卫生研究院和乔治敦大学医学中心的神经药理学家柏特博士（Candace Pert）被人称为“神经心理免疫学之母”（mother of neuropsychoimmunology）。她以此提出“身体就是潜意识的心灵”的看法①。可以说，“聪明”并不只是神经细胞的专利，而是全身所有细胞都有的。

谈感受得到的快乐，随时落在身体，这一点也不过分。

---

① 柏特（Candace Pert, 1946—2013）发现某些短小的胜肽［包括脑内啡和内生性大麻衍生物（endocannabinoids）］在生物体内负责传递信息，这些胜肽可以遍布全身，而与它们相对应的受体也一样遍布全身，并且可以同时影响头脑、情绪、免疫系统、消化系统和其他生理功能。她写了《走出宫殿的女科学家》（*Molecules of Emotions*）谈这一方面的全新见解。这些观点，是传统只锁定单一功能和系统去研究的科学家连想都不会去想的。

练习微笑，带来好心情？

练习微笑，带来好心情？

我们到每一个角落，都会听到这样的提醒——微笑，带来好心情。童子军的创始人贝登堡先生（Robert Baden-Powell）如此提倡，我们从小就被这么耳提面命，甚至以此教育下一代。我也常在公园看到很多人在练习笑，有时一听就是刻意的假笑。在这里要问的问题是：笑，甚至假笑，是不是真能带来好心情。

相信你还记得，埃克曼归纳过人类的笑容有十九种，其中只有一种是真正发自内心的笑容。那么，如果我们用脸部肌肉做出和真正的笑完全相应的动作，能不能带来快乐？既然只有这种真实的笑容才能带来真正快乐的感觉，假如一个人可以精确模拟真正笑容的每一条肌肉的动作，是不是可以把快乐的信号回传给大脑，而让我们有快乐的心情？

针对这个问题，埃克曼也做了一个解答，他教研究对象操作眼轮匝肌和颧肌，发现愈能熟练模拟真笑肌肉运动的人，在脑部所产生的信号，和一个人真正快乐的位置是完全一样的。甚至，同一批受试者也说，这么练习之后，不知道怎么回事也就自然有了好心情[①]。

懂了这些，我们也可以把这个现象当作解开快乐的秘诀。

---

① Ekman, P., & Davidson, R. J. (1993). Voluntary smiling changes regional brain activity. *Psychological Science*, 4(5), 342–345.

我在《真原医》中提到的定格练习（freeze frame）和感恩（谢谢！）的功课，或在演讲中带领的笑、打呵欠，舌抵上颚[1]，都可以调整自律神经系统和情绪脑，扩大放松的反应，自然让我们舒畅快乐。

常常这么练习，脑中自然产生一组新的回路。我在《静坐》中也提到要改变习气，从来不是去对抗旧的习气，而是建立一个新的习惯。从制约的角度来说，人类的大脑是可以训练、可以制约的，甚至还可以学会快乐。科学和种种技术早已经等着你，只要会用，就能快乐。

然而，要找回快乐——我指的是无条件的快乐、彻底的快乐、远远大于前面谈的受身体制约的快乐，这本书真正要传达的方式更为简单。

① 《静坐的科学、医学与心灵之旅》第一章第二节“对静坐的期待”。

叁

心情，帮助我们生存

01
快乐是演化颁给生存的奖品

生存是每个生物都有的反应，例如蜗牛遇到火马上就会缩起来，这种原始的反射（primal reflex）在演化中很早就存在。甚至，连还没有演化出复杂神经系统的阿米巴原虫也一样，自然向着有营养的方向前进，并躲开有毒的环境（chemotaxis，趋化性）。离苦得乐，在大自然中是可以帮助生存的本能。

也就是说，就连情绪都是符合生存的反应，尤其快乐。有趣的是，快乐不是单一脑区的产物。不光是大脑可以影响快乐，就连中脑、小脑对快乐都有直接的影响。

保罗·麦克莱恩（Paul D. MacLean, 1913—2007）提出一个很有意思的理论，将大脑从演化的角度分成三个阶段①。他的理论成为人类情绪脑的重要研究基础，也被新的研究成果不断补充。

最早出现的脑，又称为爬虫类脑，然后是古生哺乳类脑，最后才是所谓的新哺乳类的脑（包括人类的脑）。

---

① MacLean, P. D. (1970). The triune brain, emotion, and scientific bias. *The Neurosciences: Second study program*, 336-349.

爬虫类脑是最古老的，大概在三亿年前发展出来。这个脑，在人类和任何动物（甚至恐龙、鳄鱼、蛇）都一样的，相当于我们的脑干以及位于脑干后面的小脑。它的功能是维系与生存最直接相关的代谢、消化、呼吸、心跳以及动作的平衡。这个位置不光影响到肌肉的动作，还影响到我们的姿势。它本身就可以产生情绪的反射，主要和生存的警戒反应有关，也影响醒—睡周期。

爬虫类的脑

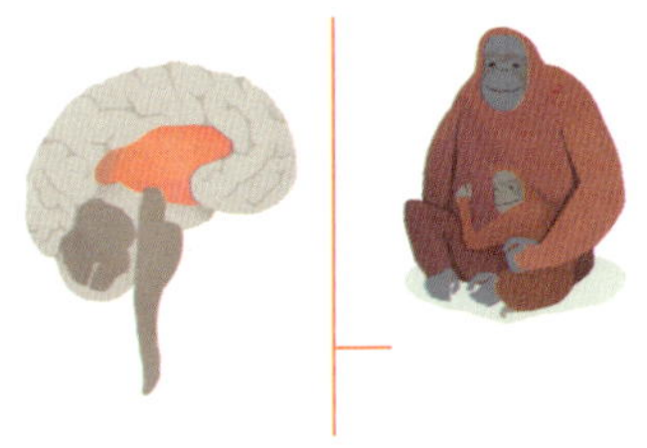

古生哺乳类的脑

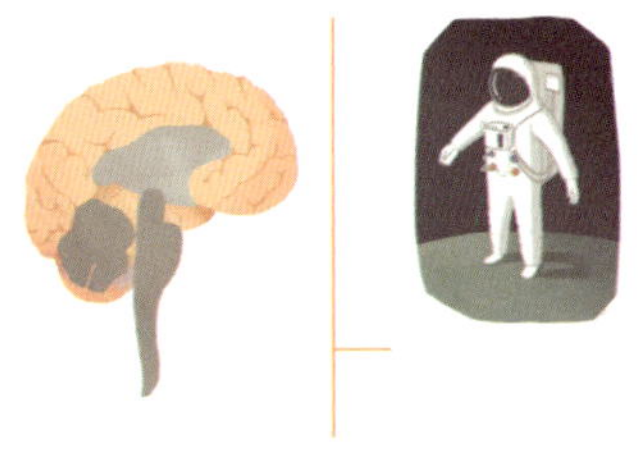

新哺乳类的脑

脑干不光是可以产生一些基本的负面情绪，还可以产生愉悦和兴奋的感受，两者都和生存有关。例如性的兴奋感让物种能繁衍下一代，再比如愤怒能让肌肉紧绷，临场发挥最大的作用，在打架时更有机会得胜。只要胜利，就有利于生存。即使一只小蜥蜴都有恐惧和愤怒，可以学会避开某些刺激。可以想见，这些和生存直接相关的情绪和行为还是很原始的。

更有趣的是，就连这么原始的反应，也可以变化出复杂的形式。猪鼻蛇（*Heterodon* sp.）可以长到一米多。它受到惊吓或打扰时会先发出嘶嘶声，高高卷起尾部。如果这样还没有吓退敌人，它在一番激烈扭动后就会全身瘫软、嘴开得大大的、舌头伸长挂在外头，就好像死了一样。如果这时把蛇翻过来，它还会自己翻正，赶快把脆弱的腹部藏起来。许多蛇都有类似的装死行为。

直到古生哺乳类出现，大概两亿年前，中脑才发生出来，出现了杏仁核与海马回的结构[1]。情绪的记忆和时空的架构变得发达，让物种能更细致地区分环境的刺激，知道哪些是友善的、哪些是需要避开的。这些线索当然能帮助我们生存。

此外，哺乳类是胎生，自然演变出一个丰富完整的情绪系统，生出喂养、繁衍下一代有关的动机和情绪。不光伴侣之间有感情，亲代也更愿意照顾子代。就连凶恶的狼，都会保护幼狼长达几年。

一般来说，哺乳类动物照顾子代的时间是最长的，除了哺乳之外，还要教会子代各种重要的生存技巧。比如说，沙漠里的狐獴会教小狐獴怎么处理蝎子这种有毒的食物，包括仔细除掉蝎子身上的刺。在其中，人类照顾子代所花的时间又是最长的。我们出生后至少要十几岁才能独立生活。在比较发达的社会，许多人更是二三十岁之后才能独立。

最后发生的脑，大概是六千万年前演化出来的新哺乳类的脑。这个“新脑”占了整体大脑的90%，是人类和灵长类、海豚、鲸鱼所共通的。我们从这张图可以看出来，人类新演化出来的脑不仅更大，可以处理信息的表面积更广，也更厚。相对于旧脑只有三到五层神经细胞，新脑是由六层神经细胞组合起来的。新脑有一个特别的区域——前额叶（图中浅棕色的地方，在我们额头的位置），是储存短期记忆的地方。

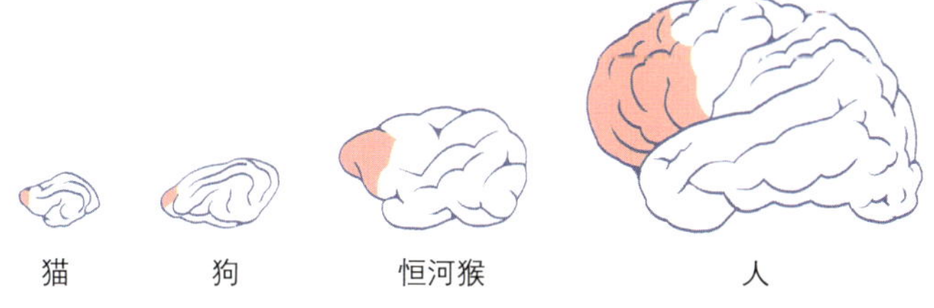

① 杏仁核与海马回周边的构造，统合称为边缘系统，被认为这是主导情绪的脑区。我在下一章会多介绍一些。

以人类来说，不光是前额叶变得比较大、比较发达，同时也有更多通往其他脑区的神经连接，而得以发展出更复杂的认知和情绪表达。除了人类之外，大象会陪伴在临死同伴身旁；海豚会因为失去孩子而哀恸；幼小的黑猩猩在母亲死亡后，还会难过到病倒甚至死亡。

除了感情之外，最新演化出来的脑，让生物可以事先规划、预期，将信息透过群体的彼此联系而扩展开来。猕猴是一种互动很密切的群居动物。日本有一只母猴在吃东西前，会到水边清洗。几年后，整群猴子都学会了这个吃东西前先清洗的行为。

更进一步，语言的媒介和对概念的抽象思考也是这么生出来的。珍古德（Jane Goodall）观察到黑猩猩会用手势彼此沟通。还有一只大猩猩可可（Koko）甚至在斯坦福大学的科学家教导下，能用至少1100个手语单字来表达自己的需要和感情。

这些高等的物种不光是懂得更微细的快乐，甚至发展出利他的慈悲心。最有趣的是，慈悲，也就是从小我到大我的观念，并不是人类所独有。灵长类、海豚和鲸鱼也都有。

20世纪初期的精神医学，曾经采用前额叶断开术（lobotomy，也就是切除前额叶与脑部的联结）来治疗精神病患。这个技术甚至在1949年获得了诺贝尔奖。到20世纪50年代，光是美国就大约有四万到五万例这样的手术。电影《飞越疯人院》里由杰克·尼科尔森（Jack Nicholson）所主演的墨菲本来是一个充满活力的人，因为反抗精神病院的管理，被迫接受这个手术而失去了情绪和反应。用一般人的说法，墨菲这个“人”已经消失了。

可以这么说，透过前额叶这个脑区，人开始发展出“我”的观念，也就是自我形相。在脑部的作用下，化出一个虚的世界，我称之为“念相”（thought-form）。然而，对大脑而言，那却是再真实不过了。透过大脑皮质建立的念相世界，我们会烦恼、看故事会有感触、看电影会入戏、看球赛会兴奋大叫，而得到种种不同层面的快乐。

人类的情绪透过这样的演变，变得更复杂、更微妙，也更凝固、更具体。只是，不管再怎么发展，总还有一部分是最原始的，离不开脑干和小脑，和所有动物没有两样。而这些最原始的情绪，不管是欲望、恐惧、愤怒，构成了我们生存的基调，潜藏在所有情绪感受的最深层，甚至可以影响到大脑带来的任何情绪。

02

情绪提供生存的快捷线索

神经科学家安东尼奥·达马西奥（Antonio Damasio）是一位很有意思的科学家。他的太太哈娜·达马西奥（Hanna Damasio）也是很优秀的神经影像学家，两人在美国中部的爱荷华大学医学院一起做了三十年的研究，后来到南加大主持“脑与创意研究所”（Brain and Creativity Institute）。

科学家一般都把写作的精力投注在专业文章上，主要的交流对象是同行的专业人士。达马西奥除了写期刊论文之外还写了四本科普书，想将他的研究与思想和大众分享，其中，《笛卡儿的谬误》（*Descartes' Error*）与《意识究竟从何而来？》（*Self Comes to Mind*），光是书名就反映了他对哲学和意识的兴趣，而他想透过神经科学的研究去解答[①]。

① 达马西奥还与作曲家布鲁斯·阿道尔夫（Bruce Adolphe）合作，将《意识究竟从何而来》改编成音乐作品，由大提琴家马友友与两位打击乐者合作，2009年5月，在纽约曼哈顿的美国自然史博物馆 LeFrak Theater 演出。美国自然史博物馆是电影《博物馆奇妙夜》的故事背景。

笛卡儿是西方近三百年来的大哲学家，他的名言“我思，故我在”（I think therefore I am.）认为思考才带来存在。这句话再进一步，也就是一个人的存在系于他思考多久。换句话说，如果不思考，一个人就等于不存在了。

这种说法自然影响西方的主流观点：几百年来特别强调分别的理性思维，认为只有思考才代表一切。这等于是把脑的运作当作全部的真实。和笛卡儿不同，东方的哲学则认为脑的作用只是我们整体的一小部分，不能完全代表生命的全部。甚至，没有思考，真实的生命也依然存在。

笛卡儿不光是把思考当作真实，他对思考的强调，自然会受到脑带来的二元对立的限制，包括造成情感和理智的对立——这一点，正是达马西奥要驳斥的。达马西奥想证明不光是理性的思考重要，情绪的层面也不可或缺。情绪甚至会影响一个人对世界、对别人的判断。他才会用《笛卡儿的谬误》当书名。他要表达的也就是——情绪和思考是一体两面而不是对立的。所以，笛卡儿错了。

然而，我在这本《不合理的快乐》中想要表达的则是——思考和情绪本身还只代表了整体真实中很小的一部分。透过思考和情绪，就是对生命得到了一点理解，也还是不能让我们得到长期的快乐。真实的快乐是从这两个层面跳出来。如果你理解人类为了追求快乐付出过多少努力，相信你读完这本书会体认到——真实的快乐，其实比任何人想的都简单。

回来谈情绪的重要性，我要介绍达马西奥的一位患者艾利略的故事。艾利略原本是一个事业成功的律师，也是大家眼中的模范父亲与丈夫。然而，在切除肿瘤而致使腹内侧额叶（ventromedial frontal lobe）受损之后，这样的人生就离他远去了。

接下来从脑科学的层面切入，难免会提到一些解剖学的专有名词。读到这些名词，萎缩是再正常不过的反应，就连专家也是一样。

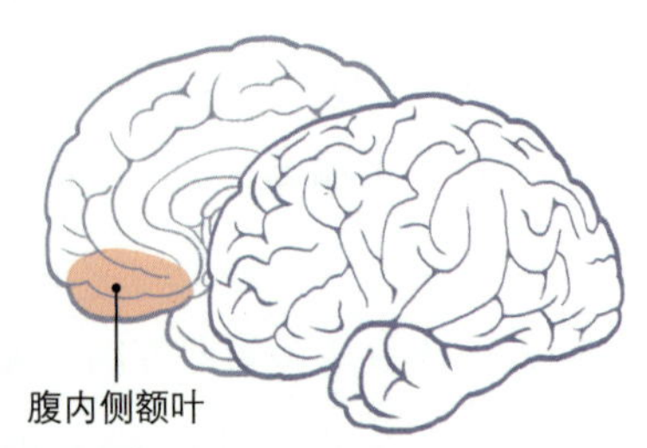

好消息是，上一章你已经知道前额叶的大致位置和功能了。艾利略受伤的位置一样在前额叶，只是位置比较隐蔽，就在左右半脑之间的底部，因此叫“腹内侧”（如果把脑想成一个人趴着，腹侧也就是下方的意思）。

手术没有影响艾利略的高智商，只是让他失去了动机。到后来他婚姻破裂，创业也屡屡失败。达马西奥发现艾利略无论面对什么状况，都不带感情。就连提到自己的不顺，也没有一点悲哀、不耐或沮丧，好像在谈不相干的人的事。

此外，手术后一个很明显的差异就是，艾利略做不了任何决定，大小事都一样。约时间要考虑三十分钟，找吃午餐的地点要耗掉一整个下午，就连选哪个颜色的笔来填表单都要列出所有可能的后果。没有情绪，甚至连做决定的能力也瘫痪了。

情绪是信号的放大器，是脑神经与细胞沟通的桥梁，也是记忆很重要的元素。基于这些特点，情绪对我们对事情的判断有最直接的影响。倘若一个人像艾利略一样没有情绪，尽管依旧可以掌握很多细节，也无法排出优先级[①]。

---

① Damosio, A. R. (1994). *Descartes' Error.* New York: Putnam.

可以这么说，理性的决定，缺不了情绪的指引。

然而，这句话听起来相当奇怪，和一般的认知不太一样。通常，一般人会觉得理性和感情是相互排斥的。一个人处事没有章法，我们会说他太情绪化。社会大众也推崇能好好控制情绪或者看来没有情绪的人，认为这种人比较明智而可以信赖。然而，从艾利略的情况来看，再怎么周密的思考，没有了情绪好恶的过滤，无法化为决定，也等于失去了作用。

情绪等于是一套依着每个人一生经历和气质量身定做的滤片，让我们能在情绪好恶的导引下，很快地对信息排序和区分，才能快速掌握情况、找出解决问题的快捷方式。从决策的效率来看，一个情绪抵得过一千个念头。

情绪不只是影响理性决策的效率而已，甚至还影响一个人的社会与道德判断。

和艾利略一样有腹内侧额叶脑伤的患者，对各种会引发一般人愤怒、羞愧、同情心的情境，只有一点点情绪反应。尴尬的场面不会引发他们犯错的感觉，于是说话总是得罪别人，自己也不知道。然而，他们的智商相当正常，甚至还高于一般人。达马西奥也发现，这样的病患更容易做出异常的道德判断，例如觉得为了拯救一群人而牺牲自己的孩子，也没什么大不了[①]。

此外，一般人会觉得犯罪意图也是恶意，然而腹内侧额叶受伤的人，对于有意犯罪的人似乎更宽宏大量，觉得没有真正犯罪就算了[②]。达马西奥认为这种不寻常的道德判断，正是因为失去了情绪反应的指引所致。

---

① Koenigs, M., Young, L., Adolphs, R., Tranel, D., Cushman, F., Hauser, M., & Damasio, A. (2007). Damage to the prefrontal cortex increases utilitarian moral judgements. *Nature*, 446(7138), 908–911.

② Young, L., Bechara, A., Tranel, D., Damasio, H., Hauser, M., & Damasio, A. (2010). Damage to ventromedial prefrontal cortex impairs judgment of harmful intent. *Neuron*, 65(6), 845–851.

可以说，少了情绪，非但好像少了人味，就连争取生存都可能出现风险。

这里有必要补充一下，这是从行为观察得到的推论。脑部的构造相当细致，手术影响的可能不只腹内侧额叶，而腹内侧额叶也可能涉及许多复杂的功能，不能由此就推论腹内侧额叶的功能等同于情绪和做决定的能力。

再进一步讲，透过情绪的滤片加上喜恶，我们看到的世界才有了各种情绪的色彩。也许快乐，也许悲观。我在过去的作品和演讲中常提到“情绪脑”，指的就是在脑部的过滤器。任何外界输入的信息都要透过这个情绪脑的处理，才会往上传到负责认知的部分。情绪脑本身是面对生存所演化出来的，而比较容易扩大负面的刺激，甚至用来处理负面信息的部位是更发达。

情绪脑

讲到情绪脑，过去也有人用边缘系统（limbic system）来表示。相信你跟我也一样，看到这些词，心头就微微一缩。不用担心，我会在这本书中慢慢解释。

边缘系统是一组位于脑内、左右对称的复杂构造。limbic 源自拉丁文 *limbus*，也就是边界或边缘的意思。位于左右大脑和脑干之间边缘的脑组织，也就是边缘系统。如果用现代人的生活来比喻，边缘系统就像大城和小城之间的郊区地带。

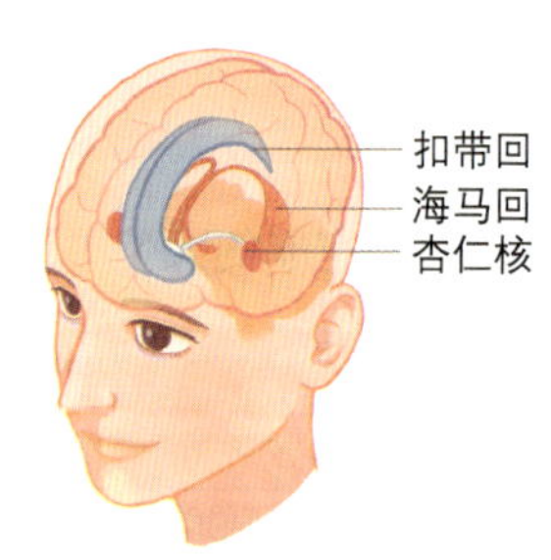

我之前在《静坐》中用侧面的平面图来表达边缘系统，这张图则透过立体的描绘，让你更能体会到边缘系统在脑部的大致位置。

现在有些研究情绪的学者认为边缘

系统不是一个单一的结构，不能轻易将边缘系统和情绪脑画上等号[①]。然而，情绪和所引发的行为不是由单一个部位掌控，而是脑的各部位协同作用的产物。边缘系统就是一个例子。

或许你还记得，我在《静坐》中就提过杏仁核（amygdala）。古英语的 *amygdal* 就是杏仁（almond）的意思。杏仁核是边缘系统中一个长得像杏仁的构造，由神经聚集而成，在海马回的尾端膨起。而海马回（hippocampus）源自希腊文的 *hippókampos*——*hippos* 是马，*kampos* 指的则是海中的怪物。我们看这个词，就可以推想当初海马回也是以外形类似海马而命名的。海马回主要是和认知功能有关，例如记忆和空间感。

没错，边缘系统的杏仁核是情绪处理的主角。它处理的是攻击性、焦虑、愤怒和厌恶感，同时也产生恐惧。恐惧是生存最原始的本能，不知道恐惧的物种，大概也无法存活至今。如果把老鼠的杏仁核拿掉，它们会变得天不怕地不怕，不只会靠近睡着的猫，甚至还去啃猫的耳朵[②]。

杏仁核不只是处理恐惧，还影响相关记忆的强度。很有意思的是，杏仁核与海马回相当接近，我们可以从神经传导路径的角度推论，透过杏仁核过滤的情绪，等于就是调动记忆的通关密码。海马回不直接处理情绪，所掌管的记忆既受情绪的影响，反过来也由这些记忆去强化情绪的结果。

杏仁核影响取出的记忆，是被情绪（尤其恐惧）所渲染过的。杏仁核为什么那么大？这是神经聚集的地方，也就是脑部需要密集处理信息的所在。可以想象，愈能调动和恐惧相关的记忆和经验，对于一个生物而言，也就更有利于它从下一次的危险存活下来。

---

① LeDoux, J. E. (2012). Evolution of human emotion: a view through fear. *Progress in Brain Research*. 195, 431–442.

② Barinaga, M. (1992). How scary things get that way. *Science,* 258, 887–888.

边缘系统的其他构造，还包括了掌管嗅觉的嗅球（olfactory bulbs）、调控自律神经和内分泌的下视丘（hypothalamus）、影响动机与行为的扣带皮质（cingulate cortex，cingulate 是拉丁文的“腰带”，就像一条带子把边缘系统扣起来）都和情绪反应有密切的相关。

恐惧与萎缩

从演化史的角度来看，在动物的阶段，生存是第一要务，而环境随时都有危机、饥饿或威胁发生。一般是透过负面的情绪来警告，而我们要很快妥当处理才能保命。也正因为如此，人类对负面信息的反应自然更为激烈，脑和神经架构都是这么设定的。恐惧带来的危机信号，对肉体的生存最为紧急。

正因如此，我们很容易受到负面念头和情绪的渲染而显得灰暗，才说情绪和念头带来生命的萎缩。

我在《全部的你》《神圣的你》这两本书中都谈过萎缩是怎么带来错觉，让人透过一个悲观的镜片在看生命，而带来不快乐。直觉虽然很重要，如果是落在一个情绪萎缩的状态下产生，反而为我们带来负面的反应和情绪反弹，造成自己和别人一连串的不快乐。

既然任何周边进入的信号，都要透过情绪脑的过滤和加工，情绪脑自然会影响我们对世界的看法。有时候，外头的情况不见得那么糟，而是我们自身认知这个世界的模式（也就是对这个世界的看法）有了偏差。

可惜的是，每一个人不断受到恐惧的刺激，就自然活在恐惧当中，没有安全感。就连新闻头条都爱用负面的表达来吸引我们的注意力，诱发更大的情绪反应。我们的情绪也自然随时处于萎缩，甚至可以说，萎缩体已经成为我们“正常”的状态。

相对来说，恐惧一定带来不快乐，或者至少——压抑快乐。

当然，生存不只是靠负面情绪维系，也不是只靠避开危险才能完成，正向的情绪也参与其中。比如我们饿的时候，吃下东西自然带来身体的快乐。性的欢愉，也让物种愿意繁衍下一代。别人的一句鼓励，就会让我们振奋起来，更能面对现实的挑战。可以说，人体最佳的运作更适合正向的制约。生命的方向是更想接近正向的刺激，就连一株小小的花草都会朝向阳光而生长。

只是，对人类来说，这些正向的经验也只能维持很短的时间，而让我们多半时间都在期待。而期待本身，并不等于快乐。甚至，期待落空了，还会失望。在人类文明发展的过程中，负面的信息自然就取得了主导的地位。这是很可惜的。

你会发现，懂得怎么掌控情绪脑、怎么管理负面的情绪、怎么跳开情绪脑的影响，就是带来快乐的一个秘方。只有观察到自己的情绪，单单纯纯的观察，才是解开这个循环的钥匙。可惜大多数的情绪反应发生太快，来不及掌握。

我接下来会多谈一些脑部运作和处理情绪的方式，尤其是恐惧。希望这本书的科学层面能让每一个人对情绪和快乐的性质多一些理解，对自己和别人的反应多一点耐心，踏踏实实从身心这个宝贵的数据库来体会生命的快乐。

除了情绪脑的作用，我过去也很强调左右脑的差别。左脑是理性、逻辑脑，让我们可以分析、可以建立时空架构的分别。没有左脑，也没有语言。它是一个线性的脑，所带来的逻辑无论归纳还是演绎都有一套先后顺序可谈。右脑则是一个能量脑，也可以称为艺术脑。它看的是整体，而且没有先后顺序，比较像是一种整体的“场”的概念。

不幸的是，人类的左右脑其实是失衡的。即使惯用左手的人，大多数还是左脑人。可以这么说，现代人过度的理性、过度的分别——这一失衡，也带来过度的烦恼和顾虑，而让我们过度的不快乐。

进一步讲，左右脑的分别并不是重点，左右半脑之间本来就是有交流的。我们应该着重了解的，还是对称。仔细观察人体的结构，包括边缘系统也一样，主要是对称的。生理结构的对称，反映的正是生命的对称。偏向哪一边，无论过度理性，还是太偏向交感神经系统，都自然会让我们离开均衡。

03

解开脑的恐惧回路

我们的脑，透过两种方式产生对恐惧的反应，一种是与生俱来的无意识的反应，在面对危险时千分之几秒内就完成；另一种则是有意识而理性的，反应时间稍长一点，大概是十分之几秒。这两种反应，纽约大学的神经科学家勒杜（Joseph E. LeDoux）分别用上图所示的“低路”（low road）和“高路”（high road）来表示。高路这个词很有意思，一般在说“take the high road”时，意思是要秉持着良心做正确的决定，哪怕那是一个很

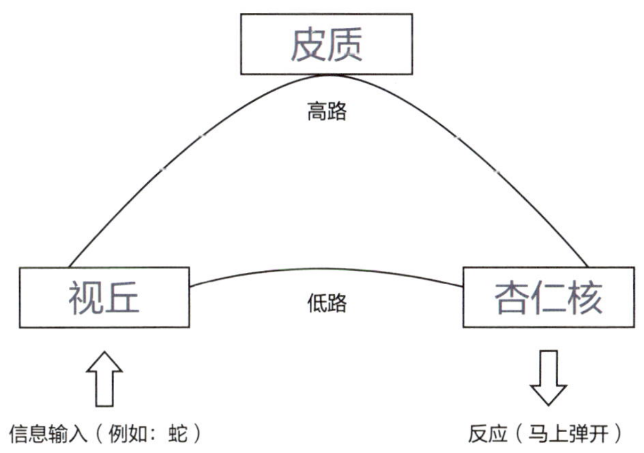

少人采取、不容易的决定。勒杜在这里用高路代表“有意识而理性”的反应，也带有一点这种意思。

如果你一个人在暗巷里摸黑走路，突然眼角瞥见一个大大黑黑的物体，从地上窜出来，在能想到那可能是蛇、狗还是什么之前，身体已经开始有反应了。你会开始大叫，甚至马上就跳开。接着，你才发现自己很僵硬，心跳加速，开始冒汗。

这时“低路”已经启动了。眼睛接收到的不明信号已经送到视丘（脑部信息的转运站）并立即转给杏仁核，马上和过去危险信号的记忆做比对，将警示信息传给脑干和海马回。然后，你才感到心跳加快、血压上升、汗腺开始工作。

回来谈情绪脑。首先，杏仁核带来恐惧，再透过海马回，从危险的角度把过去“黑黑的，晚上”的记忆优先调动出来。你还没有察觉到，它已经开始动作。这个指挥不经过逻辑思考，被认为是一种生存的本能反应。它绕过了需要比较长时间来运作的理性前额叶。情绪脑和脑部其他部位是连贯的，它必须要在短时间内排出优先级，才能做出有益生存的决策。

一般情况下，视觉和听觉的信息会传到前额叶，与其他的感官信息统合，再微妙地从海马回调动你小时候和蛇有关的记忆。这个路径比较耗时（十分之几秒），让我们能够解释眼前的威胁，并压制住杏仁核的恐惧反应，至少可以不再僵在现场，并赶快远离这个不明物体。

从演化的角度来说，恐惧反应是一种帮助人类快速辨认并远离危险的机制。有些科学家甚至认为人类脑部的恐惧系统经过长时间的演化，已经学会了害怕那些不利生存的刺激，像是蜘蛛、蛇或高处。这或许可以解释为什么很多人会怕蜘蛛，却不害怕电。毕竟电是近代才出现的发明。

危险的记忆，基本上是沿着“杏仁核→前额叶→海马回”一路形成的。

恐惧记忆最棘手的地方，正是在于这些记忆通常很强烈，也很难抹去。由“杏仁核→前额叶”的路径，比抑制恐惧的反向路径（前额叶→杏仁核）发达得多。脑部的设计，基本上就是让恐惧系统在面对威胁时能尽快掌控全局，不让我们的意识随意插手。

这个路径表面上看起来是双向，大多时候是单方向自动发生，也就是由杏仁核主导。因此，我常常开玩笑说，情绪影响思考的强度，比思考影响情绪大多了。而且是自动发生，连觉察都觉察不到。

杏仁核的信息不光是通往前额叶，它还往下通到身体每一个细胞，速度相当快，在我们还没觉察之前，身体已经跟着萎缩、产生反应或反弹。通常讲情绪（emotion）其实包含了两个部分——心情（feeling）和感受（sensation）。前面提过脑的心情和身体的感受之间的关系，而从身体出来的感受，会进一步让脑的心情更坚实。要改变心情，等于要打破身体每一个细胞所造出来的回路，那是相当不容易的。

近期的研究指出，恐惧记忆的形成和杏仁核、前额叶和海马回的神经可塑性有关[①]。我之后会再多谈一点神经可塑性，这是大脑建立新回路很重要的机制。有了这个机制，人类才有学习的可能，包括学会认识什么是危险，并学会如何避开。然而，这个过程同时也启动了恐惧的条件反射（conditioned reflex），让人再次遇到同一个危险时，会很快地产生强烈的恐惧反应。

在发现危险时，杏仁核跨过脑的理性反应，将我们的注意力紧紧拴在危险源上，无法进行一般正常的运作，也无法统整或学习新信息。就连实验室的动物，透过一个嫌恶刺激搭配一个无关的环境信息（比如很大的声音），完成恐惧制约之后，光是出现这个很大的声音，不需要出

---

① Tovote, P., Fadok, J. P., & Lüthi, A. (2015). Neuronal circuits for fear and anxiety. *Nature Reviews Neuroscience*, 16(6), 317–331.

现那个可怕的东西，一样会减少它们探索的好奇心，也不那么和同伴互动了①。可以想象，重复出现的恐惧和压力会带来不安全和不确定感，甚至可能导致长期焦虑和抑郁。

如果环境并没有真正的危险，比如一个人失眠躺在床上胡思乱想。他明明是待在舒适温暖的被窝，但过去种种恐惧和受挫的记忆带来的威胁，却和现实的蛇是一样的，甚至还更逼真。我们也都有过这样的经验，轻松无比的散步，脑海却不断浮起种种人事的烦恼，而让自己陷入沮丧萎缩的状态。从脑生理的角度来说，即使没有外在的具体威胁，杏仁核却一直保持活跃，很可能就是抑郁和焦虑的起因。科学家认为，这或许是前额叶失去了抑制杏仁核恐惧反应的能力所致。

这其实也说明了，要解开恐惧的回路，也需要理性的协助。然而，这不是简单的“你已经完美”“我很快乐”这样的一个正向念头或一句正向的话就能够完全解开。这是我们处理负面情绪都要面对的困难。前额叶来不及压抑杏仁核的恐惧，也就是没有建立一个完整的路径。

针对这一点，我想建立一个完整的观念，帮助每个人重新建立一套完整的神经回路。可以说，只要想通了，就可以打通这个路径，而让脑的理性与感性能充分运作，带来全面的快乐。

这个观念，可以用下图来说明。边缘系统所建立的负面情绪所带出的回路，是相当强势的，甚至盖过了前额叶所带来的理性压抑。在很短时间就带着脑、带着我们整个人走，而让人进入一个恐惧或萎缩的状态，而且是全身心都萎缩。假如我们在理性可以建立一个完整的系统，是脑能够认同的新的神经回路（new neural loop），就可以对负面情绪踩一个

---

① Camp, R. M., Remus, J. L., Kalburgi, S. N., Porterfield, V. M., & Johnson, J. D. (2012). Fear conditioning can contribute to behavioral changes observed in a repeated stress model. *Behavioural Brain Research*, 233(2), 536−544.

刹车。透过练习，建立新的脑的回路，也就是一种“洗脑”，帮助我们从不愉快和痛苦走向快乐。

怎么做，是心理疗愈最关键的诀窍，是我透过这本书想解答的。

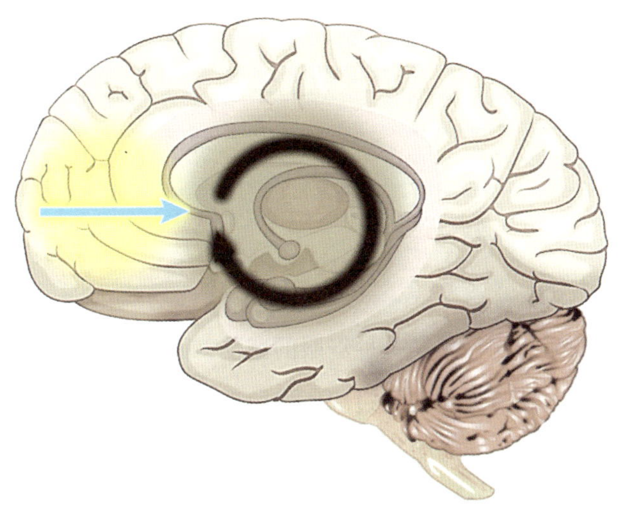

这里沿用《静坐》中的图来描述边缘系统，主要展示边缘系统回路的强势，也强调我们可以透过前额叶的理性建立一个新的主力回路来解开负面情绪的循环。具体的方法，我会在这本书后面提到。

04

快乐有很丰富的面貌

身体的快乐、愉悦感是一种舒服的感受，而饮食、运动和性爱都可以带来愉悦感。这是人类演化过程所保留下来的生存机制：透过愉悦的感受，物种才愿意一再重复这些存活所必需的行为。举例来说，吃东西的时候，脑部带来的愉悦，让我们有动力继续吃，而得到生存所需要的能量。

人类后来还发展出与生存不那么相关的愉悦感，有些满足知性，有些纯属娱乐。我们在玩耍、听音乐、看电影、欣赏艺术或阅读文学作品时得到的，就是这一类的愉悦感受。

和其他情绪一样，愉悦的感受出自脑部的神经传导分子和神经元的作用。神经元释放出来的神经传导分子，可以活化或抑制脑部特定区域的其他神经元，可说是神经细胞之间沟通的语言。神经传导分子的释放以及周边神经元活性的调控，构成了愉悦感的产生机制。光是脑部就有几十种与情绪有关的分子，不只和快乐有关，也和不快乐有关。

快乐的脑部地图

假如这些解释还没有把你吓跑，接下来的研究或许会让你昏了头。每个人都喜欢解谜的游戏，有些人光是玩九宫格里摆九个数字的数独，都可以玩上好半天。神经科学这一行也有自己专属的解谜游戏，看起来很严肃，但科学家一关关地破解不同的脑区和不同的神经传导分子，也就是在解开人类神经的谜题。

很有意思的是，我在教书时，发现同样是在读枯燥的解剖学或生物化学，有些同学自然对这些术语“上瘾”，成为解答这些谜题的专家。很多人看过《黑客帝国》这部电影，画面上不断流动的数字，对一般人来说没有意义。知道如何解码的人，可能会解出金发美女的信息。专家，其实也就是这样。

有趣的是，脑部不光是用不同的分子来沟通不同的情绪，就连快乐和不快乐的情绪也分别生于脑部的不同部位。美国埃默里大学的科学家汇总了 16 年的 83 个神经影像研究，发现快乐的感受主要发生在右颞上回（right superior temporal gyrus）与左前腹侧扣带皮质（left rostral anterior cingulate cortex）的九个位点，而且与哀伤、愤怒、恐惧和嫌恶等情绪所活化的脑区都不同①。

我相信，光是看到“右颞上回”“左前腹侧扣带皮质”就够吓人了。假如你读到这些已经进入一种萎缩状态、打算把书合起来，这也是很自然的反应。不需要感到挫折，所有读生物、医学的人都和你一样有过这样的萎缩状态。他们甚至在考试前还要背下来，进入更大的萎缩才能过关。

我以前教学喜欢用特别的记忆法，在这里也很简单。这些脑区的名称，只是研究脑的人所设计出来的一种地图，就像航海图或天象图一样，

① Vytal, K., & Hamann, S. (2010). Neuroimaging support for discrete neural correlates of basic emotions: a voxel-based meta-analysis. *Journal of Cognitive Neuroscience*, 22(12), 2864–2885.

帮助探险的人明白自己要去的位置。

这张大脑的地图，先把大脑分成左右两半。两个半球的构造是对称的，只要知道左半，自然可以推出右半的样子。两个半球又依照它们的相对位置，划分出四个区域，也就是四个脑叶（lobe）。

大脑的地图

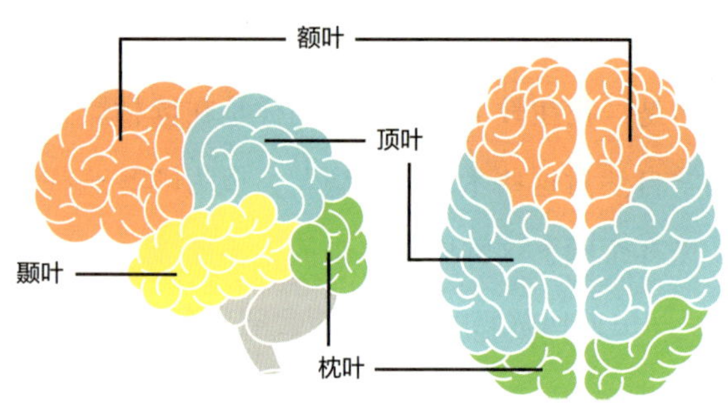

我们在想事情的时候，有时会不自觉地拍拍额头。没错，额头下方的脑区，也就是额叶。额叶比较前端的位置，就是前面提过的前额叶，主要负责的正是认知和思考的功能。头顶的正下方则是顶叶，对应来自身体的种种感觉。枕叶在后脑勺，也就是睡觉时靠着枕头的地方。枕叶与眼睛距离最远，负责处理来自眼睛的视觉信息，就像眼睛经过了整个大脑的距离投影到最后方才足够清晰。头部两侧靠近耳朵的是颞叶，“颞”这个字的三只耳朵，就好像在描述颞叶对听觉的重要性。

地图总是会愈画愈细致，如果我们要更精确指定某个地方，还需要路、巷、弄这些信息。脑科学家用“回”（gyrus）字来表示，指的就是大脑皮质皱褶突起的地方。

透过现代科技，看到脑的快乐

即使有了这样的脑部地图，如果你看过脑，就知道它是一大团充满液体、很难分辨又很脆弱的组织。然而，现代科学家可以用各式各样的技术取得脑各个深度的影像，让我们知道各种情绪在脑部发生的位置，从而解开脑部的奥秘。这方面的技术也多次获得诺贝尔奖的肯定。

最早的影像技术，是 1901 年拿到诺贝尔物理学奖的 X 光。不过，和脑科学比较相关的，则是后来的计算机断层扫描系统（Computed Tomography, CT）。

计算机断层扫描是由豪恩斯菲尔德（Godfrey Newbold Hounsfield, 1919—2004）在 1972 年发明的。你大概没想到，他的研发经费来源竟然和“披头士”乐团有关。他在 EMI 工作，当初 EMI 除了唱片还有计算机部门，只是计算机部门不赚钱，两边刚分家，而计算机断层扫描的研究刚好还拿得到 EMI 的经费。这可以说是“披头士”除了流行文化的影响之外，误打误撞留下的另一项“遗产”。这项技术在 1979 年获得诺贝尔医学奖。

后来在脑科学应用更广的两个新技术是磁共振影像（magnetic resonance imaging, MRI）和正子断层扫描（positron emission tomography, PET）。1973 年，罗特博（Paul C. Lauterbur）在著名的科学期刊《自然》（*Nature*）发表了一篇如何利用核磁共振现象①来产生平面影像的论文。这篇论文原本被退稿，因为编辑觉得“没有科学价值”。然而，这个小插曲损害不了核磁共振和医学影像的重要性。许多科学家都认为他迟早会得诺贝尔奖。隔了 30 年，到 2003 年，诺贝尔医学奖终于同时颁给他和另一位物理学家。

MRI 获得的图像非常清晰、精细，对医师的诊断帮助很大。不需要开刀让病人受苦，也不需要注射容易引发过敏的显影剂，更不需要照射 X 光，就可以知道体内软组织的变化。只是，MRI 机器会施加强大的磁场，

---

① 核磁共振的研究在三个领域（物理、化学、医学）获得了六次诺贝尔奖，重要性可想而知。

不适合体内有心律调节器或磁性金属的病人。此外，在检测的过程，为了得到稳定的影像，病人要平躺、手脚头部都被固定住、被送进一个长长的密闭腔室。如果病人不敢待在狭小密闭的空间（例如有幽闭恐惧症），就不适合接受 MRI 扫描了。

然而，MRI 得到的，从脑科学的研究来说，也还是一个静态的脑部地图，只是细节比较丰富，并无法具体告诉我们脑部在什么时候发生了什么事。这一点，还是要透过科学对神经细胞运作的理解来克服。

神经细胞的主要功能是信息转达，自身并不储存所需的葡萄糖与氧气。因此，只要神经细胞活化，就需要透过血液立即补充能量。神经细胞活化的地方，会出现大量带着氧的血红素。带着氧的血红素是抗磁性的，而缺氧血红素则是顺磁性，两者的比例变化就造成磁共振信号的差别。MRI 搜集这些信号可以得知脑部的血流与氧气消耗量值，呈现出不同脑区的活化程度。这就是后来发展出来的功能性磁共振影像（functional MRI）。

后来的正子断层扫描（PET）结合计算机断层扫描，将带有低放射性的葡萄糖注射入人体，来推知神经细胞的活化程度。接受 PET 检查前必须禁食至少 4 小时，静脉注射后再静躺约一小时让这些葡萄糖在体内被利用，才进行大约 30 分钟的扫描。虽然要注射放射性物质，但由于可以更直接观察到消耗能量的神经活化位置，运用也相当广泛。

快乐和各种情绪，在脑的不同区域

如果你读完了以上的介绍，还记得我们想讨论的是快乐和种种情绪在不同脑区的分布，那么，可以回头看这张由 83 个 fMRI 和 PET 脑部研究统整出来的图了。从前面的介绍可以知道，这些脑部影像是累积了科技点点滴滴的发展而来。再加上影像统计的技术，甚至可以将来自不同人、不同大小的影像做整合，将很多表面上无法直接比较的研究数据整合起

不同情绪，出现在不同脑区

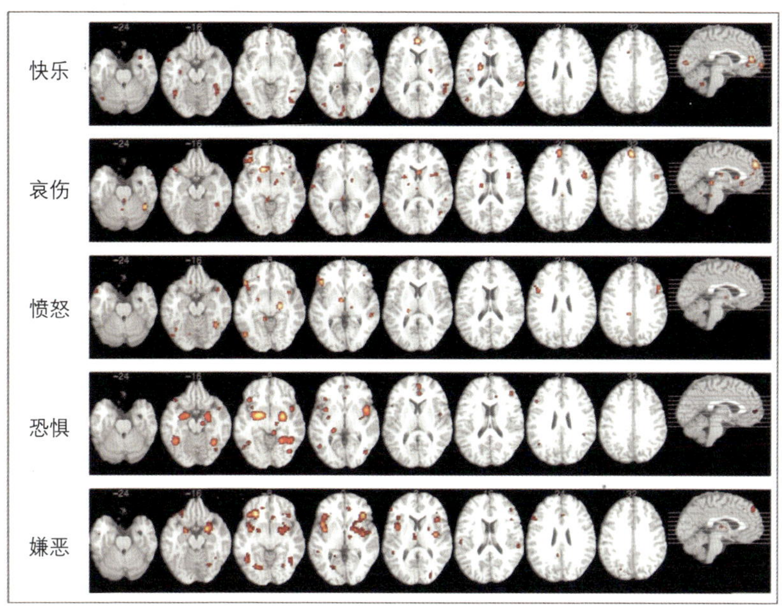

前面提过埃克曼提出的七种基本情绪，这里列出其中五种（快乐、哀伤、愤怒、恐惧和嫌恶）在不同脑区活化的位置。每一排代表不同的情绪，从左边开始的七个影像，各自是脑部不同深度的横面图，最右边的影像则是纵剖面。颜色是神经活化的统计值，愈红的地方，代表这个情绪愈常出现在这个脑区。

经 MIT Press Journals 同意，重制并翻译自“Vytal, K., & Hamann, S. (2010). Neuroimaging support for discrete neural correlates of basic emotions: a voxel-based meta-analysis. *Journal of Cognitive Neuroscience*, 22(12), 2864–2885.”

来，得到对每个情绪的理解。

总的来说，和快乐的情绪有关的脑区，在右颞上回和左前腹侧扣带皮质。而哀伤的位置则在左侧尾核头、左侧额叶中回、右额下回。愤怒在左额下回与右海马旁回。恐惧则在两侧的杏仁核、右小脑和右侧脑岛。嫌恶出现在两侧的脑岛。

相信你看到这些词，会忍不住想闭上眼睛，希望自己只是在做梦。好消息是：不用担心。你不需要记得这些脑区的名字，只要记得一个重点：每种情绪都出现在脑部的不同地方。

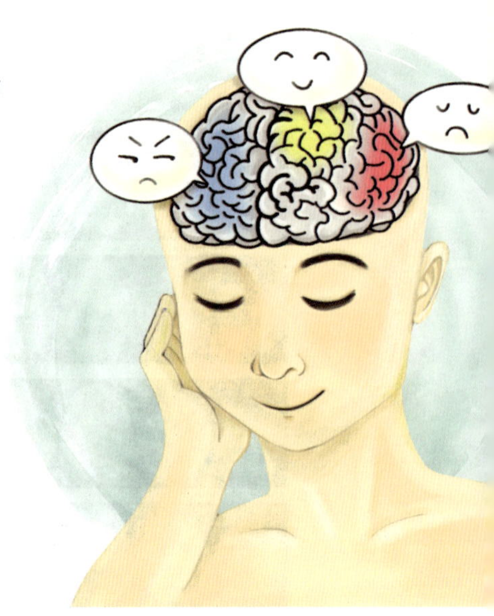

这个研究告诉我们，正向和负面的情绪其实不是互斥的。这两大类情绪在脑的不同部位产生，甚至连相反的情绪，都可以同时存在。它们所使用的神经传导分子也不是同一个。就像愉悦和疼痛不是对立，并不是不愉悦就等于疼痛，也并不是不疼痛就会愉快。同样的，满足或感受到性的吸引，也不见得就不会恐惧或悲伤，这两类感受同样是在不同地方产生，透过不同的神经传导分子来传递。

我们通常所称的快乐，带着很多层面，可能是满足，也可能是有动力、奖励，而这每一个层面都在不同的部位产生。添上这些微妙的差异，自然会发现快乐是有种种面貌，就像每个人的不快乐也不尽相同。

快乐和不快乐可以同时存在于不同的脑区，这个观念表面上不太合理，却相当重要。假如快乐对身心健康带来那么多帮助，我们大可让快乐的感受随时出来，而不会因为不快乐的感受存在，就快乐不了。

演化的设计就是如此。不光身心的快乐、不快乐在不同的地方发出来，就连再微细一点的快乐，都可以在脑袋里的不同位置发出来。

透过脑，体验人间的喜怒哀乐

我过去常用彩虹来比喻一种状态不是单一的，而是浓淡有别、带有各种色彩的组合。我们的心情也就像彩虹一样，不是单一的感受或情绪，而是不同部位透过不同分子所组合出来的信号。

从不快乐到很快乐，有不同的浓淡。这不是全有或全无的说法可以一句概括的。只是我们描述自己的心情时，会很快加总出一个简单的描述，把丰富的感受简化成快乐或不快乐。

我接下来会介绍不同的小分子带来的快乐和不快乐的感受。这些不同的感受，其实并不矛盾，彼此也没有冲突。大脑自然会去统合、衡量彼此的比重，告诉我们一种心情。

在快乐发生后，神经传导分子在脑中自然被消耗掉，使得愉悦感停止。另外，脑部释出大量神经传导分子之后，也会暂时失去对这些物质的敏感度，于是再怎么释放这些分子，也不会带来快乐，而这种不反应期至少要持续一段时间。这就是吃完一顿饭之后，脑内发生的情况。我们逐渐感到满足，这时，再多吃一点，就不会再带来一开始吃饭时的愉悦感。

身体的愉悦，就是这样生起、消退，一再循环不已。不只食物有此效应，其他的外在刺激，哪怕是买新车、中大奖，脑部也会逐渐失去敏感性。前面提过“享乐跑步机”的效应，为了快乐，所要做的努力永无止期。在脑部的情况也是一样的——带来快乐的活动，会在脑部下起一场快乐分子雨。然而脑接下来会产生耐受性，也就是对这些事降低敏感度，逐渐回到原本的快乐水平。

新的刺激可能会诱发更大的快乐分子雨，也就是说要想避开脑部失去敏感性的不反应，我们可以在生活中避开例行项目或寻找新意，或者透过轮替刺激，避免同一刺激一再重复。

同样的，一个意料之中的刺激，它所激发的快乐分子比出乎意料的刺激少得多。人自然会对意外惊喜和新事物产生强烈的反应，而同一个惊喜重复多了，也就不再惊喜了。

这些快乐分子雨不可能随时随地洒落在脑部，而是在一个人投入能促进生存的活动或进行一些知性的娱乐时，才会释放出来。我们笑、我们全神贯注，都能提高快乐的感受。

站在脑的神经化学基础来看，显然脑部已经有了先天的配备，让我们来人间体验愉悦和快乐。生理上的快乐不是一个单一分子的产物，而是不同的神经传导分子在不同的脑区活跃而带来的综合产品。这本书接下来会用更多实例探讨不同分子在快乐重扮演的角色。

这些事实，本身就带来一把通往身心快乐的钥匙，我会在这本书后面再多谈一些。

假如把左右脑的不同功能也拿来排列组合，自然可以体会所谓正向或反向情绪从来不是单纯的对立。要快乐，不见得要去压抑不快乐。我们都体验过或看过对一个人可以又爱又恨，就像父母亲有时被孩子气到时，会恨不得自己没生养孩子，但是一想起孩子可爱的模样，又忍不住眉开眼笑。

就像我在《静坐》中提到的：要改变习气，并不是去压抑旧的回路，而是建立新的习惯。我也在前一章提到可以从前额叶建立一个新的、更有力的回路。简单说，要找到快乐或找到其他正向情绪，从来不是去压抑负面情绪，最多只是需要清醒地觉察、看到自己负面的情绪。这些负面情绪自然会开始消退，让正向的情绪冒出来，让自己得到快乐的滋润。

05

痛快——痛，并快乐着

脊椎动物的疼痛和快感，由中枢神经系统掌管，受到血液内类鸦片物质（opioids，一种能在体内带来类似吗啡效果的物质，包括后文中提到的脑内啡）的调控。人类对疼痛和快感的接受和知觉，也相当于是一种文化的产物。举例来说，透过催眠，冷水可以让人感觉温暖（反过来，温水也可以让人觉得冰凉）。也有人可以不经麻醉进行手术，而不觉得痛楚。

所有生理的感受都是相对而生的，而且和过去的正向或负向经验有关。

运动也是一样，许多人享受的其实是激烈运动所带来的痛快感。痛，并快乐着。许多修炼者透过苦行，能够用全然的平等心忍受身体的痛。人类确实能够改变自己对疼痛刺激的反应。也许透过催眠、心理治疗、静坐等方式，达到不只减痛，甚至完全消除疼痛的效果。

20世纪60年代的中距离赛跑冠军艾略特（Herb Elliott）是澳大利亚人，在当时非常有名，是英美盛行的一英里赛跑（mile run，一英里是1600米左右）世界纪录保持人。在创下这个纪录的同一个月，他还打破了1500

米的世界纪录。接下来，在1960年的罗马奥运会，又以3分35秒6的成绩，再次打破了自己缔造的1500米世界纪录，得到金牌。第二名选手穿过终点线时，他已经好整以暇穿上外套了。

他接受采访，提到他的教练切鲁迪（Percy Cerutty）怎么帮他缔造这么多项世界纪录。“他做的不是改善我的技术，而是释放我内心甚至是灵魂里的一股力量。这股力量我以前只能隐隐约约感觉到。切鲁迪教我的是，要面对痛苦、爱上痛苦、迷恋痛苦，甚至拥抱痛苦。”

切鲁迪是澳大利亚知名的田径教练，将斯多噶的坚忍克己精神，落实到他斯巴达式的严酷训练。他在艰苦的训练中和学生谈精神的力量、谈达·芬奇、谈耶稣。他在墨尔本附近美丽海滩的训练基地，要艾略特在沙丘上一再极速冲刺，直到体力不支倒地。他还会对艾略特大喊“再快一点，不过就是痛而已！”

切鲁迪和艾略特都说，掌握冲刺过程的痛苦，自然让一个人变得强大。他们都认为，运动本身不只是带来乐趣，还有一层更深的喜悦。

推广自然生产的心理学家唐瑟（Deborah Tanzer）在研究拉玛泽生产法的效果时，发现有些产妇在生产的时候会经历狂喜，她用“高峰经验”来形容。有些医师也观察到生产的过程，确实让某些妇女得到一种快感、一种喜悦。有些人甚至“觉得自己在生产时更靠近上帝，那是一种天堂般的感受。我从来不知道人会有这种感觉。”

这种快乐无论从兴奋的刺激还是极端的痛苦而来，其实还是一个短暂的神经放电作用，很快就会过去。我认为这些经验最多只能做个参考，让我们了解它的生理机制，却不足以作为追求永恒快乐的可靠方法。

我会提到这个机制，也还只是强调人间的快乐有很多不同的来源和面貌，而我们的神经系统也很有弹性，能为个体生存做很大的转变。虽然疼痛是一个生存威胁的反应，为了不被痛的感觉给淹没或打垮，脑甚至创造出这么一种痛并快乐着的机制。这个机制包括以下要谈的脑内啡和内生性大麻衍生物。

吗啡是从罂粟（也就是提炼鸦片的植物）萃取出来的天然物，可以止痛，而且是人类所知最能够有效止痛的药物。脑内啡（endorphins）就像是脑部自己生出来的吗啡，可以说是脑部脑下垂体和下视丘自行分泌的止痛剂。在医院里，对遭遇严重创伤、疼痛或接受手术的患者会给予吗啡止痛。很有意思的是，西方科学家早就发现，东方针灸的止痛效果是因为刺激了脑内啡生成的缘故。针灸后，脑脊髓液的脑内啡含量大为提高[①]。

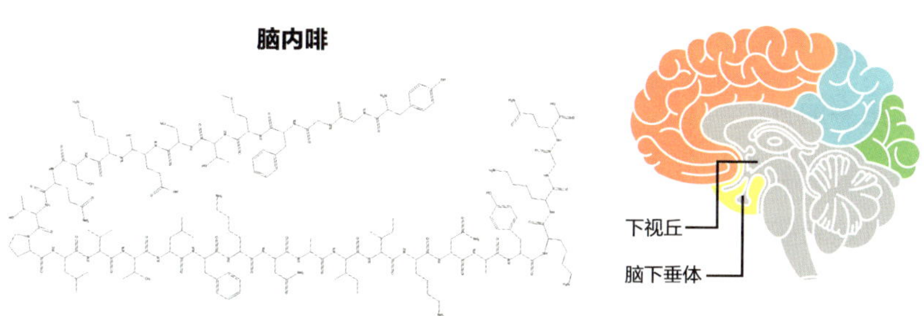

我在这里要回到一点化学，保证只有一点点。如果你还没有忘记化学课，那么，我要提醒一下，在元素周期表 118 个化学元素中，只有碳原子在生命中占有很特殊的地位。由碳原子组合成的各式分子，包括 DNA、RNA、氨基酸、蛋白质、脂肪酸等构成了地球上种种生命的基础，也是有机化学这门学问的主角。最有意思的是，包括这本书会提到的各种神经传导分子，都是由碳元素衍生出来的，却带给我们种种不同的感受。脑内啡这个分子，是在脑下垂体与下视丘（图右）所分泌的。

回到痛苦带来的快乐，跑过马拉松的人，有不少都经历过“跑者高潮”（runner's high）。长时间的重训和无氧运动会刺激脑内啡分泌。它天生的止痛效果，可以减缓肌肉乳酸堆积的疼痛，使得长时间跑步的痛苦消除。

---

① Clement-Jones, V., Tomlin, S., Rees, L., Mcloughlin, L., Besser, G. M., & Wen, H. L. (1980). Increased β-endorphin but not met-enkephalin levels in human cerebrospinal fluid after acupuncture for recurrent pain. *The Lancet*, 316(8201), 946-949.

运动，让脑内啡分泌

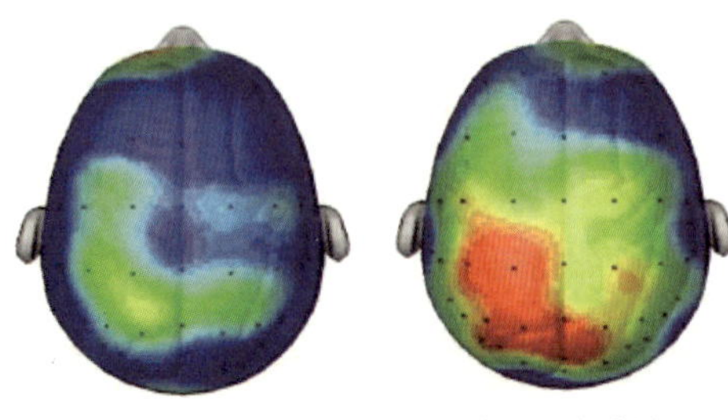

这是由 MRI 得到的图，再经由计算机计算上色，方便我们理解。蓝绿色是脑内啡含量偏低的区域，红黄色则是脑内啡含量提高的信号。左边是人在休息状态的脑，右边则是运动后一段时间的脑。可以看到，运动使脑内啡的含量提高了[①]。

经原作者与 MIT Press Journals 同意，重制并翻译自 "Hillman CH, *et al*. 2009. The effect of acute treadmill walking on cognitive control and academic achievement in preadolescent children. *Neuroscience*. 159: 1044–1054." 图四。

20 世纪八九十年代，我们都认为跑者高潮所带来的奇妙效果，包括疼痛突然消失以及不可思议的喜悦，完全是脑内啡带来的效果。随着科学不断地进步，各种生理的反应和脑部的作用被区分地愈来愈细，也发现了更多的分子。科学家也透过这些分子的分工合作或彼此牵制，重新解释一个大家熟悉的生理现象。

以跑者高潮来说，不只是脑内啡带来的效果，还透过有"狂喜分子"（the bliss molecule）之称的内生性大麻衍生物（endocannabinoids）改变人的意识和知觉状态，带来一种喜乐的状态[②]。突然之间，原本的疼痛和疲惫消失了，关节的活动非常自如，血流也毫无阻碍地把氧带到全身，高度集中的注意力，让身心处于一种不可思议的平稳与舒畅。

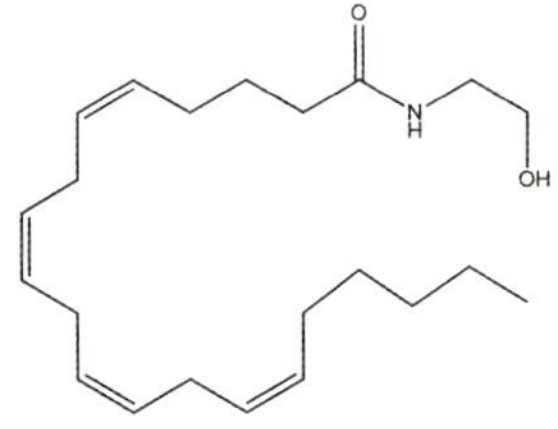

喜悦酰胺（anandamide）

这一类"狂喜分子"，其中最有名的是"喜悦酰胺"（anandamide）。比起脑内啡，

① Hillman, C. H., Pontifex, M. B., Raine, L. B., Castelli, D. M., Hall, E. E., & Kramer, A. F. (2009). The effect of acute treadmill walking on cognitive control and academic achievement in preadolescent children. *Neuroscience*, 159(3), 1044–1054.

② Fuss, J., Steinle, J., Bindila, L., Auer, M. K., Kirchherr, H., Lutz, B., & Gass, P. (2015). A runner's high depends on cannabinoid receptors in mice. *Proceedings of the National Academy of Sciences of the U.S.A.*, 112(42), 13105–13108.

它是一个构造相当单纯的分子。

你可能还记得我在前面提过，*ānanda* 是梵文的喜悦，而我在《神圣的你》中提过的 *sat-chit-ānanda*（在·觉·乐）最早出现在公元前 100 年至公元 300 年之间的《明点奥义书》（*Tejobindu Upanishad*），是用以描述全部生命、真实存在的喜乐。我们常以为科学家一板一眼，只谈科学。其实，这些专业名词，有些来自科学家自己有感情的外文或特别偏好的哲学。我当初在研究免疫时，也取了很多有意思的名字。别人不知道那是当初喜欢或讨厌的狗或猫、或特别有缘的朋友的名字。这些字变成拉丁文之后，听起来就很像一回事。

除了激烈的运动之外，性爱和高潮也会促使脑部释出脑内啡[①]。甚至在很痛的情况下，例如生产这类特别折腾身心的体验，身体自然会释放脑内啡，而让人在之后感到一种很深的放松，甚至平安。

这其实也是演化帮助物种生存的机制，在极度痛苦且疲惫不堪的情况下，帮助个体可以支撑下去而不会立即垮掉。

然而，也可能有这样的现象：有时经历了很强烈的快感之后，人反而会有很深的感伤。

透过这种强烈的刺激所得到的快乐，不仅早晚会消失，甚至有时会反弹，带来萎缩甚至很强的负面情绪，同样不会永恒。

很有意思的是，早在公元前三百多年，伊壁鸠鲁[②]说过这样的话："痛苦比享乐更好，长时间忍受痛苦之后，更大的快乐自然来到我们身上。"

① Krüger, T., Exton, M. S., Pawlak, C., von zur Mühlen, A., Hartmann, U., & Schedlowski, M. (1998). Neuroendocrine and cardiovascular response to sexual arousal and orgasm in men. *Psychoneuroendocrinology*, 23(4), 401–411.

② 伊壁鸠鲁（Epicurus，希腊文为Επίκουρος，是同伴、盟友的意思，公元前341—270年）是古希腊哲学家、伊壁鸠鲁学派的创始人。他只留下三百篇书信和短文。他认为哲学的目的就是达到生命的快乐与平静，最大的善就是驱逐恐惧，追求快乐，与志同道合的朋友过着自足的生活，达到免于恐惧的平安与自由，降低欲望，免于生理的痛苦。

好像在人类的脑海中，自然把苦乐造成一种对比，而且还是可以相互交换的概念。

前面已经提过，快乐和不快乐是可以同时存在的，并不需要用极端的不快乐（痛苦）才可以得到快乐。甚至，用这种苦乐交换的方法所带来的快乐，它本身还是无常的，也是不可靠的。要得到快乐，其实有比伊壁鸠鲁所说的更容易的方法。我会在这本书里继续讲下去。

一个小分子，改变了我对世界的看法

记得我那时不到十五岁，一个星期五晚上，其他人都去参加派对，我一个人在图书馆读到一篇《科学人》（*Scientific American*）的论文。这是一个历史超过 170 年的期刊，用一般人都能懂的语言来传达各领域科学的最新进展，所刊登的都是新颖又有精彩故事的研究，影响相当广泛。

一位科学家要把研究发表在《科学人》，不光是本身要有文学的表达能力，也要有科学代表性的成果。我还在巴西读中学时，正是透过这个期刊才得以知道国际上许多荣获诺贝尔奖的研究。后来《科学人》三度邀请我分享自己的研究成果，每次大概相隔十年。尽管当时很忙碌，写这类文章所花费的时间、心力也远超过其他学术作品，我都会立即答应。这多少也是年轻时留下的印象，心里总是觉得能在一个当年喜欢的期刊留下记录，是一种荣幸。

回到那天晚上读到的论文，那是三个不同研究团队同时的发现。其中一个团队以骆驼为研究对象，提到骆驼特别耐旱耐热，是因为它体内的脑内啡受体特别多，所产生的脑内啡也特别多。前面提过，脑内啡的结构和吗啡类似，真没想到生物的体内竟然会制造出这些东西，而且还老早就生成了它的受体，等着接受这种成瘾物质的作用。

可以说，任何刺激我们或让人上瘾的药，之所以有作用，是因为人体本来就有相应的结构。

当时读到这一篇时，我突然得到一个很深的洞见，体会到——人类的任何体验，都可以说是人脑里面早就有一个架构等着来经验它。而且，身体所有的生理机制，都是希望我们得到快乐。我更深的体会是：要得到快乐，是要超越时空。时空只会带来痛苦，而人体的架构本身可以让我们跳脱演化的限制。

这个洞见对我影响相当深远。我的所有作品，包括《真原医》《静坐》《全部的你》《神圣的你》都不离这一个体会。同时，我也很想知道，有没有哪一种心理状态可以让我们一再回到脑内啡带来的境界，甚至让我们跳脱物质的作用，从而达到更大喜乐的境界。假如有，谁可以达到这种状态？谁可以得到这种永恒的快乐？我们又要怎么去掌握这个奥秘？也正因如此，让我这 40 年来在宗教、哲学、科学等领域去寻找人类留下来的记录。

前一篇的第五章提到，身体每一个细胞都有自己的聪明。从细胞生理学的角度来说，这种聪明也就是每个细胞都有自己的沟通和记忆，透过细胞膜各式各样的受体来完成。细胞膜是细胞把自己包起来与周围互动的结构，而这些互动所需要的信息传递是透过“受体”来完成的。受体是一种“长在”细胞表面的蛋白质，负责捕捉细胞周围环境的信息。一旦化学分子停靠到受体上，就会引发某些生理的反应，包括和邻近的细胞“交谈”。

探讨各式各样受体运作这一领域的研究成果，已经得到多次诺贝尔奖的肯定，也是生物医学领域的主要研究主题。这些受体，尤其是神经传导分子的受体，不光是神经元有，甚至免疫细胞还特别的多。这才创出一个新领域——神经心理免疫学。

光从这一点，我们可以明白人的意识不只是限制在脑，而是分配到每一个细胞。说到细胞有意识、有记忆，并不只是一种比喻。快乐，是可以透过身体每一个部位去体会的。

肆

总想要更快乐

01
追求和期待

人间最期待的快乐，大概就是期待本身了。

巴甫洛夫（Ivan Pavlov）是一百多年前的俄国科学家，在圣彼得堡大学附设医院进行研究。有一天，他注意到实验室的狗只要看到他穿着实验衣走进来，就开始流口水，而且产生快乐的反应。他很快联想到，狗在期待接下来的喂食。

他后来发现，除了白色的实验衣，他还可以用别的方式引起狗同样的反应。他喂狗吃肉，同时敲铃。这样的组合重复了几次，到后来，只要敲铃，狗就会流口水，效果和他的实验衣一样。就这样，巴甫洛夫就发现了条件反射，而且认为这是学习的基础。无论动物还是人，把一个刺激和自己的反应建立联结，这就是学习。

这个发现，使他获得了1904年的诺贝尔医学奖。

巴甫洛夫不光证实了条件反射的存在，也同时验证了一个非常古老的道理——熟能生巧（Practice makes perfect.）。希腊七贤之一的佩利安德（Periander, 627—587 BC）在两千多年前就说过“练习，即是一切”（Practice is everything.）。也就是说，任何学习，包括身心的快乐，都必须要重复再重复。

以前的人认为，快乐是可以学得来的。只要抑制负面的情绪，包括贪婪、嫉妒、恐惧，快乐自然就能浮出来。各个文化也都有禁欲、苦修、控制自己的感受（askesis）的传统。透过练习、透过一再重复，化为生命的习惯，等于是为头脑做了重新制约，这就是学习。当然，用现代的语言，包括我所称的新的神经回路，谈的也是“练习”这个古老的学问。

多巴胺和期待系统

从巴甫洛夫的制约学习，演变出一套奖惩的理论。我们发现，对奖励（也就是好的结果）的期待自然引领着我们去做某件事。举例来说，每个人都体验过爱情的威力。光是想起那个人，心头就小鹿乱撞，脚步也不由自主地轻快起来，会觉得时间过得特别长或特别短。为了约会或等电话，可以特别早起或晚睡。

恋爱中的大脑发生了什么？研究人员找来10名女性和7名男性，恋爱时间从1个月到17个月，让他们轮流看爱人和一位熟人的照片，中间还安排一些让他们分心的事情，以免两张照片的效果相互干扰。同时，用fMRI拍下他们的大脑影像。结果发现，他们大脑中分泌多巴胺（dopamine）的位置都活化起来了①。

谈到在脑内带来快乐的小分子，大概没有一个比多巴胺更重要。

多巴胺的结构比起前面提到的脑内啡和喜悦酰胺都简单。科学家早在1910年就在实验室用九个碳原子的左旋多巴（L-dopa）经过一个简单的反应，得到8个碳的多巴胺。然而，一直要到1957年，科学家才知道

---

① Aron, A., Fisher, H., Mashek, D. J., Strong, G., Li, H., & Brown, L. L. (2005). Reward, motivation, and emotion systems associated with early-stage intense romantic love. *Journal of Neurophysiology*, 94(1), 327–337.

多巴胺也存在于脑部。又隔了一年，才知道多巴胺不只是其他神经传导分子的前身，它本身就有神经传导的功能——在神经细胞受到刺激时，能分泌出来传递信息。这项发现，后来获得了 2000 年的诺贝尔医学奖。

如果你看过电影《无语问苍天》（*Awakenings*，也译作《睡人》），大概还记得原本像蜡像一样躺在床上一动也不动的患者，在用药之后“解冻”了。这个药物就是左旋多巴，能通过血脑屏障，并在脑中转化成多巴胺。

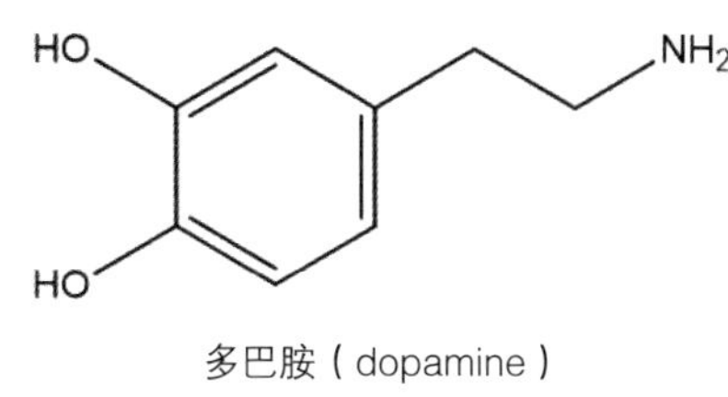

多巴胺（dopamine）

相信你看到多巴胺的结构，会觉得相当不可思议。这么简单的构造，不过是一个氨基（$-NH_2$）再多连上几个碳氢的结构，就可以让我们的人生动起来，带来积极进取的快乐。

不只是动起来，多巴胺还带来期待的心情，让人愿意为了美好的感觉，心甘情愿去尝试新的经验、认识新的人、学习新的事物。就连刚到一个新的工作环境，都可能带来很多生理和心理的兴奋反应。就好像脑部有一套期待系统（anticipation system，又称奖励系统 rewarding system）带领着我们去投入，而多巴胺就是其中的主角。

期待和奖励所带来的快乐其实不太一样。在追求的时候主导我们积极进取的，是一种兴奋感。我们都看过小孩子为了一根还没到手的棒棒糖，多么开心地跳上跳下或心甘情愿地去等待。对奖励的期待，本身就带来快乐的心情。等拿到棒棒糖时，拆开糖果纸，把糖果放到嘴里，期待已久的奖励终于实现了，化成甜蜜的心情和满足。有意思的是，奖励本身带来的快乐，不像期待那么持久和激动，好像奖励到手那一瞬间，也就到底了。

科学家用期待和奖励这两个词来描述同一个系统，也正表达了这种快乐的两个层面——期待引领我们去追求，而追求到的时候，带来快乐的奖励。这样的学习也就构成了正向的制约。

期待系统完全受到多巴胺的作用，不光是带来正向的念头，还会促使我们去规划、去执行。说到这里，希望你忍耐一下科学家凡事都要说明白的习惯。这个期待或奖励系统不是一个抽象的概念，而是在脑部有一个明确的脑区，和前几章提到的边缘系统，也就是“情绪脑”的位置很接近。

期待系统包括了前脑伏隔核（nucleus accumbens）、中脑的腹侧被盖区（ventral tegmental area, VTA）和中脑的黑质（substantia nigra）。这些位置，含有许多生成多巴胺的神经细胞。我们也可以从下图看到这些区域与脑部其他位置的联系，包括与负责认知、规划的前额叶之间的连接。这也代表了，期待系统对整个脑的运作影响重大。

脑部的“期待系统”

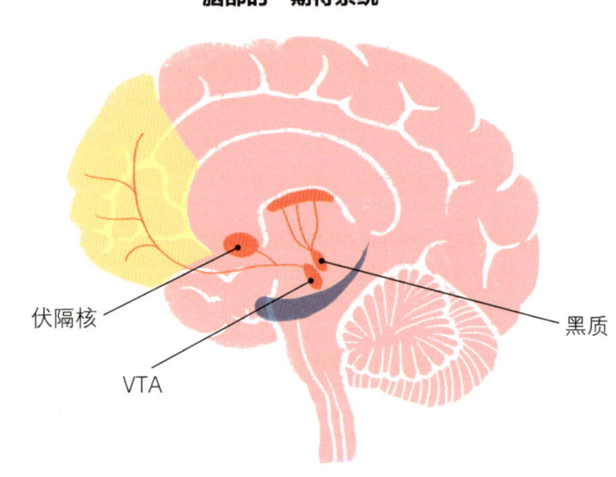

上图所示为期待系统在脑部的具体位置。其中，伏隔核又有一个名字叫 *nucleus accumbens septi*，拉丁文的意思是贴伏在中隔（septum）旁边的核，所以叫伏隔核。在脑部，核的意思是神经细胞聚集的地方，也就是密集处理信息的位置。腹侧被盖区的“被盖”一词，来自拉丁文的 *tegmentum*，也就是覆盖的意思。腹侧被盖区是产生多巴胺神经细胞的源头，这一区的神经细胞投射到脑部各部位，和认知、动机、性高潮、上瘾、强烈的感情、精神疾病有关。黑质则是一个很小的区域，下一章会提到它。

02

追求，带来更多追求

科学家舒尔茨（Wolfram Schultz）一生都在探究多巴胺的作用，得过许多奖。我认识很多学术圈的朋友都喜欢到海外做研究，他们不光是对研究有热情，也对当地文化有兴趣。舒尔茨的研究经历也有这种味道，他在德国海德堡大学拿到学位，在德国、美国、瑞典做博士后研究，后来到瑞士弗来堡大学，2001 年到剑桥大学主持神经科学研究室。

他在瑞士弗来堡大学期间，做了一个给猴子苹果的实验，发现猴子每次看到苹果，中脑黑质就变得活跃。后来，他给苹果时，就点亮一个小灯泡。再后来，猴子只要看到灯泡发亮，中脑黑质就开始活跃起来[①]。这个研究，后来登在有名的《自然》上。

多巴胺就像是脑内挂在我们眼前的红萝卜，驱动我们寻求奖励和享乐的行为。除了带来愉悦，还掌控我们的动机、动作，也和强迫、坚韧这些特质有关。当我们想得到某个东西、为它努力达成目标时，脑部就会释放多巴胺。我们设定目标，达成期望，也就提升了脑部多巴胺的活性，

① Ruffieux, André , and Wolfram Schultz. (1980) Dopaminergic activation of reticulata neurones in the substantia nigra. *Nature*,285: 240–241.

并感觉到主动、积极、什么都可以完成的感觉。

不过，这种追求被推到极致时，会发生什么事？

奥尔兹（James Olds）在 1954 年发表了一篇相当出名的论文[①]，在大鼠身上植入一个很小的电极，刺激脑部下视丘产生欲望的部位，而大鼠可以透过一个杠杆去启动这个电极，启动多巴胺的快乐。结果，大鼠会不断地去按这个杠杆，就好像被附身一样，一小时可以按上 6000 次，连对食物和性的欲望都失去了。就好像为了快乐，连命都可以不要。

透过人为刺激，推动多巴胺带来的追求的快乐，可以到这样的地步。甚至影响到脑的整体架构，让所有细胞都在为这个快感作用，而且不分对象、没有选择性。到最后，快乐成了身不由己的唯一目标。

快乐，让人接受学习与制约

前面说过，身心快乐有很多层面。其中，想要的欲望和喜欢的享受，其实是不同的。一个是被期待系统带着跑，另一个则是在过程中体验。如果破坏大鼠将多巴胺通往下视丘的神经连接，大鼠还是会享受主动送进嘴里的食物。它会一直舔嘴，吃得津津有味，却不会主动觅食，就好像失去了追求的动机[②]。

欲望是还没有得到之前的期待，可以刺激我们去规划、去行动，也可以持续较长的时间。这时候，多巴胺会高涨。一达到目标，多巴胺就降下来。实际在享受的时候，欲望反而是下降的，甚至连一个追的念头都没有了。这时反而是脑内啡在运作。

---

① Olds, J., & Milner, P. (1954). Positive reinforcement produced by electrical stimulation of septal area and other regions of rat brain. *Journal of Comparative and Physiological Psychology*, 47(6), 419–427.

② Berridge, K. C. (2009). 'Liking' and 'wanting' food rewards: brain substrates and roles in eating disorders. *Physiology & Behavior*, 97(5), 537–550.

不只是觅食，种种追求包括性、调情、恋爱都是一样的。人类追求性或爱时的冲劲，和实际做爱或建立亲密关系的体会，其实是两件完全不同的事。可以说前者是多巴胺带来的“想要”，而后者是由脑内啡所激发的“享受”。也就是说，我们可以有两种方法去得到正面的情绪，包括这两个层面的快乐。

最有意思的是，透过快乐分子，尤其脑内啡的享受，可以把时间，甚至时空都冻结，或是转化我们对时空的体验。性高潮就是一个例子，虽然时间短暂，那一刻却觉得是永远。很多物质，例如酒精，也带来一样的效果。这都是体内的脑内啡受体带来的。

快乐分子，包括多巴胺带来的奖励效果，自然让人念念不忘，无论美食、性、恋爱还是药物都一样。为了得到大脑所许诺的愉悦感，我们自然会循着上次的线索，也许是某个地点、某种发型、每天早上那一杯咖啡、希望能再遇到某一个人、吃到好吃的食物，想要再得到一次同样的快乐。这两个因素一起搭配，甚至可以让我们学会某个行为模式，像是为了一杯咖啡而愿意耐心排很长的队伍。

前面我们看过几个来自脑部影像的研究，也从中推论了各个部位的功能。然而，不要忘了，脑部影像所看到的，最多只是神经细胞对能量的需要，我们没有办法从中确认这些快乐真的是因为多巴胺而来的。

多巴胺牵涉的行为和快乐是这么的重要，为了确认这些快乐真的来自多巴胺，科学家出动了种种新奇的仪器和设置，甚至使用经过基因改造的小鼠来确认。我们谈到基因改造，可能都只会想到农作物，你大概还会想到超市里的基因改造食品等问题，而不会想到这个技术还用到实验动物甚至人身上。透过改变动物的基因带来某些原本没有的特质，不光可以用来治疗疾病，也可以用在追求科学更新的进展。

这种小鼠经过改造后，脑内生成多巴胺的细胞对光线变得相当敏感。

问题来了，要怎么让光线进入封闭的脑？很简单，他们把一根很细的光纤植入小鼠的脑袋。一按开关，光线就会透过光纤送进脑里，而活化中脑的腹侧被盖区的神经细胞分泌多巴胺。你可以想象得到这是多么精细的操作。神经科学领域的技术已经发展到了这个地步，可以说是医学研究的先驱。

回到多巴胺和学习的研究。如果我们在学习时，同时得到一个意外的惊喜，刺激多巴胺的效果会很强，所学到的经验会很难忘。这是每个老师在教学时都希望得到的效果。然而，倘若惊喜已经不再是惊喜，就达不到刺激的效果。

这个研究透过光纤刺激多巴胺分泌，让早已经不是惊喜的浓糖水又变成了惊喜，刺激小鼠学会新的任务[①]。这个实验，第一次直接证实了正是多巴胺带来学习、追求的快乐，甚至可以让一个老旧的线索，再度变得能引发期待，从而引发学习。

我要说的是，多巴胺影响快乐，而快乐透过期待系统的运作带来好奇心，引发学习的效果。也就是说，快乐是自然给我们的最好的学习动机。快乐的学习，也是最有效率的学习。

这种反应，就连昆虫都是一样的。科学家也进行了许多这类研究。可以说，快乐和多巴胺系统让一个人产生好奇心，会想去探索新的领域，它本身也是创意的动力，让人不断地有所改进、想要更好而变得更聪明。

身心的快乐，让我们学习，也让我们变得聪明。这也就是人和动物不同的地方，人会进一步区分不同的经验与物质，区分哪些会让我们更快乐。

快乐，同时也加深了我们区别、分析的路径。

---

① Steinberg, E. E., Keiflin, R., Boivin, J. R., Witten, I. B., Deisseroth, K., & Janak, P. H. (2013). A causal link between prediction errors, dopamine neurons and learning. *Nature Neuroscience*, 16(7), 966–973.

03

身心快乐，大脑更年轻

前面提到我们认知世界的方式，透过情绪脑的过滤或调节，最后都还是会影响到一个人快不快乐，包括快乐的强度、快乐的质量。就连动物面对压力的环境，它所能体会得到的压力（或者对压力环境的解释）也是透过环境学习而来的。例如幼鼠出生后，交由其他母鼠照顾，这个代理妈妈是否仔细舔净、抚摸、照顾幼鼠，会影响幼鼠在压力情境下的行为和内分泌反应，而这个影响透过下一代的雌鼠可以延续好几代[①]。

过去的看法是，成年人的脑没有办法再生出新的细胞，最多只是建立新的联结；只有胎儿才有可能生出新的神经元，而一出生，我们的脑细胞数量就固定了。然而，洛克菲勒大学的费尔南多·诺特博姆（Fernando Nottebohm）发现，成年的金丝雀一到春天开始歌唱的时候，脑中与唱歌相关的部位，神经元的联结建立得更多，也出现了更多新的神经元，在空间上占了更大的比例。[②③]

---

① Francis, D., Diorio, J., Liu, D., & Meaney, M. J. (1999). Nongenomic transmission across generations of maternal behavior and stress responses in the rat. *Science*, 286(5442), 1155–1158.

② Nottebohm, F., & Arnold, A. P. (1976). Sexual dimorphism in vocal control areas of the songbird brain. *Science*, 194(4261), 211–213.

③ Fuchs, E., & Flügge, G. (2014). Adult neuroplasticity: more than 40 years of research. *Neural plasticity*, 2014, 1–10.

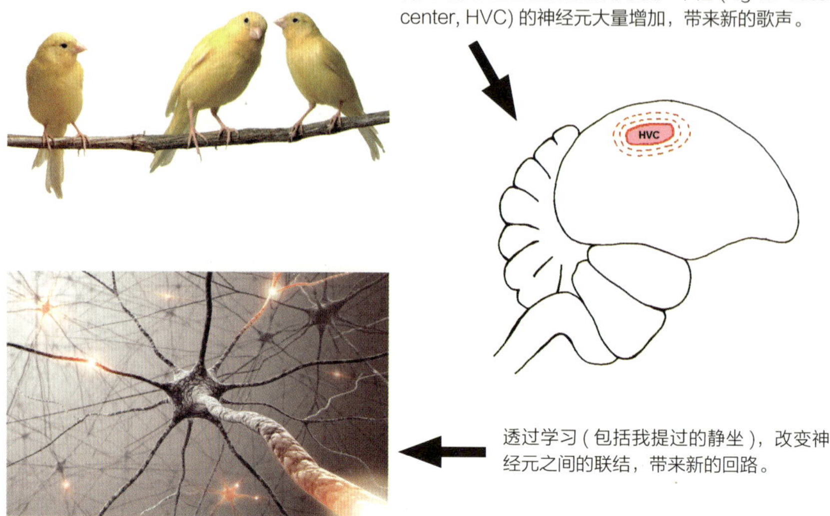

春天到了，金丝雀脑部的高等发声中枢 (higher vocal center, HVC) 的神经元大量增加，带来新的歌声。

透过学习（包括我提过的静坐），改变神经元之间的联结，带来新的回路。

后来发现，其他的动物，包括人也是一样的。不光是脑部，就连身体其他的部位也有可塑性，也就是会依需求而变化。谈到成人神经细胞的可塑性，包括神经细胞再生①，也包括神经细胞之间建立联结（rewiring），这两个方面的可塑性都相当重要。或许你觉得“可塑性”②这个词很“塑料”，听起来不太自然，但这个词其实就是我们所说的“具有可造之才”的意思。

神经细胞的联结，决定了我们能不能有效地学习，而快乐能促进这个过程。

---

① 神经细胞的再生，和现在大家熟悉的干细胞很有关系。一般认为，已经分化的体细胞，包括神经细胞，没有办法回到干细胞状态的全能性，而变化出各种细胞的性质。分化完成的细胞必须经历逆行性生长（de-differentiation）恢复全能性。这方面的研究，初衷是希望给瘫痪的人一个机会。干细胞治疗则是希望透过植入自体干细胞，补偿先天基因缺陷所带来的异常。

② 可塑性，英文是 plasticity，而 plastic 这个词源自希腊文的 *plastikos*，也就是可以依照用途，任意挤压搓捏成种种形状的意思。人类在公元前1600年就有这样的材料，取自天然橡胶。直到今日，我们提到 plastic 也只能想到塑料，虽然还保有可变形的含义，也偏离了这个词的重点。

可塑性与学习

我们的脑有一千亿个神经元，就像银河中的星星那么多[①]。我在好多场合和大家开玩笑分享过，我们的架构就是一个宇宙的镜像反映。再说得清楚一点，宇宙的银河就像个大宇宙（macrocosm），而我们的架构是小宇宙（microcosm），两者其实有对称的关系。那么，这两个数字的巧合也就不那么意外了。

每一个神经元都扮演着重要的角色，不光接受种种的化学物质，它本身还会伸出像手指头一样的构造，也就是轴突（axon），想和下一个细胞连接。它也会伸出好些比较短像天线一样的构造，也就是树突(dendrite)，去接受其他神经细胞的信息。

一般人想不到的是，我们对这个世界的身心体验全都离不开神经元的运作。它比计算机还灵活，随时在适应新的信息而变化。刺激愈多，它发生的愈多，而且自然想和其他的神经元交流。假如有两个神经元受到刺激，同时都在运作，彼此就形成了突触（synapse）。愈常一起运作的神经元，自然就会联结在一起。就像人也会物以类聚，合拍的人，自然会想聚在一起。

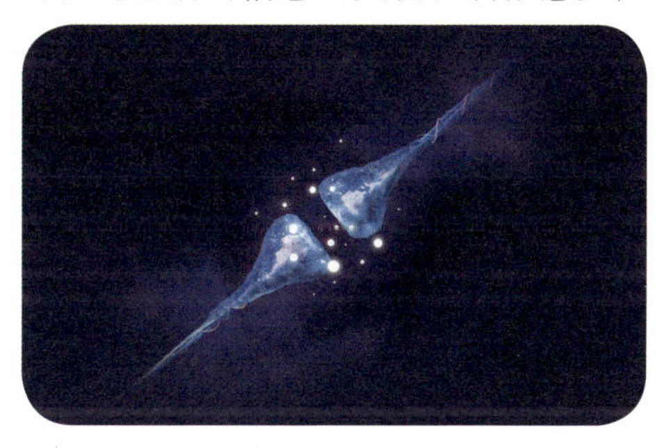

可以想象，研究神经元之间怎么接受刺激、怎么把刺激传出去、怎么交流，是一个诺贝尔奖等级的重要课题。没错，研究神经细胞放

① 这是根据维也纳大学康斯坦丁·冯·埃科诺莫博士（Constantin von Economo, 1876—1931）的估算。埃科诺莫对大脑皮层和睡眠生理学的研究对后世很有启发。他发现了一种只存在于高等动物的纺锤形神经细胞，这种细胞后来就命名为the von Economo neurons（VENs）。有些人认为，只有能意识到“自我”的动物才有这种神经细胞。很有意思的是，埃科诺莫不只是坐在实验室里的科学家，他还是人类历史上最早开飞机的几个人之一。

电，也就是产生动作电位的两位生物物理学家赫胥黎（Andrew Huxley）与霍奇金（Alan Hudgkin）与研究突触的埃克尔斯（John Eccles）共同获得了 1963 年的诺贝尔医学奖。他们的研究从细胞的层面，奠定了现代神经科学探讨脑部神经连接很重要的基础。

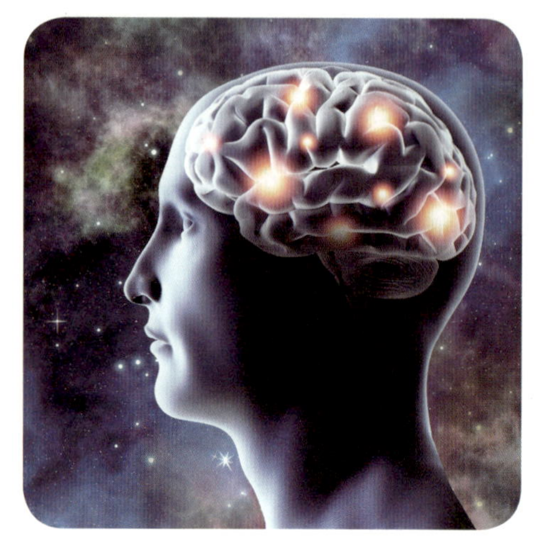

透过可塑性带来的神经新生，不光是让神经元活化、联结愈来愈多，更是一个人一生中不间断的过程。我记得之前也提过，静坐可以改变脑部的回路，也就是建立新的习惯。新的习惯建立了，旧的习气自然也就消除了[①]。

这其实就是学习的神经元机制。一个经验，例如碰到烫手的炉子，自然带来神经元的反应。假如我们经过几次这种经验，不只是炉子，还被其他东西给烫了手，神经系统会记得这件事，而“烫”和伤害的联系就建立起来了。

1949 年，加拿大的神经心理学家赫布（Donnald Hebb）用神经细胞的概念来解释生活中所有新经验的学习[②]，像是熟练工具使用或食物的偏好，都离不开神经本身以及神经和神经之间一一建立起的网络的作用。

---

① Kirk, V., Fatola, C., & Gonzalez, M. R. (2016). Systematic review of mindfulness induced neuroplasticity in adults: potential areas of interest for the maturing adolescent brain. *Journal of Childhood & Developmental Disorders*. 2, 1–9.

② Hebb, D. (1949). *The Organization of Behaviour: A Neuropsychological Theory*. New York: Wiley.

这种学习都还是我们可以理解的，也就是脑部随时透过突触建立新的网络（re-wiring）。

练习乐器也是一样的，长年累月练琴，会提高脑部与运动和协调能力相关的白质和灰质的量[①]。灰质是大脑皮质富含神经元的地方；而白质是充满轴突的位置，也就是神经连接的集中处。由于轴突上的髓鞘在显微镜下看起来比较“白”，所以这个位置也就被称为白质。可以说，练琴本身就会让运动和协调的神经元变多，而且彼此有更好的联结。

不只如此，练琴还会促进神经表面的髓鞘形成。髓鞘由特殊的脂质构成，包裹着神经的轴突，就像电线上包的绝缘胶带，让动作电位（action potential）在轴突传递时更快更有效，从而带来更好的神经传导效率。

练习不只让脑部神经发生变化，甚至这一整套神经反应已经和肌肉联结起来，造成神经肌肉的联结（neuromuscular junction），影响肌肉的技巧，使得这一学习更坚实。练琴是神经与手部肌肉的结合，而唱歌则是神经系统与声带肌肉的交互作用。我们可以看到很会唱歌的人可以把音唱得很准，也可以随心所欲地用不同的音色和音量表达感情。很少唱歌的人，有时就连自己走音都听不出来，更别说巧妙运用声带来表现了。

反过来，就像前面谈过的脑部只有在得到身体的信号之后，才能体验到快乐或哀伤等种种情绪。其实神经肌肉的联结并不是单向，而是双向的——肌肉的记忆和反应同样会反馈到神经，促使脑部产生新的联结甚至新的神经细胞。

可塑性不只是大脑的工程，而是一个全身心交互影响的整体回路。假如没有这个可塑性，我们不可能学习、不可能拥有面对新刺激和危机

① Gaser, C., & Schlaug, G. (2003). Brain structures differ between musicians and non-musicians. *The Journal of Neuroscience*, 23(27), 9240–9245; Bengtsson, S. L., Nagy, Z., Skare, S., Forsman, L., Forssberg, H., & Ullén, F. (2005). Extensive piano practicing has regionally specific effects on white matter development. *Nature Neuroscience*, 8(9), 1148–1150.

时的灵活反应。可塑性不光可以建立新的回路，还可以让我们归纳好多刺激，把它们分门别类。同一类的刺激被归到某一个回路，而透过刺激发生一再强化、扩大效果。这就是练习。我们才能节省时间和心力。

本来就是为了方便，省掉再次学习和尝试的时间，提高人类面对生存问题时处理新刺激的效率。然而，脑和神经既然是可塑的，重复一些情绪反而会使特定的神经路径强化，让同样的情绪反应更快、更强烈。假如我们随时都在不愉快，自然就产生一个固定而僵化的不愉快回路，而让不愉快的反应愈来愈快、愈来愈大。

就像前面提到过的大脑处理恐惧的低路反应，把一些不重要的刺激带来的行为落到潜意识，好让注意力带到新的状况。然而，它有一个负面的作用：即使是很不相关的外界刺激，都可能无意识地走到同样的路径。尤其现代生活的步调非常快，时时带来各种刺激，让我们很容易为了一件琐碎的小事大做文章，陷入过去的创伤或幻想。这种放大的程度和刺激或威胁的强度不成比例，说是自讨苦吃都不为过。

重复某一个令人愉快的活动，可能让脑部的快乐路径更为活化，使得同样的愉悦感更容易被察觉到或更清晰地被体会。相反地，比较负面、很少有愉悦体验的人，身心快乐的路径很少被活化，要他们体验愉悦可能更难。

在一个人年幼时所活化的脑部路径，可能对成年后的人生影响更大。

舍不得不快乐

前面谈到神经的可塑性，一个专家，透过同样的道理才能够熟能生巧，从而成为一个领域的专才。一个人过度抑郁，自然会把抑郁的反应落在生活的每一个领域，反映给遇到的每一个人。那么，一个人快乐呢？

对多巴胺，你应该已经不陌生了。你知道它和期待系统有关，让一个人“动”起来，带来积极进取的快乐。前面也提过，脑内啡会带来舒畅的感觉。你或许还记得，快乐和不快乐是从不同的脑区发出来的，彼此之间没有重叠。那么，或许你会开始想：有没有哪一个分子可以对付不快乐，让坏心情可以踩个刹车？

其实，血清素（serotonin）就是这个分子。

血清素这个分子在这本书是第一次亮相。不过，或许你早就从许多抑郁症的书接触过它，知道它是脑中的神经传导分子，也被拿来治疗抑郁和焦虑。如果你还记得前面提到多巴胺的结构有多简单，那么，看看血清素的结构，就会发现也没有复杂多少。真是不可思议，我们的心情竟然受到这些再简单不过的小分子的影响。

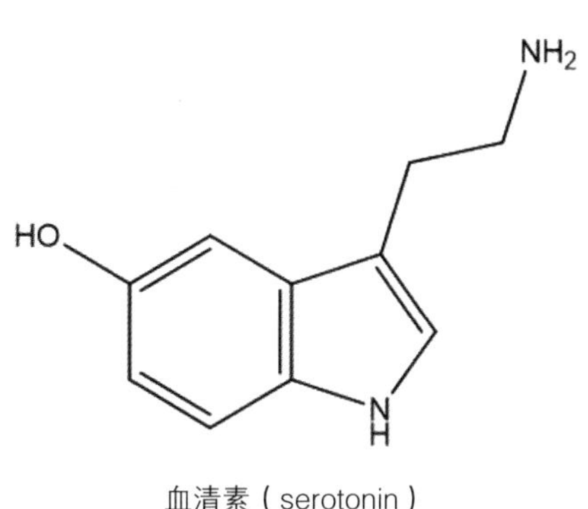

血清素（serotonin）

此外，多巴胺和血清素都会刺激神经细胞的树突形成，而树突形成自然会增加学习的能力。长期下来，就会改动脑的结构。

血清素高的时候，一个人对于被拒绝不会觉得很受伤，也就是自我感觉良好，觉得自己还不错。血清素带来的成就感可以减少一个人的不安全感，并走向正向的成就循环。

血清素在脑部有多重的角色。如果我们回忆自己一生的画面，回想的过程可能产生种种喜怒哀乐的心情。科学家发现快乐的程度和血清素生成是有正相关的。不只是脑部的血清素提高能减少不快乐，反过来，好心情也能提高血清素的量①。

---

① Benkelfat, C. (2007). *In vivo* measurements of brain trapping of α−[^{11}C]methyl−L−tryptophan during acute changes in mood states. *Journal of Psychiatry & Neuroscience*, 32(6), 430−434.

此外，血清素也和攻击性有关。血清素在脑干缝核（raphe nucleus）的神经元生成。你现在已经知道，脑部的“核”指的就是神经细胞聚集的所在。血清素在脑干缝核产生之后，透过神经的投射，传到掌管认知的前额叶以及带来快乐的期待系统。

前面提过，负面情绪可以透过“前额叶→杏仁核”的路径来抑制。血清素可以传达到前额叶，去帮助抑制杏仁核的恐惧。如果一个人的基因出了问题或饮食缺乏色氨酸而使得血清素降低，这个抑制恐惧的路径可能发挥不了作用，还会使本来就带有攻击性格的人更容易暴躁，产生行为或语言的攻击①。

巧克力含有色氨酸，而富含碳水化合物的饮食则能促使体内生成色氨酸，使血清素提高。这也就是为什么，有些人心情不好时喜欢吃巧克力或洋芋片。很奇妙的是，血清素主要在脑部生成，体内含量最多的地方却是在肠胃道。它和脑内啡一样，也会作用在身体其他部位。血清素含量提高时，也会降低人的食欲。

血清素和多巴胺不光影响快乐，还影响到脑的学习，也就是对环境的反应。除了这两种分子，还有许多神经成长因子，都是神经元树突成长必要的养分。这些成长因子本身的含量，甚至要受到血清素的调节。

如果一个人抑郁，血清素的量自然降低，而大脑灰质细胞也会死亡。然而，正向情绪会提升多巴胺和血清素，使灰质细胞活化。我才会说快乐能让脑部活化，恢复它新鲜的能力。

一个人心情快乐，自然看起来也年轻而有活力。甚至我们常听到一些长寿的人说，他之所以能保持青春活力，甚至和年轻人做同样的事，

---

① Passamonti, L., Crockett, M. J., Apergis-Schoute, A. M., Clark, L., Rowe, J. B., Calder, A. J., & Robbins, T. W. (2012). Effects of acute tryptophan depletion on prefrontal-amygdala connectivity while viewing facial signals of aggression. *Biological Psychiatry*, 71(1), 36-43.

是因为他们一直保持快乐的赤子之心。

反过来，脑部不活跃，自然也失去接受生长因子的能力。无法接受生长因子的滋润，细胞自然退化甚至死亡。不只认知能力，就连身心都很容易退化。这么说，脑和任何肌肉或部位一样。刺激它，它就活跃；不用，它就退化。而活化的过程，是可以重组甚至唤醒更多的潜能。

所以，连快乐的心情都是可以培训的。只要强化快乐的反应回路，我们常常提醒快乐、记得快乐，快乐自然成为我们身心的预设反应。

可以说，身心快乐是反映我们时时刻刻、点点滴滴的原有心理状态。守住自己的心，远比控制或改变环境更为重要。它带来的作用很接近上瘾，会让我们愈来愈喜欢快乐，甚至，舍不得不快乐。

04
快乐，也会消退

可惜的是，对于身心的快乐，脑部有一个“适应”的机制。这就是前头提到的享乐适应。举例来说，人会期待好事发生，像加薪、升职、奖励。一旦得到了，反而好像没有原本还在期待时那么快乐。透过刺激带来的快乐，“剂量”好像要愈加愈多，而增加的边际效应愈来愈少。

任何活动，比如看电视、使用计算机、电话、网络、饮食所带来的满足感，都会很快饱和，没多久就乏味了。人要逃避无聊的感觉，自然会追求变化。外遇或换一个伴侣，也有一部分是出于逃避一再重复的感觉，想得到快乐。

为什么会如此？从神经细胞运作的角度来看，一点也没有什么好惊讶的。

不同的神经细胞掌管不同的信息，有些专管外界的刺激，如声、光、压力的变化，有些专门接收其他细胞的信号，包括神经细胞。一个神经细胞接收到某种信息，也许是电，也许是神经传导分子的刺激，内外的离子浓度发生变化，造成电位的改变，进而去改变下一个神经细胞的状态。这个促成改变其他神经细胞状态的电位，就叫“动作电位”。

只要刺激的量达到一定的门槛，神经细胞就会放电。然而，每次放电的大小都一样。也就是面对任何刺激，只有“放电”“不放电”两种可能。放电后，短时间内不会再产生动作电位。膜上的钠离子通道变得不敏感，必须要更大的刺激才能达到再度放电的门槛。然而，反复刺激同一个神经细胞，这些刺激对树突的作用也会降低。

由于神经系统的传递速度相当快，科学家设计了一种“单一细胞电生理”的特殊方法，帮助我们立即观察神经细胞受到刺激之后的变化。我以前也用这样的方法带领年轻的学生探讨神经的运作。我请来自加拿大的马奕安博士（Jan Martel Ph.D.）重新绘制下图，一方面说明“单一细胞电生理”的方法，另一方面也让“重复刺激，会让细胞敏感性降低”的概念更为清晰。

图下方的箭头，就是神经细胞受到刺激的时间点。科学家除了透过物理、电给予刺激，也可以用化学物质（例如尼古丁或本来就会出现在脑部的神经传导分子）来刺激神经细胞。

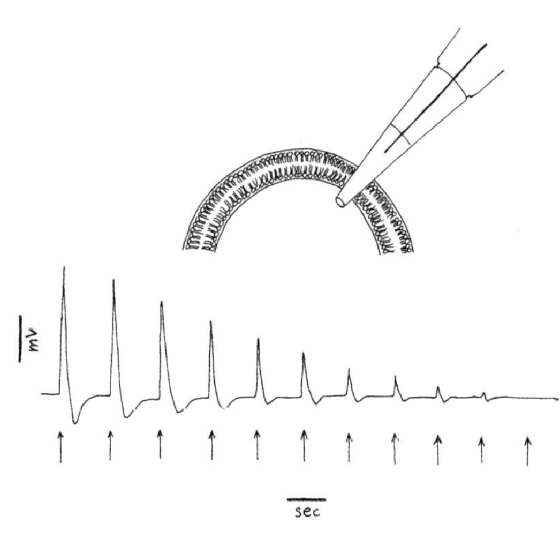

从这张图，我们会看到，只要刺激神经细胞就会产生电压的变化。这种电压的变化，也就是所谓的“动作电位”，经过轴突的传递可以活化或抑制下一个细胞。然而，神经细胞很快就会恢复原状，让电压回到原本的水平。我们可以看到，反复地给予同一个刺激，所观察到的动作电位会逐渐变小。甚至到最后，即使继续刺激，也不会再产生动作电位。

脑部的运作是透过神经传导分子和神经元之间的作用，而这些分子常常释放，自然会达成饱和，造成对刺激的适应。从心理的层面来说，前面提到的享乐适应也就是这么一回事。如果我们一再重复某个刺激，那么同一刺激带来的快乐强度也会慢慢消退。

难怪人天性会追求变化。变化可以重新设定脑部的神经回路，让它恢复原本的反应门槛值。

前头提过舒尔茨做的猴子和苹果的实验，相信你还记得，一开始给猴子苹果时，它们脑中分泌多巴胺的位置（黑质）都活跃起来了。只是，多重复几次，再怎么给苹果，引发的效应愈来愈低，几乎和没给过苹果之前差不多。

然而，这时候如果把苹果改成葡萄干，这个意外的惊喜会使脑部大量释放多巴胺，你也会看到猴子露出惊喜的表情，甚至感染到它的快乐。不过，一样地，如果葡萄干再来几次，这个效应也会淡化。再怎么好吃，猴子也习惯了。

人也是一样的，习惯了美食之后，再怎么精心烹调，吸引力也会减少。

最有意思的是，吃过葡萄干的猴子，如果再回到苹果餐，会发现多巴胺的释放量甚至比还没有吃苹果时更低。和葡萄干相较，苹果太令人失望了，多巴胺的量才释放得那么低，就像中国人说的“由俭入奢易，由奢入俭难”。

不过，假如苹果餐继续持续下去，那么脑部还是会继续分泌多巴胺，就好像没发生过葡萄干这回事一样。

透过经验的转换所自然造成的对比，等于是重新设定快乐的路径。一般心理学家建议要轮替带来快乐的经验，以避免“对快乐的疲乏”。然而，我们可以看到，即使疲乏了，脑内自然有某种生理机制帮助我们适应这一疲乏，再度回到快乐的固定值。

只是人和动物不同，透过前额叶造出发达的认知和记忆，人对于经历过的总是念念不忘，对于未来还没得到的更是充满期待。于是，人总是需要更多，永远不会满足。有了更多，会想要更多。再怎么变化，永远会想要更新鲜的变化。

说真的，再怎么去追求新鲜感，人还是有饱和的一天，早晚要落回不快乐的窠臼。无论多巴胺带来多少刺激，还是血清素为我们踩多少次不快乐的刹车，最后我们还是会习惯的。一再重复愉快的经验，愉快的感受也会逐渐降下来。可以说，我们都适应了。

这种“溜溜球效应”相信我们都经历过，也只是证明脑必须不断地要新的、好的刺激。不光要多，还要有妥当的变化。然而，再怎么变化，也总有疲乏的一天。我才说，要想透过外在的刺激来达到永恒的快乐，是靠不住的。而透过种种方式去逃避无聊、逃避对快乐的疲乏，也只是白费力气。

05

上瘾：对快乐的追求，成为不快乐的来源

脑内啡、多巴胺、血清素这些分子的运作，带来各种层面的快乐。

强烈的愉悦和快感是脑内啡带来的。就连吃一碗饭、听到一句好话，都会带来脑内啡的释放。这已经成为我们再平常不过的经历，以至于我们不会特别在意它的重要性。很有意思的是，脑内啡的作用和临床使用的吗啡很接近。这些吗啡类的物质可以缓解疼痛和抑郁，同时也有很强的上瘾性，并导致耐药性。

我们多少会好奇：为什么演化留下了脑内啡这样的物质？

想想，如果没有脑内啡的路径，我们看这个世界一定很灰暗、很悲观。一直到一百多年前，这些从鸦片来的物质还被拿来治疗焦虑和抑郁。再举一个例子，有一种药物纳洛酮（naloxone）可以治疗海洛因上瘾。但这种药物却会让一个人对食物、性、环境刺激的反应都钝化，失去所有的快感，活得像行尸走肉、没有活力。

人体内还有一种物质强啡肽（dynorphins），作用与脑内啡恰好相反。强啡肽会引发厌恶感，让身体不舒服，甚至让人莫名其妙地生出种种奇怪的念头，连自己都会害怕。有趣的是，生理需求没有满足时，也会产生强啡肽，促使我们赶快排解掉这种不舒服的感觉。

生理的需求会生起，也会消失，就像是这些因子交替作用的轮回。

很有意思，就好像人体内有这些苦乐交替的因子，让我们在苦与乐之间来来去去，维持某一种平衡的状态。有乐，就有苦，似乎是人间的常态。

不光是脑内啡可以让人上瘾，就连多巴胺也一样。我们都知道可卡因、烟、酒精会让人上瘾，这些物质都会刺激多巴胺系统，也就是前面提过的期待或奖励系统，从而带来一种清醒感，也让人比较振奋。尼古丁则可以提高人耐受无聊和压力的程度。

有趣的是，这些物质刺激多巴胺系统的方式不尽相同，而其中的机制逐渐被解开。比如说烟里的尼古丁直接刺激神经元分泌多巴胺，是最容易成瘾的物质。吗啡和酒精则不是直接刺激神经，而是压抑某些神经元。这些被压抑的神经元正是去压制期待系统的。负负得正，同样能使多巴胺继续发挥追求的效果。可卡因又不一样，它可以延长多巴胺被代谢掉所需的时间[①]。

我们已经知道，身体感到快乐是因为脑部释放脑内啡、多巴胺和血清素等因子。每个人都有这些因子，然而，愉悦的体验却是每个人都不一样。遇到同一件事，每个人所反应的快乐和程度都不同，要看我们在心理上如何看待同一个刺激。

可以想象，这种处理快乐信息的主观性多少也来自我们的基因。尤其是那些与愉悦感受有关的基因。两个人可能因为基因的些微差异，而使得脑内啡、多巴胺和血清素的水平大大不同。可能是这些因子的合成量高低、消耗速度快慢影响了一个人快乐的定值，影响了他平常所能感受到的快乐程度。

---

① Wise, R. A. (1996). Neurobiology of addiction. *Current Opinion in Neurobiology*, 6(2), 243–251.

我们都看过有些人就是喜欢冒险，也许是户外活动的刺激，也许是创业的起起落落。有些人甚至宁愿触犯社会的禁忌，冒着身败名裂的风险也要寻求那些刺激。多巴胺 D2 受体特别少的人，必须取得更多的多巴胺才能达到一般的快乐水平。这样的人，接近总人口的 25% 左右[①]。他们往往会追求高风险的活动，也是最容易对药物上瘾的族群。只是，他们用药的剂量会愈来愈高，停药之后反而会更抑郁。

前面提过，血清素带来平静，也让人比较不受坏心情的影响。很有意思的是，不同人种调控血清素水平的基因确实有差异。举例来说，血清素运送蛋白的基因有一种变异型，可能让血清素能在脑中停留更久，作用更长效，而使得拥有这种变异的人不那么容易不快乐。黑人比起白种人、西班牙裔和亚裔种族来说，拥有这种变异的比例更高[②]。然而，别忘了，一般的快乐是受身心综合制约的产物。一个基因所能带来的快乐，也要受到其他因素的影响，包括后天的认知。

我们回到上瘾这个主题。烟酒或药物上瘾当然有基因或体质的影响，让人忍不住用比较快的方法追求快乐。毕竟，比起一般的日常活动，使用这些药品所诱发的多巴胺量要高出好几倍。也就是说，什么都不做，不用培养爱好、更不用正向思考，这些人造的快乐就这么来了。

然而，大多数人应该都喝过啤酒，第一口一定觉得不好喝。抽烟也一样，第一根烟往往又咳又呛。药物也不会是好经验。那么，为什么人还会上瘾？

大多数人其实不是为了快乐而去追求这些物质，而是好奇或想逃避

① Blum, K., Braverman, E. R., Holder, J. M., *et al*. (2000). The reward deficiency syndrome: a biogenetic model for the diagnosis and treatment of impulsive, addictive and compulsive behaviors. *Journal of Psychoactive Drugs*, 32(sup1), 1–112.

② De Neve, J. E. (2011). Functional polymorphism (5–HTTLPR) in the serotonin transporter gene is associated with subjective well–being: evidence from a US nationally representative sample. *Journal of Human Genetics*, 56(6), 456–459.

生活上的不顺、内心的烦恼才尝试的。而当时，或许并没有别的东西更容易取得。

透过药物刻意地诱发脑部本来就有的快乐网络，可能使得大脑对平常释放的神经传导分子不再敏感。嗑药嗑得重的人，如果不借助药物，很可能再也无法体会日常生活的快乐。这么下去，一个人很难不抑郁。此外，神经系统对同一刺激不再那么敏锐。为了体会到第一次用药所经验的快乐，接下来用药的剂量就会大得多。这种愈用愈多的恶性循环，是相当危险的。一开始的“快乐”长期下来就成了瘾，没有“它”就不快乐。到最后，连满足感都没有，最多只是让人维持一定的心情，才勉强可以运作。

——

谈到这些药物为身体带来各种危险的副作用，尤其是破坏脑部神经传导分子的平衡，那是正常运作所需要的。

任何药品带来的刺激，都适用享乐适应的法则，让人不知不觉使用剂量愈来愈高。还记得一小时按钮六千次，只为了得到多巴胺的快乐的大鼠吗？多巴胺的过度刺激，带来过度的欲望，不光让人上瘾，本身对生物也会带来毁灭性的后果。本来用药是为了离开烦恼，暂时得到纾解。到头来，喝酒、抽烟、用药反而会成为最大的烦恼。

生理的欲望透过多巴胺，自然会重复再重复。太强的奖励效果，甚至会改变脑部的种种生理来支持这个回路，而使这个回路远远超过其他的神经回路，带来上瘾的作用。举例来说，想戒瘾的时候，就连前面提到的厌恶分子强啡肽也可能来帮倒忙，造成种种不适的戒断症状，而让人又回到药物的怀抱[①]。

① Koob, G. F. (2013). Addiction is a reward deficit and stress surfeit disorder. *Frontiers in Psychiatry*, 4, 72; Koob, G. F., & Volkow, N. D. (2016). Neurobiology of addiction: a neurocircuitry analysis. *The Lancet Psychiatry*, 3(8), 760–773.

或许，这就是快乐的黑暗面——充分满足欲望，让脑细胞淹没在多巴胺不停的潮水里，甚至造成脑部结构的变化。

其实，想要快乐，透过体内天然的脑内啡的释放，是最快让我们回到生理均衡点、身心平衡放松舒畅、交感和副交感神经系统恢复均衡的方法。要促进体内天然脑内啡的释放，除了前面提到的运动之外，还有很多让人放松的做法，例如潜水、拉伸、以油按摩，都会产生大量的脑内啡。其中，按摩很特别。触摸是传递感情的一种方式，按摩才那么有效，可以释放更多的脑内啡①。

相对地，无论言语的鼓励还是物质的奖励，都能让人放松。适时的奖励还可以刺激多巴胺的分泌，也就是活化脑神经对下一次奖励的期待，让一个人更积极进取。管理学家才会主张正向管理提高一个人工作动机的效果，而效果比责骂或惩罚更好。我也希望有更多的企业家能体会到这个道理，并能真正发挥正向管理的好处②。

然而，这些快乐同样会消失，和前面所讲的享乐适应一样。

我会提这些上瘾的物质，要表达的也是：想达到快乐，这些物质其实都靠不住。再进一步，任何透过物质而达到的快乐，同样受制于享乐适应的原则，非但早晚会消失，甚至会造成负面的结果。

真是令人感慨，对不快乐的逃避，以及对快乐的盲目追求，反而成了我们不快乐的来源。

---

① 我多年来强调蓖麻油按摩，也离不开这个道理。以黏稠度高的油来按摩可以放松筋膜（myofascia release），让肌肉等等软组织彻底打开，活化血液、淋巴循环和肌肉。筋膜是一层薄而有韧性的结缔组织，包住肌肉。随着我们年纪变大，筋膜累积了很多的疤和结，不只能量难以流动，甚至还会影响到整体的姿势与结构，也会影响心理的状态，透过彻底的按摩和结构调整可以改善。我透过身心灵转化中心的同仁示范这些按摩，也在表达身心的合一。一个人身体舒畅放松，心情才会彻底快乐。

② 我在各地推动全人教育、正向管理。我个人认为，唯有正向管理和教学，才会达到最好的效果。从医师的角度来说，要推动全人类的健康，也就是用正向的态度，将希望和友善带给病人，并且顾虑到身心各个层面的健康，才可以带来真正良性的结果。

06

“不快乐”的生理学

前面提过，恐惧包含很多负面的情绪，也是现代人都要面对的心理现实。恐惧自然带来无力和绝望的感受，而长期的无力甚至绝望感也会导致一个人忧虑不安，甚至引发疲惫、失眠等身心症状。

不快乐，在我们身边其实比比皆是，抑郁已经成为一种个人和社会集体的慢性疾病。心理学家已经发现，长期的无力感是诱发抑郁症的因素。

无力感和其他情绪一样，是可以透过经验养成的。1967 年，美国宾夕法尼亚大学的塞利格曼（Martin Seligman）针对抑郁的机制做了一整套实验。他将狗关在笼子里，让地板接上微量的电流。所发出的电击不会致命，却很不舒服。他在一个笼子设有开关，里头的狗可以用鼻子顶着，去关掉电击。另一个笼子则没有开关，狗除了忍受电击，什么也做不了。研究人员等到狗习惯笼子里的生活后，再把狗放到同样有电击的另一个笼子。这个笼子没有开关，但里头有一个矮隔板。只要狗跳到隔板的另一边，就可以躲开电击。

已经习惯了有开关可以控制电击的狗，会设法离开电击，没多久就会发现只要跨过矮隔板就没事了。至于已经习惯了无法控制环境的狗，则只是躺在那里无奈地忍受电流不时的刺激。即使隔间就在眼前，就在

它跨一步就过得去的距离，也不想尝试。

任何人只要看到那一幕，一定能体会到——无法控制环境的刺激，长期下来所累积的无力感自然让狗对一切失去兴趣。让狗连逃开难受的环境都打不起精神来尝试。如果是人有这种情况，我们就会说他得了抑郁症。

一个人如果无法控制周围的一切，也许是长期被冷落忽视、什么都做不成、做什么都被喝止或打压，甚或遭遇命运不可抗力的捉弄，长期下来，那种无能为力的感觉不光是让人难受，也让人对周边的一切失去兴趣，甚至可能连一口呼吸都感觉费力。

相信我们都在身边看过这种人，也可能自己现在或曾经有过同样的情况。很难挣脱那一股灰暗和黏滞，连想挣脱的念头都无力生起，只能任由自己被深深的无力往下拉。就连清晨的阳光都刺眼，只希望第二天不要再来。这种时候，对人生很难不悲观。更辛苦的是，旁人种种善意的鼓励和打气，反而像一个个沉重的包袱，再多应付一个，都让人更绝望。

会走到这样极端的绝望和悲观，可以说是我们的大脑“迷路”了，走进一个难以脱身的认知迷宫。认知学派的心理学家贝克（Aaron Beck）

在 1970 年提出“抑郁的认知三角”，又称为“负面思考三角”，描述一个人的信念怎么造出一个抑郁的迷宫。这个迷宫包括三个要素：自己、世界、未来。而大脑在对这三个要素的负面想法之间迷路了，就像以下的图在“我真是糟透了→世界不公平→未来没有希望……”的循环里走不出来。

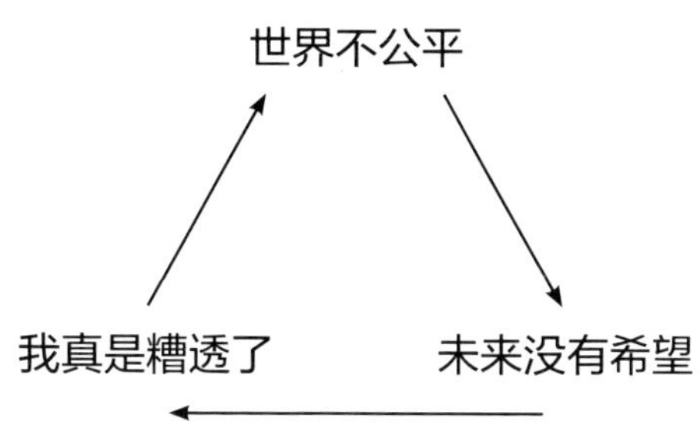

贝克从这个负面认知的三角循环下手，开创了很有名的认知行为治疗学派。这是一种经过学术检验、确认有效的心理治疗方法。疗程大约 6 至 8 周，比动辄好几年的精神分析能更快看到效果，因而被医院和学校广泛采用。他教病人认出自己负面的念头，认出自己是怎么生出这些想法，而这些想法又是怎么延续下去，让自己更不快乐。透过有意识的觉察、记录和观察，中断这些负面想法的恶性循环，确实帮助很多不快乐的人跳出了这个迷宫。

对我而言，面对负面想法带来的痛苦，这样的解答其实是提醒自己——**我不是这个负面的认知。任何念头都是一个妄想，而这个认知不等于我**。至于要怎么彻底解开这个恶性循环，还有一个很简单的方法，在这本书的后面会给出答案。

不快乐，也不健康

对生命的态度悲观与否不光影响快乐，也影响健康。20 世纪 60 年代，美国有一个研究，针对 900 多名生病住院的人，用问卷测验他们的心理状态，包括乐观的程度。40 年后追踪发现，与悲观的人相比，乐观的人平均活得更久、存活时间高出 19%。对八十几岁的人来说，19% 等于是还可以多活16年[①]。

快乐的人不只是长寿，从表达方式来看，多半心胸比较开放，就好像他可以掌控自己的人生、可以自己做主。一个开放的人自然可以接受外在的变化、克服种种挑战，甚至是欢迎挑战。相对来说，一个人不快乐，自然觉得对生命无能为力，好像连活着都是负担。这样的人，面对变化甚至会焦虑。

一个人是不是对未来抱着希望，还可以影响到学生的考试成绩以及运动员的表现。此外，不光让痛更容易忍受，也让人更能够挺住疾病的摧残。一个悲观的人，不只是认为生命不值得活下去，从每一个角落都可以找到悲观的证明。反过来，乐观的人会把每一个瞬间当作一个奖励、充满快乐地活下去，也总是能找出别的解决方法，而且少用很绝对的负面表达，例如"惨了""完蛋了""糟糕"。所以，从一个人的语言，包括他的肢体表达和姿态，可以看出一个人是否乐观。

也就是说，一个人快乐，不光可以透过语言表达，也可以透过每一个细胞在一个人的姿态上"说话"。

悲观和乐观看起来只是一个念头的差别，对健康和快乐的冲击却相当大。芬兰的一个研究调查了96 000名配偶去世的人，他们在配偶死后一星期内接着过世的比率，几乎是一般人的一倍[②]。另外有一项研究调查了2000名65岁以上的墨西哥人，发现负面情绪比较高的人，两年内的死亡率是两倍[③]。

---

① Maruta, T., Colligan, R. C., Malinchoc, M., & Offord, K. P. (2000, February). Optimists vs pessimists: survival rate among medical patients over a 30-year period. In *Mayo Clinic Proceedings* (Vol. 75, No. 2, pp. 140–143). Elsevier.

② Kaprio, J., Koskenvuo, M., & Rita, H. (1987). Mortality after bereavement: a prospective study of 95,647 widowed persons. *American Journal of Public Health*, 77(3), 283–287.

③ Ostir, G. V., Markides, K. S., Black, S. A., & Goodwin, J. S. (2000). Emotional well - being predicts subsequent functional independence and survival. *Journal of the American Geriatrics Society*, 48(5), 473–478.

我以前说过“Attention begets energy.”（意到气到），也就是注意力到哪里，能量就到哪里。同样地，不快乐的念头到哪里，不快乐的能量也就到哪里。

不快乐，跟脑部前额叶有关。前额叶不但直接影响人的心情，也同时是一个临时存放记忆的地方，需要时能随时可以派上用场。这个位置，和长期记忆的脑区也是相连的。一个人不快乐，不光是心情不愉快，还会调动一连串不快乐的回忆。这是一个相互滋长的循环——一个不愉快的心情，调动不愉快的回忆，就好像用这个回忆来解释我们的心情，证明自己不愉快是有道理的。然而，所带出的这个回忆，又勾出更多不愉快的心情。心情更不愉快，接着又调动更多负面的回忆。

其实，这就是经验学习的原则：透过情绪和记忆的放大，让人牢牢记住一些“教训”。这本来是一个帮助物种生存的反应。只是过度使用这样的机制，反而让我们身陷其中，怎么都转不出来。

不快乐本身会产生压力激素。如果你已经懂了生物演化的道理，相信你也已经猜到，压力激素同样是帮助我们克服危机而达到生存的机制。让我们快速紧绷，而能来得及因应突然发生的威胁。

然而，如果压力激素随时堆积在身体和脑，也造成身体和脑极大的伤害。不光是脑部化学失去平衡，就连脑区之间的连接都会受到影响而变得僵化、失去灵活应变的能力。让人不光是对食物、性和玩乐失去了兴趣，就连认知和判断都会退化，这就是抑郁。长期下来，这个回路开始萎缩，刺激脑的生长因子也减少，细胞甚至会萎缩并失去活力。

抑郁症的发病，当然牵涉到脑部神经传导分子的错乱。重度抑郁症患者的前扣带回皮质，血清素的量明显比一般人低得多①。这一部分的症

---

① Rosa-Neto, P., Diksic, M., Okazawa, H., *et al*. (2004). Measurement of brain regional α-[^{11}C] methyl-L-tryptophan trapping as a measure of serotonin synthesis in medication-free patients with major depression. *Archives of General Psychiatry*, 61(6), 556-563.

状，确实可以透过药物提高脑部的血清素和去甲肾上腺素（norepinephrine）的含量来修正。前面谈过血清素，它可以作用在“前额叶→杏仁核”的“低路”，让人能够面对坏心情。去甲肾上腺素则是一种可以和多巴胺相互转换的物质，除了可以调控期待系统的快乐，也影响脑干最基本的“打或逃”生存反应。

解开抑郁，不是只靠药物

有名的药物百忧解（Prozac）正是从血清素着手。许多新一代药物的作用机制都在血清素的代谢路径作用，例如抑制血清素的再吸收，从而延长它在脑中可被使用的时间。

然而，脑的化学其实比我们想象得更复杂。这类药物对半数以上的抑郁症患者来说，无法减轻症状，甚至还有许多副作用，像是产生自杀的念头。因此，许多临床医师并不认为这类药物是治疗抑郁等疾病的“万灵丹”。

举例来说，抑郁症不能只用血清素不足来解释。毕竟，一般人即使少了血清素，也还能保持心情的平稳。将百忧解给一般健康而平衡的人使用，几乎也观察不到对心情的任何影响。可见，除了血清素，脑中自然还有其他的机制一起保持心情的安定。

在纽约大学社工系和医学院任教的韦克菲尔德教授（Jerome Wakefield），多年来一直呼吁医界重新思考心理疾病的定义，不要把情绪变化变成一个疾病。他也提到，百忧解这类常用精神药物其实是“不快乐的药丸”，并不是“快乐丸”。这类药物最多只是帮助脑部抑制坏心情，而不是创造快乐的心情。

血清素也受其他生理系统的影响，例如脑部处理压力的系统。人受到压力时，会释放一种压力激素，即皮质醇，以刺激神经元回收血清素[①]，而缩短血清素在脑中作用的时间。肥胖和发炎也会在体内累积刺激发炎的细胞激素，而加快血清素的消耗[②]。生活习惯，如酗酒，也会破坏脑内的血清素[③]。

前面提过，血清素可以活化脑细胞、促使神经细胞重新建立联结。这也可以解释为什么血清素用药要持续一段时间才能改善心情。即使脑中血清素的量恢复了正常，也要等神经细胞恢复活力。

从这里可以看出来，神经细胞相当有可塑性。快乐时可以成长，不快乐就会萎缩。我们有很多方法可以提高脑内的血清素含量，像是摄取巧克力、乳制品、坚果、金枪鱼、鸡肉等富含色氨酸的食物。前面提过色氨酸可以穿越血脑屏障以提高血清素的含量，让心情变好。明亮的光线[④]、运动也有同样的效果，杜克大学医学中心做了一项研究，发现运动和连续用药 16 周减少抑郁症状的效果一样好[⑤]。

结合运动与饮食，抵抗坏心情

多年来，我都在推广微量元素和运动，也是为脑部提供恢复所需要的因子，让人从抑郁走出来。

过度的抑郁是恶性循环，会让人难以挣脱。想想，一个人抑郁时，

---

① Tafet, G. E., Toister-Achituv, M., & Shinitzky, M. (2001). Enhancement of serotonin uptake by cortisol: a possible link between stress and depression. *Cognitive, Affective, & Behavioral Neuroscience*, 1(1), 96–104.

② O'connor, J. C., Lawson, M. A., Andre, C., *et al.* (2009). Lipopolysaccharide-induced depressive-like behavior is mediated by indoleamine 2, 3-dioxygenase activation in mice. *Molecular psychiatry*, 14(5), 511–522.

③ Badawy, A. A. B. (2003). Alcohol and violence and the possible role of serotonin. *Criminal Behaviour and Mental Health*, 13(1), 31–44.

④ aan het Rot, M., Benkelfat, C., Boivin, D. B., & Young, S. N. (2008). Bright light exposure during acute tryptophan depletion prevents a lowering of mood in mildly seasonal women. *European Neuropsychopharmacology*, 18(1), 14–23.

⑤ Blumenthal, J. A., Babyak, M. A., Moore, K. A., *et al.* (1999). Effects of exercise training on older patients with major depression. *Archives of Internal Medicine*, 159(19), 2349–2356.

一直跟着脑袋里虚构的恐惧转，躺在床上不想起来。释放不了的能量，也就造成身体里的死结。然而，透过轻松有活力的动把身心淤塞的能量结打开，创造出新的神经回路，就有机会跳脱抑郁的循环。

我在《真原医》里也提到，要改变身心的惯性或习气，靠的不是对抗，而是创造出一个新的回路。无论清理家里、外出散散步还是和朋友出去爬山，都可以开启抑郁以外的路，让人有机会走出来。

这些活动不见得要多激烈，可以是小小的，而且最好多一点变化、避免沉闷。毕竟多巴胺路径（期待系统）是这样的：同一个刺激不断重复，很快就达到饱和，就连神经生长因子的分泌都会减少。

其实，重要的不是体验或活动的内容，而是我们体验的方式。一个人培养多元的兴趣，自然就容易保有新鲜感。不同来源的快乐，在神经路径的效果会重叠。多元的兴趣对脑部内分泌或神经生长因子的刺激，很快就会达到最大的效果。要帮助一个人从抑郁中走出来，多培养兴趣、避免重复的活动，会是很有效率的方法。

我把运动分成三部分：有氧、健身和拉伸。我相当鼓励抑郁的朋友多多健身。抑郁会让人失去活力，而健身不仅刺激身体吸收养分、合成体内所需的物质（同化作用 anabolism），提升代谢，还刺激肌肉生长。肌肉生长，自然促进神经恢复。最有意思的是，运动不一定要激烈。设定小小的目标，一次又一次的小小成就带来满足，自然可以达到更大的效果。

无论动物还是人，只要透过运动活化起来，全部的记忆力和脑部分析与认知能力也都跟着好起来了。我过去也把运动称为最好的抗抑郁的药。而且运动不光可以刺激血清素分泌，还可以生成脑内啡，让人觉得舒畅，自然也就快乐了。

这么讲，运动本身可以改变一个人的人生观，甚至带来彻底的改变。除了运动之外，接下来还会介绍其他方法。

伍

「我」和「我们」的快乐

01

怎样的人比较容易快乐?

快乐的人更容易对世界开放心胸，不快乐的人往往觉得自己只能任由命运摆布。

我们都想知道，快乐是不是一种天性？为什么有些人一生出来就是开心的，有些人却不是呢？心理学家对人的遗传、性格、对快乐的特质愈来愈了解，也同样关注这个问题。

美国明尼苏达大学双胞胎家庭研究中心的里肯（David Lykken）找来1300对双胞胎，探讨快乐的能力与遗传和环境的关系，而获得国际的关注。他的研究对象包括全部基因相同的同卵双胞胎，也包括只有一半基因相同的异卵双胞胎。这些双胞胎有些在同一个家庭长大，受到类似的环境熏陶；有些则各自在不同环境下成长。试想，这么多双胞胎如果同聚一堂，画面是多么壮观。

他们邀请这些双胞胎填写关于快乐的问卷，和你在这本书一开始填写过的快乐问卷差不多。结果发现，比起异卵双胞胎，同卵双胞胎的快乐得分更接近。里肯综合基因和环境这两大变量，甚至还分析了双胞胎不同年纪时的人生遭遇，提出一个有意思的观点——快乐的能力，差不多有一半（44%—52%）是由基因所决定的[①]。

这么说来，我们本来多少都知道怎么快乐。至于能够多快乐，则受到基因和体质的限制，会维持在一个先天的稳定值。就像身心有一个快乐的定温器，哪怕生活有喜有悲，最后还是会回到一定的快乐程度。只是，这个固定的快乐程度，每个人都不同。

本书讲到这里，从生理的角度介绍了许多影响快乐的因素。相信你已经可以理解，是透过基因的作用才有血清素、多巴胺、脑内啡等种种快乐的神经传导分子，而这些物质含量的高低有无又影响了我们觉得快乐、平静还是焦虑不安。从这一点，如果要说身心快乐完全不受基因、遗传的影响，是不合理的。

然而，人类的基因数目估计不到两万个[②]，甚至少于只有900多个细胞的线虫（*C. elegans*）的20 532个基因[③]。所以，人类的复杂性是不能从基因来解释的。此外，人的疾病或种种症状，只有2%可以用基因缺陷来解释[④]。并不全是基因带来的神经传导分子影响我们快乐，而是怎么活、怎么看这个世界影响了我们快不快乐。我们如何与环境、与自己互动、如何认知这个世界，其实对快乐有更大的影响性。

我在第一篇提过，快乐需要一些条件，有意思的是，心理学家也

---

① Lykken, D., & Tellegen, A. (1996). Happiness is a stochastic phenomenon. *Psychological Science*, 7(3), 186-189.

② Ezkurdia, I., Juan, D., Rodriguez, J. M., Frankish, A., *et al*. (2014). Multiple evidence strands suggest that there may be as few as 19,000 human protein-coding genes. *Human Molecular Genetics*, 23(22), 5866-5878. 有意思的是，人类基因的数目愈估计愈少，从20世纪60年代推估的200万个基因，到人类基因组定序之后急剧下降到25 000、22 000。到现在，连不到20 000的数字都有人发表出来。

③ 根据线虫数据库在2012年的最后更新http://wiki.wormbase.org/index.php/WS235。

④ Strohman, R. C. (2003). Genetic determinism as a failing paradigm in biology and medicine: implications for health and wellness. *Journal of Social Work Education*, 39(2), 169-191.

透过英国、德国和澳大利亚三个国家的大型研究[1]，发现在“五大人格特质”[2]这一测验中神经质倾向强的人，快乐的程度很容易受到外在条件（例如收入）的影响。只要生活条件稍差一点，就容易不快乐。反过来，中国人有一句古话“宠辱不惊”，也就是说稳定的人格特质能够帮助我们面对生活条件的变化，并让一个人快乐。

五大人格特质指的是友善、勤奋、外向、神经质、开放这五项特质。它们各自与快乐的关系，其实是我们很容易体会的。友善的人，与人相处会更灵活、更有弹性、愿意信任，使得人与人之间的感情深厚。勤奋的人与人相处有界限、有原则，处事有方向感，这使得他们善于与人合作而带来满足。外向的人则容易建立关系，也常有好心情。不那么神经质的人，情绪稳定，不容易随外界的波动而起伏。开放的人喜欢学习新事物，对人生抱着无穷的好奇心，勇于追求个人的成长，善于克服环境的困难。

你会发现，人间能体验到的快乐和满足感，很大一部分来自我们与别人的相处经验，以及性格所带来的成就感。可以说，人际关系和世界的成就，其实反映的是我们自己的心境。一个人，如果能清楚地面对自己、理解自己，也就掌握了人间快乐的钥匙。

一项以16 000多位澳大利亚居民的研究发现，外向、友善、勤奋而不那么神经质的人比较容易快乐。然而，很有意思的是，快乐也会回过

---

① Soto, C. J., & Luhmann, M. (2013). Who can buy happiness? Personality traits moderate the effects of stable income differences and income fluctuations on life satisfaction. *Social Psychological and Personality Science*, 4(1), 46–53.

② 相信你看过很多人格测验，甚至自己也答过类似测验，想要了解自己的性格。之前介绍过的MBTI测验是一组广为企业采用的人格测验，而五大人格特质（Big Five）则被学术界认为稳定并广泛采用。当初，Norman（1963）以因素分析法分析出五种人格特质，之后 Lewis R. Goldberg 于1981年正式命名为五大人格特质。这五大人格特质为经验开放性（openness）、勤奋（conscientiousness）、外向性（extraversion）、友善性（agreeableness）与神经质（neuroticism）。

头来塑造一个人的性格。在研究初期比较快乐的人，时间久了，不只更友善、勤奋、情绪稳定，还会转为内向[①]。

一般的观点是认为外向的人比较容易快乐，甚至提到一个人快乐，我们马上就会觉得他应该外向。然而，这里的研究却告诉我们“快乐久了，人反而变得内向”。或许可以这么说，快乐自然会让人愈来愈能够转向内在，回归内心的平安，而不那么需要向外追求。这种内心的平安也可以称为宁静，才是我们最值得追求的快乐。这也是本书的一个主旨。

---

① Soto, C. J. (2015). Is happiness good for your personality? Concurrent and prospective relations of the big five with subjective well-being. *Journal of Personality*, 83(1), 45–55.

02

与人亲近的快乐，可以提高生存的概率

谈到亲密关系，不光是人，动物也一样，与其他生命的联结，都有延长寿命的作用。

我在洛克菲勒的同学萨波尔斯基（Robert Sapolsky）对动物的行为相当有兴趣。洛克菲勒大学和其他学校的不同在于没有大学部，只收研究生。当年，全校不超过二十个学生，大多数是 Ph.D.，少数是 M.D. / Ph.D.。学校对学生的筛选相当严格，集结了各地的精英，安排单独的宿舍，还有专人打理生活起居。不光如此，学校还提供了当时名校中最高额的奖学金。

学校没有传统的系所架构，而是由独立实验室（Laboratory）各自进行临床与基础研究。你可能还记得那位研究鸟类唱歌会活化大脑的诺特博姆，他就是动物行为实验室的主持人。有意思的是，我记得当年一半以上的教授都是美国科学院院士，当时就有差不多 20 名诺贝尔奖得主①。目前仍然有许多教授获选院士，或得到重要的研究奖项。最了不起的是，这些老师都把学生当作研究领域的同侪，让他们自由发展。每个

① 光是医学和化学两个领域，到现在已经累积了24名诺贝尔奖得主。

学生都有独立的研究经费，并且鼓励在第一或第二年就参加重要的学术会议、发表自己的研究成果。

当时每年也有一两个来自中国台湾的学生，多半读医学院或化工。这个学校虽然小，却是1974年诺贝尔奖得主德·迪夫（Christian René de Duve）[①]心目中科学研究的圣地。校方给学生很大的空间，有些学生很早就成为国际知名的专家。埃德尔曼（Gerald Edelman）在攻读博士期间开启抗体结构的研究。而巴的摩尔（David Baltimore）同样在攻读博士期间就发现反转录酶，这是推动现代分子生物科技发展的大发现。他们两位的成果到现在都还是专业教科书一定会列出的精彩研究，也各在1972和1975年获得诺贝尔生理医学奖的肯定。

很有意思的是，当时我在钻研分子，萨波尔斯基在研究动物行为，成天在非洲肯尼亚的野外观察狒狒。我跟他深入交流的机会不多，但可以感觉到他非常沉稳，对自己的领域相当投入。很多年后，发现他成为一位研究老化的脑科学专家，让我非常欢喜，也一点都不意外。

萨波尔斯基和达马西奥一样，除了研究领先，也很乐意把他的科学研究写成科普书籍与大家分享。很多读者很可能已经读过他有名的科普作品《为什么斑马不会得胃溃疡？》（*Why Zebra Don' t Get Ulcers*），这是一本探讨压力生理学的好书。透过对动物的观察，让人能对自己内在的压力和生理反应有很好的理解。他也提到，狒狒只要和同伴有长期而稳定的联结，不仅比较长寿，身心健康也比较好，血液中的压力分子量也最低。

没有亲密的关系，对生物的生存是一个危险因子。可以想象，为了生存，生物要成群结队，落单就可能有生命的危险。也因此，孤独会带

---

① 他因为发现溶酶体(lysosome)而获奖。溶酶体的研究是在比利时进行的，后来洛克菲勒大学也聘请他，所以他同时是比利时鲁文大学和美国洛克菲勒大学的教授。

来恐惧。刚出生的动物或人类，虽然喂饱了，只要一落单就会开始哭，而母亲也会马上有反应、赶快到孩子身边又摸又抱好好安抚一番。可以想见，母婴联结是多么基础的生存反应。

现在科学伦理的意识相当发达，不可能拿新生儿做有无母亲照顾的研究，毕竟我们不能剥夺孩子的幸福，即使为了科学也一样。然而，没想到七八百年前，就有人做过这种大胆的尝试，而且不是人类史上第一遭。他的实验被一位叫萨林贝内（Salimbene di Adam）的修士记录下来，后人才知道细节。

13 世纪神圣罗马帝国的皇帝腓特烈二世（Frederick II）想知道上帝最初赐予亚当和夏娃的语言是什么，于是他下令把刚出生的婴儿隔离起来抚养，想知道这些孩子的发声器官成熟时脱口说出的是希伯来文（这是他心目中人类的第一个语言）、希腊文、阿拉伯文还是亲生父母的语言。他安排保姆和护士给这些孩子喂奶、洗澡，却要求她们绝对不要和孩子说话，就连嘀嘀咕咕逗弄孩子也不行。当然，他的安排完全白费。没有人给这些孩子拍拍手、比手画脚、露出开心的表情，这些孩子根本活不下去。

现代社会人与人之间愈来愈疏离。这一点，从健康的角度来说并不是一个好现象。从神经化学的角度来看，孤独是一种“痛”，会造成压力，让身心失衡，从而让一个人不自在，想要尽快回到群体里。

避开孤独，成群结队，是生物很早就有的行为模式。愈高等的动物，愈讲究链接的质量，甚至会为整个物种考虑。好像不光是自己的生存重要，而是整个物种的生存更重要。前面也提过，慈善或公益行为带来的快乐，比起吃美食、看电影的快乐更为持久。从演化的角度来看，这种利他的行为集合起来，比自私的集合更有生存的优势。

一般人只要和别人有联结，体内的压力激素皮质醇（cortisol）的量就会下降，罹患慢性病的概率自然也会降低。人和动物的不同在于，人会和伴侣形成更长期、更稳定的关系。有趣的是，生养孩子带来的温暖和被需要的感受，长期来说能补偿伴侣间激情的降低，让快乐从两人之间蔓延到整个家庭。这自然会让父母更成熟，更愿意照顾自己，因此活得比较健康，甚至比较长寿。

仔细观察，人与人之间的互动是很有意思的，不完全听从脑的理性作用，更是一种“场”的作用。人类除了脑之外，都有一个透过思考和情绪所造成的场。我们对谁喜欢或不喜欢，其实是透过这个场的共振来决定。我之前用“螺旋场”来比喻，还谈“萎缩场”的共振。第一眼见到某人，往往话还没讲，就已经决定了喜不喜欢，这可以说是一种灵感或直觉。

透过所谓的“相关研究”，也就是观察到有朋友的现象与快乐的现象常常一起出现，一般人很自然会归纳出“一个人要有朋友才会快乐”的结论。然而，究竟是有了朋友才会快乐？还是一个人快乐，才有朋友？这很值得我们深思。

我会提出这个问题，一方面是质疑我们对因果的归纳，同时也希望大家一起体会——这些研究的结论，表面看来都很合理，其实还是离不开头脑固定的逻辑或成见。

不管怎么谈亲密或孤独，都还是人间的表相。进一步说，不管多亲密，这还是属于人间带来的关系和快乐，和一个人的内心的宁静还是不同。反过来，一个人不管多孤独，还是周边人的判定。一个人生活，非但不等同于真正的孤独，甚至是和神、和自己建立关系的契机。

一个人懂了这些，自然会发现快乐有两个层面，一个是外，一个是内。内外两个层面可以互相影响。这种对称，才是这本书真正想进一步解析的。

03

爱——大自然对繁衍下一代的奖励

最亲密的关系，也可以称之为“爱”。男女的爱，自然也会带来性的亲密。爱和其他亲密关系一样不完全是理性的，有时是逻辑无法解释的。爱，有时好像中了咒，被附身一样，挡都挡不住，也完全没办法用理性去解释，只好安慰自己是宿命的安排。

如果你开始想，或许不是宿命，而是有其他神经传导分子带来爱，那么，你又猜对了。我们再度回到脑神经的世界，用另一个角度体会身心对爱的反应。

男女的爱，也离不开激素的作用。脑的深处有一个不过豌豆大的结构，重量大概是整个脑的三百分之一，却影响了体温控制、情绪、饥饿、口渴等基础的生理功能。这个结构，被称为下视丘，和脑下垂体相连。

脑内下视丘的前视觉区有一个特别的核，男性的这个脑区，大小是女性的两倍，结构也不太一样。有一种激素叫黄体生成素释放激素（luteinizing hormone-releasing hormone, LH-RH）就是在下视丘产生的，大约每 90 分钟释放一次，控制性激素的释放，并为人带来很强的欲望。这个激素应该是很原始的，无论动物还是人都有，而且对雌性和雄性的作用是一样的。

动物的实验很早就发现，这些性激素引起的爱，不光是为了性做准备，而是让两个个体成双成对，建立长期的关系。有“拥抱激素”（cuddle hormone）之称的催产素（oxytocin）特别有意思，男女有别，女性产生的是催产素，而男性产生的是结构相似的血管升压素（vasopressin）。这两种激素诱发人与人之间感情联结的快乐，让人亲密、彼此信赖、相互忠实，在情人和朋友之间带来愉悦、平静和彼此相连的感受。研究已经指出，爱情会让催产素的含量提高。伴侣如果分开一段时间，少了肌肤之亲，催产素的量下降，自然会想要去找对方，恢复感情的联结。

很有意思的是，就连花一段时间抚摸宠物，例如狗，那么接下来，狗和主人体内的催产素含量都会上升，或许这正是为什么很多人养狗会有很深的感情[①]。

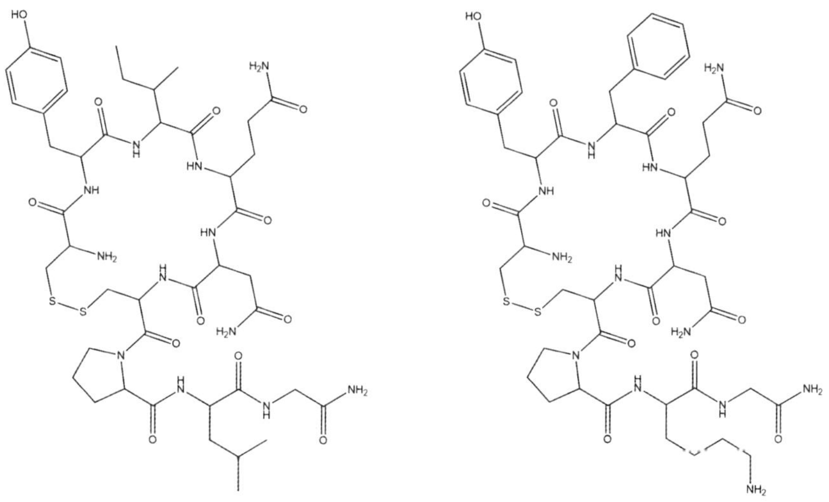

催产素（左）和血管升压素（右）是结构相近的分子。

① Handlin, L., Hydbring-Sandberg, E., Nilsson, A., Ejdebäck, M., Jansson, A., & Uvnäs-Moberg, K. (2011). Short-term interaction between dogs and their owners: effects on oxytocin, cortisol, insulin and heart rate—an exploratory study. *Anthrozoös*, 24(3), 301-315.

催产素这个名词，再加上它有刺激子宫收缩、乳汁分泌的作用，应该会让你联想到生产。

母爱，是许多女性一生中经历到的最大的快乐，同样也离不开催产素的作用。女性在生产后自然涌现母爱。即使没有生产过的雌性动物，在注射催产素之后也会发挥母爱，把别的母鼠生的小鼠当作自己的孩子来照顾[①]。如果用药物阻断催产素的作用，那么母鼠在生产后会立即抛弃孩子。可以说，透过催产素带来的爱和快乐，确保了下一代的存活。

催产素和血管升压素也会影响生物的伴侣行为。美国亚特兰大埃默里大学的科学家将血管升压素注射到公田鼠的脑内。这些公田鼠向来是“花名在外”的单身主义者，接受了血管升压素之后反倒成为奉行“一夫一妻”制的忠实伴侣[②]。科学家认为这两种神经传导分子是大自然鼓励“爱”的奖品，用以活化脑部的期待系统，带来快乐。

人类有一种血管升压素受体基因的变异，取名 RS3 334[③]。有研究调查了 552 名瑞典男性的感情状态和基因，发现带有 RS3 334 这种天然基因变异的人和伴侣之间的感情比较脆弱，婚姻也有问题[④]。当然，人类不只是基因的产物。只是，听到这个研究结果，相信会有不少女士想在交往前先检验对方的基因，希望得到一个“爱的保证书”。

---

① Pedersen, C. A., Ascher, J. A., Monroe, Y. L., & Prange, A. J. (1982). Oxytocin induces maternal behavior in virgin female rats. *Science*, 216(4546), 648–650.

② Lim, M. M., Wang, Z., Olazábal, D. E., Ren, X., Terwilliger, E. F., & Young, L. J. (2004). Enhanced partner preference in a promiscuous species by manipulating the expression of a single gene. *Nature*, 429(6993), 754–757.

③ RS3，指的是第三类血管升压素受体，反映一个人对血管升压素的反应强度。334是这个变异的编号。以前，如果发现了新的基因和蛋白质，科学家（包括我自己）会取一个有典故的名字。现在，或许是到了后基因体时代，科学家发现的基因愈来愈多，在专业文章中也愈来愈常读到这类只有编号和缩写的基因名称。

④ Walum, H., Westberg, L., Henningsson, S., *et al*. (2008). Genetic variation in the vasopressin receptor 1a gene (AVPR1A) associates with pair-bonding behavior in humans. *Proceedings of the National Academy of Sciences of the U.S.A.*, 105(37), 14153–14156.

不只男女的爱、亲子的爱，催产素也会影响一个人能否和别人好好相处。瑞士有一组科学家把催产素做成鼻腔喷剂给男士使用，发现能促进他们彼此的信任与合作。德国另一组科学家从接受试验的 30 名健康男士中归纳出这样的结论：透过鼻腔喷剂摄取了催产素的男士更能捕捉别人的眼神、揣摩对方的心理状态，可以说是增进了一种“读心”的能力。

每个人都希望展现魅力、讨人喜欢、有人爱、获得信任。这类喷雾式的催产素仿佛提供了一种不用怀孕、不需要触摸拥抱、用心建立关系就可以得到的“万人迷激素”。

然而，这些“爱的激素”也有负面的效应，举例来说，催产素会促进雄性动物与性伴侣之间的感情，却也激发了对其他雄性同类的敌意。

人类也有类似的现象，一群荷兰的大学生连续 14 天接受催产素或生理食盐水的鼻腔喷剂，然后让他们玩“独裁赛局”和“最后通牒赛局”。如果你听过“赛局理论”的话，大概会猜到这是一个让两个人考虑如何瓜分一固定且双方都知道的金额的游戏。我们可以想象这个研究的结果：连续喷了 14 天催产素的大学生会偏袒自己人，提议的分配比例会比较慷慨；如果不是自己人，反而显得无情。

这种研究在过去就有很多，未来只会更多。毕竟这种药物反映了一种希望：透过某种激素或化学物质，找到一种神奇的功能。

吕克·贝松（Luc Besson）执导的《露西》（*Lucy*）中有一种神奇的宝蓝色结晶药粉 CPH4，女主角露西被黑帮用来运送药品，在扭打中身体意外吸收了大量的 CPH4。幸存的她，反而开启了一趟奇幻旅程。大脑利用率愈来愈高，她得到了不可思议的超能力：反应速度变快、感觉不到疼痛、可以听到远处的声音、记忆力可以追溯到很小时候的所见所闻。她能在一小时内学会中文、读完专家毕生的研究、感受到完整的电磁波信号并从中找到需要的信息来译码。她拥抱一个人就能读取到他的所有信息，还能变身成为这个人。但是，当她体内药物剂量不足时，身体也开始瓦解。

电影《永无止境》（*Limitless*）也有一种小药丸 NZT48，让一个落魄作家在走投无路之际，意外开启了大脑的所有潜能：五官变得灵敏，心态变得大胆，就连体能也变好了。人变得神清气爽，非但什么都能表达得头头是道，还过目不忘。连他眼中的世界都变得明亮，就这样从一个平庸的作家变身成为万人迷。当他被追缉时，想停药以撇清和药物的关系时，却已经来不及了。这是一个不能停的药物，而且有很强的副作用。

虽然这只是电影中虚构的药物，有意思的是，两个电影的剧本不约而同都认为这种药会有强烈的副作用。这其实含着很正确的信息：所有的激素或化学物，在生理上愈有效果，愈可能带来意想不到的副作用而破坏人体的恒定。早期的迷幻药也是如此，非但有副作用，身体自然也会饱和，使药物的神奇效果消失。最多是拿来进行研究，或矫正紧急的症状。就快乐的长期追求来看，还是靠不住的，不可能为了快乐而长期使用药物。现在，很多治疗抑郁的药物也有这种情况。

到最后，一个人还是要靠自己走出最快乐的一条路。

爱，都是相对的，是我们每个人透过生活条件、种种习惯带出来的投射。

无论再亲密，人间的爱，还是离不开限制或条件。它本身受到制约——跟对方的长相、行为有关，而这些特质早晚会消失。我们每一个人早晚也会老去，一切也跟着改变。不管怎么说，这些人间的爱还是短暂的。靠这种爱得到的快乐，它本身是靠不住的。真正的爱、真正的快乐，其实是没有条件的。

这一点，接下来我会做更多补充。

04

快乐的人，活得更久、更健康

快乐，从情绪的角度来说可以是各种愉悦情绪的统称，包括喜悦、快乐、兴奋、热心、满足等。它们可以是一时的感受，也可以是稳定的人格特质（尤其成年以后）。很有意思的是，有正向的情绪不代表一个人就没有负面情绪。举例来说，一个大多数时间快乐的人，也会有焦虑、生气和沮丧的时候。

探究快乐对健康和身心功能的影响，已经在学术界建立了一套“快乐的科学”。或许你还记得《静坐》中提过快乐的修女的研究[①]，也会想知道这些修女是怎么为快乐的科学做出贡献的。

这个研究的背景相当有意思，圣母学校修女会（The School Sisters of Notre Dame）的修女，退休前多半在美国中西部、东部和南部的城镇学校教书。1991 至 1993 年间，修会要求所有在 1917 前出生的修女（当时最年轻的也 74 岁了）参与一项老化和阿兹海默症的长期研究，一共有 678

---

① Danner, D. D., Snowdon, D. A., & Friesen, W. V. (2001). Positive emotions in early life and longevity: findings from the nun study. *Journal of Personality and Social Psychology*, 80(5), 804–813.

名修女参与。她们同意研究团队取得她们过去的个人档案、每年接受认知和身体检查，甚至答应去世时捐出脑作为研究之用。

研究团队翻阅档案的时候，恰巧发现北美修院的院长在1930年的公文，要求每一位修女写自传。研究人员也找到了这600多位修女中大多数人当年的自传，有的是手写，有的是打字。其中，180位修女在22岁写的自传，被拿来分析用词和语法，来判断她们当时快乐的程度。

以下是两个例子：

例一（比较少正向情绪）：我生于1909年9月26日，家中有五男两女，我是七个孩子里的老大。……我初学的一年在母会，也在圣母学院教化学和第二年的拉丁文课。带着上帝的恩典，我愿为修会、传教以及我个人的灵修尽心尽力。

例二（比较多正向情绪）：上帝为我开启了美好的人生，给我难以计数的恩典……过去在圣母学院的一年非常快乐。举目向前，我带着渴切的喜悦，希望能获得圣母的良好德性，一生与圣爱合一。

这种判断快乐与否的方法，离不开研究人员选取和分析素材的主观，跟我们一般人的判断应该大致相近。毕竟人类天生对快乐有一种直觉。即使不考虑生活习惯、遗传体质种种因素，光是凭22岁时的日记来看，比较快乐的修女，比不快乐的平均多活九年。

读到她们的日记，又知道了后来的结果，相信你会开始回想自己平常是怎么表达感受的，甚至还想找出以前的日记或文章来看看。当然，情绪的表达不见得等同于真正的快乐。然而，一个人真正快乐，是不可能不流露出来的。

快乐的修女，更容易长寿

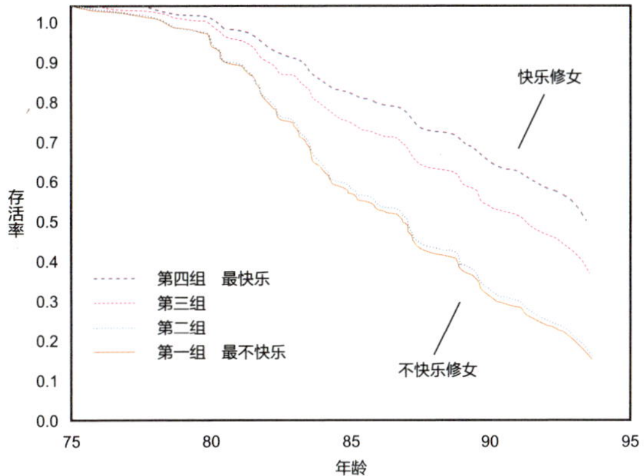

这个研究依照修女们年轻时自传里用词的乐观程度，分为四组。第一组是最少出现正向情绪语句的。第四组则是最常用到正向情绪语句的组。图的纵轴是存活率，横轴是年龄。我们可以看到，75 岁时，四组都还活在人间。随着时间推移，到了 90 多岁，第一、二组与第三、四组还留在人间的比例已经出现明显的差异。这个研究最不可思议的结论是：光是 22 岁时多常用正向情绪来描述自己，竟然能用来预测一个人是否能够长寿。

经美国心理学会 (American Psychological Association，APA) 许可，自“Danner, D. D., Snowdon, D. A., & Friesen, W. V. (2001). Positive emotions in early life and longevity: findings from the nun study. *Journal of Personality and Social Psychology*, 80(5), 804.”重制。美国心理学会不保证译文之正确性。

这类关于快乐的研究真的不少，20 世纪 60 年代中期，美国北卡罗来纳大学要求入学的 7007 名学生填写问卷，评估他们的性格是乐观还是悲观，并且追踪其中 6958 人的存活。直到 2006 年，这 40 多年中，共有 476 人死亡。比较当初的测验结果，发现比较悲观的人，比他们的同侪更早去世，而乐观的人可以活得更久①。

这类研究得到学界相当大的注意，也开创了一个全新的学术领域，由不同的切入点、不同的解释方法来解释快乐和寿命、生活质量的关系。

---

① Brummett, B. H., Helms, M. J., Dahlstrom, W. G., & Siegler, I. C. (2006, December). Prediction of all-cause mortality by the Minnesota Multiphasic Personality Inventory Optimism-Pessimism Scale scores: study of a college sample during a 40-year follow-up period. In *Mayo Clinic Proceedings* (Vol. 81, No. 12, pp. 1541-1544). Elsevier.

这些成果，后来在很多顶级的期刊发表。

大多数人类或动物的研究，无论从哪个角度，都得出快乐更有益于生活质量的结论。2011 年，伦敦大学学院流行病学暨公卫学系的研究团队在美国科学院期刊发表了一篇文章，邀请 3853 名 52 岁到 79 岁的中高龄族群每天记录四次自己的心情，早上和晚上各两次，包括正向（快乐、兴奋和满足）和负向（心烦、焦虑和恐惧）的情绪。

这种方法更为客观，可以避免种种因素造成的偏差，例如想要讨好研究者而偏向表示自己快乐。此外，一天记录四次心情的设计（刚起床、起床后半小时、晚上七点、睡前）也可以避免单一取样时间对心情的偏颇影响，毕竟我们都知道有些人会有起床气，有些人则总是在傍晚心情低落。

你可能会很惊讶，快乐竟然有那么大的作用。即使对于有慢性病的人，都能够提高他的存活率。这个研究归纳出一个很大的突破——只要能体验正向情绪，也就是快乐，哪怕只有一天，都能够提高存活率[①]。

你很难想象这类的研究有多么多，并且几乎每个研究都是同一个结果。2011 年，伊利诺伊大学的两位教授汇总了 160 个研究的成果，包括人类，也包括动物。从非常清晰有力的证据中得出，无论人还是动物都一样的：活得快乐，不光能活得更久，从各种健康的指标来看，快乐的那一组都活得更好[②]。

说到活得更好，我再举一个例子。美国卡内基梅隆大学的研究团队观察了 334 位年纪在 18 到 45 岁的健康人士，这些人自愿接受含有感冒

---

① Steptoe, A., & Wardle, J. (2011). Positive affect measured using ecological momentary assessment and survival in older men and women. *Proceedings of the National Academy of Sciences of the U.S.A.*, 108(45), 18244–18248.

② Diener, E., & Chan, M. Y. (2011). Happy people live longer: Subjective well-being contributes to health and longevity. *Applied Psychology: Health and Well-Being*, 3(1), 1–43.

快乐的人普遍长寿

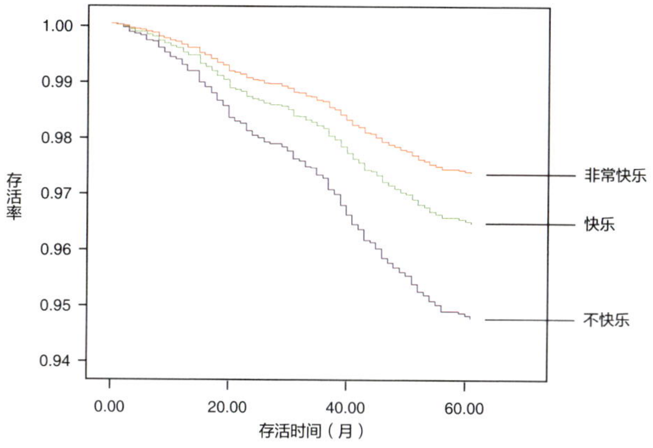

这一研究更直接，由每个人自己记录下来的情绪是正向还是负向分析与存活率的关系。红色是最多快乐情绪的，绿色次之，蓝色最少。纵轴是存活的人数比例，而横轴是追踪时间。我们可以看到这个研究追踪了60个月，也就是五年。从评估一个人一整天的快乐程度，经过五年之后，快乐组与不快乐组存活率已经有明显的差异。也就是说，快乐的人普遍长寿。

本图经美国科学院许可，自"Steptoe, A., & Wardle, J. (2011). Positive affect measured using ecological momentary assessment and survival in older men and women. Proceedings of the National Academy of Sciences of the U.S.A., 108(45), 18244–18248."重制。

病毒的鼻腔滴剂。结果发现，快乐的人甚至连感冒都不太会找上他。即使同样感染了同种病毒，快乐的人比不快乐的人症状更少，不会那么不舒服[①]。或许快乐的心情能让人的免疫系统比较健全，并且可以保护他不易受感冒的干扰。

我相信，每个人在日常生活都有过类似的体会。就拿感冒生病来说，其实自己心里都有数，一定发生了什么烦心或难受的事让人心里很累，隔天就感冒了。

① Cohen, S., Doyle, W. J., Turner, R. B., Alper, C. M., & Skoner, D. P. (2003). Emotional style and susceptibility to the common cold. *Psychosomatic Medicine*, 65(4), 652–657.

很多人都听过美国有名的爵士歌手博比·麦克费林（Bobby McFerrin）的《别烦心，要开心》（*Don't worry, be happy*）。哥伦比亚大学医学中心的研究团队发表了一篇同名的研究，他们邀请了1739位没有心血管病史的加拿大人，有男有女，请他们记录上班时间的情绪状态，如是否热心、快乐、生气和压力，并用1分到5分的量表，评估每个正向和负向情绪的强度。10年后，比较他们致死性和非致死心血管疾病的发生率。结果发现，10年前觉得自己正向情绪比较高的人，在追踪期间发生心血管疾病的概率较低。值得留意的是，正向情绪每增加1分，从统计上来看可以发挥降低22%心血管疾病发病率的效果[①]。

旧金山州立大学的科学家索尼娅·柳博米尔斯基（Sonja Lyubomirsky）综合了150项探讨快乐和身体健康关系的研究数据，包括实验研究、门诊研究和纵贯研究。他们发现，认为自己比较幸福快乐的人，无论从长期还是短期来看，健康的情况都会比较好[②]。无论透过影片、想象还是其他方法引发的快乐喜悦或笑容，都可以为身体带来好处：心血管、呼吸和免疫反应都变得更好。看起来，快乐对健康的影响，或许可以同时作用在各种生理的反应路径上。

这方面的研究实在太多了，只要你愿意查，就可以查到快乐对各种健康的影响，尤其是免疫方面的效果。相信你也看过或听过有些人生了重病后，透过笑把健康和快乐都带回来，成为一种医学的奇迹。

美国政治记者卡森斯（Norman Cousins）在1964年被诊断出患有强直性脊椎炎（ankylosing spondylitis）。这是一种慢性发炎的自体免疫疾病，

---

① Davidson, K. W., Mostofsky, E., & Whang, W. (2010). Don't worry, be happy: positive affect and reduced 10-year incident coronary heart disease: the Canadian Nova Scotia Health Survey. *European Heart Journal*, 31(9), 1065-1070.

② Howell, R. T., Kern, M. L., & Lyubomirsky, S. (2007). Health benefits: Meta-analytically determining the impact of well-being on objective health outcomes. *Health Psychology Review*, 1(1), 83-136.

患者的脊椎节与节之间会黏合在一起，并失去正常行动的能力。当时，医师告诉他恢复的概率是微乎其微，可以说根本不可能。这位记者没有放弃希望，他办了出院手续住进一间旅馆，在房间里不停地看喜剧片。结果他发现只要好好地笑 10 分钟，他就能得到两小时无痛的好眠。根据他写的自传，他到后来真的把自己的健康给“笑”回来了。他不只打败了疾病，而且多活了 26 年，还四处宣传快乐对健康的好处。①

我们忍不住会想，快乐是一种情绪、是一种透过神经传导的信号，怎么有办法去调节身体的各种生理路径？别忘了，前面提过“神经心理免疫学”。简单来说，神经系统的快乐透过组织液和血液的内分泌分子，能够影响到全身。

几十年来，西方科学几乎发展到了任何题目都可以研究的地步。只要把条件设定清楚，而且有测量的方法，都可以得到一个结果，也会找到地方发表、分享给其他的专业人士。

然而，研究总是有两面性的，尤其和人相关的研究，牵涉到的不只是生命本身的复杂，还和研究者的策略、掌握的条件都有关系。

死亡是许多变因综合的结果，而快乐只是众多可能影响存活率或死亡率的变量之一。这类研究，想象一下，就知道会有不同的结论。2016 年，历史悠久的顶级医学期刊《刺络针》（*The Lancet*）刊登了一篇研究正是如此。

这些医学期刊的名字，对你而言或许还很陌生。然而，在医学领域专家的心目中，在《刺络针》上发表文章是相当卓越的成就。很有意思的是，英美这两个同样语言的国家在最先进的科学与医学领域良性竞争，彼此都不认输。就像英国的《自然》（*Nature*）和美国的《科学》（*Science*）

---

① Cousins, N. (1979). *Anatomy of an Illness as Perceived by the Patient: Reflections on Healing and Regeneration*. WW Norton & Company.

在综合性的科学领域平起平坐，而《刺络针》于1823年在英国创立，和1812年在美国创立、后来由麻州医学会接手的《新英格兰医学期刊》（*The New England Journal of Medicine*）始终并驾齐驱。

回到这个研究。他们以72万名平均年龄59岁的英国女性为对象，透过电子病历追踪三年，请她们评估自己的健康状况、快不快乐、压力大不大、对生活有没有控制感、自不自在。[①]有趣的是，在这群女性中，39%认为自己大部分时间快乐，44%的人算是快乐，只有17%的人觉得自己不快乐。而这些觉得自己不快乐的人，刚好也觉得自己不健康。尽管如此，这个研究的结论是认为快不快乐与死亡率无关，这是它和前几篇的不同之处。

长寿本身是一个多变因的结果，确实不是一个容易的研究主题，分析起来相当复杂，也永远难以排除取样偏差的影响，很难得到一个有全面代表性的结论。此外，这类研究也很难得出一个因果的推论。除了生命本身含着多重的变因，研究人员也无法设计真正的实验：随机而任意地指定这一个受试者这一生必须快乐、而另外一个在这一生必须不快乐。然而，只要清楚研究的限制，科学家还是希望能在一定的范围里厘清各种因素的关系，得出一个哪怕只能成立一段时间的结论。这种积极进取的精神，很令人钦佩。

从另外一个层面来看，我认为最有趣的是这些学术探讨也反映了西方文化的特色：凡事都要追求一个目的，都要符合一个因果。于是，快乐也要拿出一个生理的成果，在这里是长寿，在其他研究则可能是心血管疾病发生率或癌症发生率。科学研究顺着这个逻辑归纳得相当清楚，

---

① Liu, B., Floud, S., Pirie, K., Green, J., Peto, R., Beral, V., & Million Women Study Collaborators. (2016). Does happiness itself directly affect mortality? The prospective UK Million Women Study. *The Lance*t, 387(10021), 874–881.

也得出快乐所以长寿的结论，自然就会鼓励大家追求快乐。然而，对于“怎么快乐”这个最关键的点，仍然没有提出一个方法。

站在东方的逻辑，古人本来就知道快乐有好多层面，从身、心到灵性层面。快乐不光是一个整体，还是生命最自然的状态。别忘了，关于快乐与健康的关系，除了前面提过至少160个研究所归纳的，包括最后这个《刺络针》的研究，几乎还是一面倒地点出了——快乐可以带来健康。这一点，相信和大多数人的生命体验是吻合的，也就是确认了古人早就知道的常识。不只长寿和健康，一个人快乐本来就会带来人生的幸福、满足和成就。

即使科学研究得出长寿和快乐不相关的结论，相信我们还是会选择快乐。任何一个人，都不会宁愿不快乐。

所以，最关键的是怎么把快乐找回来。

“你看，我一点压力都没有。你不用量我的每一个部位，我也知道我运作得很好。”

陆

快乐，从整体来看

01

快乐可以流到身体的每一个部位，发挥正面的影响

研究生理的专家发现人体有一整套神经网络深入血管和免疫系统，并可以调控免疫功能[①]。这本书第二卷第五章在谈身体与快乐的关系时提到“心理神经免疫学之母”柏特博士，她进一步发现了免疫系统也拥有同样的神经传导分子受体，可以接受神经带来的信息，并认为这解释了我们的情绪和身体反应的联结。

我们可以想象，如果脑、神经、免疫系统所建立的这套联结，就像是它们彼此不断地交流和谈话，而情绪或心情就是它们所谈的内容，那么，一个时时刻刻都在谈着快乐的身心结构，会是怎样的流动？

很可惜的是，科学研究通常把焦点集中在疾病，包括不快乐和压力，很少有人从快乐来着手。尽管大家都知道快乐对健康有许多好的影响，也是一个全身都可以感受到的反应；快乐的人比起不快乐的人更能够启

① Williams, J. M., Peterson, R. G., Shea, P. A., Schmedtje, J. F., Bauer, D. C., & Felten, D. L. (1981). Sympathetic innervation of murine thymus and spleen: evidence for a functional link between the nervous and immune systems. *Brain Research Bulletin*, 6(1), 83–94. 提出神经系统深入到胸腺和脾脏这两个主要的免疫器官。这些免疫器官正是富含淋巴球和巨噬细胞的所在，负责清除体内出问题或感染的细胞。

动免疫反应去抵抗疾病。然而，快乐在身体内的流动，我们却所知甚微。

前面提过，我不到 15 岁时读到的那一篇研究，以及过去至少 40 年来各家的研究成果，自然让我体会到我们确实是生来就要快乐的，包括身体的愉悦，甚至也包括超越的快乐。别忘了，大脑里本来就有内建的快乐网络。前面谈过多巴胺的快乐、血清素的平静，还有脑内啡的狂喜，甚至人体内到处都是可以接收快乐信号的脑内啡受体。可以这么说，每个细胞都在等待着快乐的信息。

从这个角度来说，人类活得这么不快乐，才是不自然的。

我在《真原医》中用了好多篇幅来解释：心，其实是人体内最大的场，并对全身各个部位都有一个带动的力量。快乐，是从心散发出来的。

我们在生活中都观察过共振的现象，例如吉他，当你拨动一根弦的时候，其他原本静止的弦，受到它振动的影响，也会和它共振而产生泛音。我在《静坐》和《重生》中还特别强调了人体有一个非常基础、根本的频率叫梅尔频率（Mayer's rhythm），是一分钟六次的频率。所有的血管、呼吸道……都可以在这个频率的范围内得到共振。

共振，就是接轨的概念。所有的器官，从头到脚都有一个共同的频率，透过这个频率可以同步。前面也提过，快乐是一个场，可以和全身最舒畅、最放松的频率达到共振。即使身体某个部位还没接轨，只要进入这个频率，自然也会被带动起来。

只要去查任何生理功能，从内而外，从外而内，就会发现快乐可以带来最有效率的运作，让人最舒畅，自然就让我们回到最轻松的状态。

懂了这些，也不需要我再用什么例子来加以强调，你自然会发现有上千的研究支持这些观点。也就是说，快乐自然带回悠闲自在的状态，而这个悠闲自在的状态就是我们的本性。

02
从场的观念谈起

快乐不仅是生命的振动，更是一个能量场。

这样的道理听起来很难以捉摸。毕竟我们前面谈了很多神经传导分子在身体里传递带来的快乐和种种感受，难免让人以为快乐只是物质的作用。然而，物质扩散的速度一秒钟不到一厘米，而神经元的传递速度可以到每秒120米，这单靠物质的扩散是到达不了的，要靠能量的转换（电信号→化学信号→电）才能达成。然而，即使是靠能量转换的高速传递，仍不足以解释意识传达的速度。它不是线性、顺序式（non-linear）的传达，几乎是同步。这种传达要透过场的效应，才能达到。

“场”是一个物理的概念，描述一个随着时空而变的物理量，是一个“空间的状态”，作为物质的变化与变化之间“存放”能量的地方。很有意思的是，真空中没有物质，却不是没有场。可以这么说，即使在看来没有物质生命的地方，也有“生命场”。

有趣的是，研究人员透过对5000多人长时间的追踪和分析，虽然没有用到“能量场”或“生命场”这样的字眼，却勾勒出同样的现象——快乐，这种情绪的感染，可以透过人际网络传播。一个人的快乐，不只可以影响到身边的人，甚至还可以影响到朋友的朋友的朋友，也就是有三度的传播力。并且这种影响力可以长达一年。特别的是，悲伤并不像快乐一样，可以那么稳定地透过人际网络蔓延开来。

这是刊登在著名的《英国医学期刊》（*The British Medical Journal*，后来改名为 *The BMJ*）的研究[①]，从 1948 年就开始进行，最早一批参与者是美国马萨诸塞州一个小城镇弗雷明翰（Framingham）的居民。1971 年，这群人的下一代以及配偶也加入了研究；第二代的孩子又在 2002 年加入了这个研究。参与研究的人会定期接受详尽的测验，让研究人员收集资料。

这群人大多数是住在这个小镇的居民，研究人员将他们彼此之间的关系画成一个网络图。以第二代的 5124 个人为主，依朋友、家人、邻居、同事等关系，画出他们的人际网络。愿意进一步参与的人，再提供自己亲戚、好朋友的名单，让研究人员制作网络图，并记下住址和工作地址进行 2—4 年的追踪。

这个群体，当然和所有人一样有生有死，有人结婚，也有人因离婚迁居，有人为了工作而搬到别处。很幸运的是，在追踪期间，即使有些人离开，去了美国各地，也还是会回来配合研究。

研究人员依照正规的研究方法，将快乐定义为各种正向情绪的组合。他们用“流行病学研究中心抑郁量表”其中四道题“我觉得未来很有希望”“我很快乐”“我很享受生活”“我觉得自己和其他人一样好”的答复，来衡量一个人的快乐程度。并取用 1983—2003 年第二代参与者的第五次到第七次作答结果，分析这些人的快乐程度和人际网络的关系。

① Fowler, J. H., & Christakis, N. A. (2008). Dynamic spread of happiness in a large social network: longitudinal analysis over 20 years in the Framingham Heart Study. *The BMJ*, 337, a2338.

快乐，以类聚

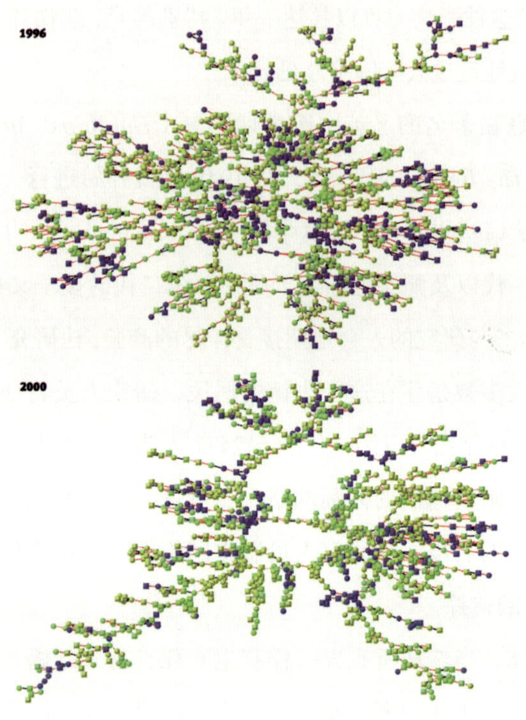

这张图有很多点，圆点代表女性，方点代表男性。点和点之间的线，代表两个人之间是朋友、伴侣或兄弟姐妹的关系。黄色的点代表这个人最快乐，绿色的点代表普通快乐，而蓝色的点代表最不快乐。

经 BMJ Publishing Group 许可，重制自“Fowler, J. H., & Christakis, N. A. (2008). Dynamic spread of happiness in a large social network: longitudinal analysis over 20 years in the Framingham Heart Study. *The BMJ*, 337, a2338.”图一。

从这个研究可以看出，快乐就像一个能量场会扩大而传播开来。如果你身边都是快乐的人，那么，你也比较容易快乐。

快乐影响的不光是身边的人，还包括这些人亲近的人。根据作者的说法，影响力至少有三度的效果。也就是说我们自己快乐，就连朋友的朋友的朋友都会受到影响，并且这个效果至少持续一年。有趣的是，不快乐或悲伤，并没有那么大的传播力。

快不快乐的差异之一是，快乐的人自然会想要有同伴，而不快乐的

你快乐，我也快乐

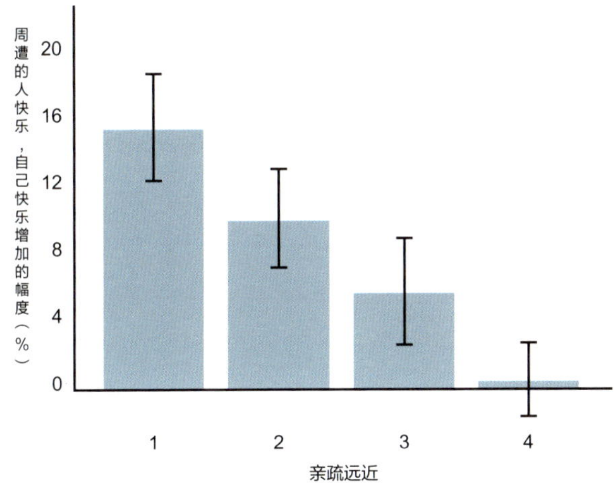

这张图的纵轴是在周围的人快乐时，自己也快乐的人的比例，横轴表示周围人的亲疏远近：1 是直接的朋友，2 是朋友的朋友，3 是朋友的朋友的朋友，以此类推。从这张图可以发现，一直到朋友的朋友的朋友，也就是经过三度传播的快乐，对一个人的快乐仍然有显著的影响。

经 BMJ Publishing Group 许可，重制自“Fowler, J. H., & Christakis, N. A. (2008). Dynamic spread of happiness in a large social network: longitudinal analysis over 20 years in the Framingham Heart Study. *The BMJ*, 337, a2338.”图二。

人并不会这么想。我对这个研究特别重视，因为从这里可以证明——快乐很重要，甚至比快乐的内容更重要。可以想想，快乐怎么可能同时传给朋友的朋友的朋友，他们不可能成天在谈这些快乐的事迹，也不可能是快乐的内容被他们分走了。

倘若快乐不是一个能量场，不可能有这种远距的传播力。

更有意思的是，根据这个研究的结果，即使两个人相距一里，一个人快乐，另一个人快乐的概率是 25%。重要而亲密的朋友的快乐，效果也比一个点头之交的快乐更明显。当然，这样的传播，虽然有远距的影响力，还是难免受到时空的限制。

有趣的是，最快乐的人往往位于网络的中间。快乐就像是以他为核心，向外辐射。他什么都不用做，只是快乐，自然就把快乐流到人间。

03 正向心理学

回到人快乐的本性，这本书不能不谈心理学领域的一个成就——正向心理学。

正向心理学是心理学的一门分支，这门学问起源自马斯洛、罗杰斯、弗洛姆的人本主义心理学，肯定人天生的成长潜力与美善，把人看得比疾病更重要。他们甚至不把重点放在“治疗”，而是更积极地想找出各种方法让人对自己、对生活更满意，也就是更快乐。

正向心理学寻找幸福的种种条件，可以和经济学的研究成果对照来看。如果你还记得本书第一篇谈到的伊斯特林的研究，结论是：快乐和物质条件有一定的关系。然而，当物质丰盛到一定程度以上，影响的程度却不那么大了。比起物质，他们更重视人与人联结带来的快乐。此外，他们也从个人可以努力的体验着手深入探讨心流和静坐。我在这本书中也会多谈一些。

这也就是我在《全部的你》所提到的“典范变迁”（paradigm shift）——要解决人生的问题和困难不是从问题、困难和失败去检讨，而是彻底地颠覆，跳开问题所在的层面。

换一个角度，人生的困难，也就是和生命正向的力量失去了联结。这时，与其不断地分析、检讨是怎么失去联结的，不如直接重新接上正向的轨道、重新和生命接轨，反而更能带来转化的力量。

此外，这些正向的鼓励之所以有效，绝对不只是因为一个人脆弱的时候特别需要安慰。任何人，都需要和生命正向的力量联结。包括每天面对生死病苦的医师，也同样可以由鼓励得到力量，而在专业上更能发挥。

康奈尔大学的研究团队到医院进行了正向鼓励的研究，研究的对象包括30岁到70岁的医师。可以想见，从资浅到资深都有。

每位参与研究的医师，主要的任务就是读完一名患者的病历，并且将他们的思考过程一一说出来，直到导出诊断结果为止。实验人员会录音，以评估他们的思考过程。被分配到“好心情组”的医师，在进行诊断之前会拿到一小包糖果。另一组医师则是直接给病历请他们开始判读。

结果指出，两组医师，面对相同的病历，得到糖果的一组，只要几乎一半的时间就可以做出诊断，正确率甚至更高。即使只是糖果这项小小的鼓励也确实会带来好心情，让医师在诊断时心胸更开放、更能灵活运用新的诊断线索，而不会困在自己原本的判断里。显然，就连理性的高专业人士，在面对复杂的任务时，都可以透过鼓励得到更好的表现[①]。

同一个研究团队，后来更进一步地针对还在受训的年轻医学生做测试。他们都是医学系四年级的学生，已经有一整年的临床见习经验[②]。这回，不是用糖果引发他们好心情，而是恭喜他们在单字重组游戏（anagram）[③]的

① Estrada, C. A., Isen, A. M., & Young, M. J. (1997). Positive affect facilitates integration of information and decreases anchoring in reasoning among physicians. *Organizational Behavior and Human Decision Processes*, 72(1), 117–135.

② 美国的医学院只收已有大学学历的申请者，医学系的学制一共4年。

③ 单字重组游戏（anagram）是相当微妙的文字游戏，把一个字甚至一句话里的字母重新安排顺序，而且最好与原本的字或话有所呼应，比如说dormitory（宿舍）→ dirty room（脏房间），就会让人会心一笑，毕竟我们都看过，甚至住过宿舍里懒得打理的房间。

优秀表现，然后请他们完成指定的诊断任务：根据九项判定标准，在六名虚构病人所提供的数据中，找出哪一位最可能罹患肺癌。

结果发现，好心情组的准医师更为热心，很乐意继续诊断其他案例，甚至主动建议治疗。此外，在判断的过程中，好心情的人不那么困惑，也更能统整种种零碎的信息[①]。

任何一个人面对广大的世界，难免都有渺小的感觉。正向心理学最终希望把这种自觉渺小的无力感，转成个人可操控的自信和力量。前面也提过，一个人觉得自己很渺小、发挥不了力量、对周围的一切感到无能为力，这种无力感是一个人抑郁的来源，容易对脑部造成很大的伤害并使得脑退化。反过来，正向心态就是脑部发展最重要的养分，让神经带来更多联结。正向带来能量，能量生出更多能量，带我们进入正向的循环。

我自己在教学、医疗、企业管理也有一点小小的体会：正向的赞美更能让一个人真正快乐而投入工作，发挥个人，乃至组织最大的潜能。我也更愿意采用这些正向管理的方式。毕竟赞美、感恩这些正向的方式，带来的效益远比纠正、责备要大得多，也是促进一个人、一个组织成长最重要的养分。

我多年来推广感恩的活动，也是希望愈来愈多人能体会感恩、赞美、鼓励等正向的效果。光是在中国台湾，已经有千余所学校参与感恩日的活动，透过感恩创作，为许多老师和学生带来正向的经验[②]。

---

① Isen, A. M. (2001). An influence of positive affect on decision making in complex situations: Theoretical issues with practical implications. *Journal of Consumer Psychology*, 11(2), 75–85.

② 为了推广正向的思考频率，我与长庚生物科技的同仁将每年四月的最后一个星期六定为“感恩日”，借此提醒大家用感恩、慈悲的心来关怀世界和人。希望结合大家的力量，把正向、良善的感恩心传递出去。每年我们也推广感恩创作活动，各年龄组都有散文、绘画、新诗创作三大类，希望传递感恩的正向能量。此外，也设计了校园感恩心教育的教材，将感恩与生命教育落实到基础教育。

提到正向，我想再分享多一点。我发现正向的鼓励有两个层面，一个是合理的鼓励。举例来说，教学时为学生设定一个目标，再帮助他们评估自己的学习。然而，在执行上，与其用大范围的考试来评估学生，不如透过频繁的小考来帮助学生学习。考试的范围愈小愈好，只是透过考试帮学生复习重点，让学生在一种轻松的气氛下及时追踪自己是否真正理解。一次又一次小小的成功自然带来满足，也可以培养兴趣，这才是最重要的目的。再举一个例子，比如对病人设定一个合理的运动、饮食或情绪管理的目标，达成后给予鼓励。

除此以外，再以企业为例，合理的鼓励也就是针对具体的绩效表现设定目标，此时，管理的重点自然放在怎么去追踪、量化、评估个人或部门的表现，以及怎么设计出合适的鼓励方式。这些鼓励，不见得在物质层面。也许是一封信、几句真心肯定的话，都能带来很好的效果。

另一个层面，则是“不那么合理”的鼓励。也就是说，只是鼓励，并不需要理由，甚至是找理由给予鼓励。

举个例子来说，看到项目进度完成一半，可以看到“还有一半还没完成”，或是选择看到“真棒！已经走了一半的路”这两种不同的认知方式，反映了一个人的生命态度。一般人想不到的是，选择看到已经完成一半，并且拿来为自己、为别人打气加油，这种鼓励方式或许不那么合理，却可以把我们对人生、对自己正向的态度传染给周围的人，反而会带来更大的效果。

其实，就算是“合理”的鼓励，也仍然是建立在“不合理”的主观心态之上。设定目标的方式，反映出一个人对人生的看法，不是期待别人的失败，而是期待别人更成功。这种心态，是一种彻头彻尾的乐观。也自然带来自信，更容易快乐。

在本书中，“不合理”这个词，真正要表达的是——生命有一个远远超过人可以理解、归纳的部分。所谓的"合理"或理性反而是一个局限，只是把生命切割成一小部分，可以在人间理解、运作。然而，在人间这个范围之外，生命其实还有很大的一部分。

彻底的正向，虽然在某一个范围内不见得合理，从更大的角度来看却不是那么不理性，而是真正根本的理性——让我们与全部的生命接轨，直接接上快乐的源头。

正向心理学的发展方向

读到这里，你可能认为正向心理学都是人与人之间的正向鼓励，透过人间的关系，带来鼓励，造成正向的回报。其实，正向心理学也含着另外一个层面，是宗教或信仰所带来的鼓励。

此外，除了发挥一个人天性的美善，现代正向心理学还想切入一个全新的主题——个人在经历很大的创伤之后要怎么走出来、怎么恢复生命的活力、重新活得快乐。这也就是生命的疗愈。

最有意思的是，科学和临床实务的专业人士到头来还是转身向宗教和灵性取经。正向心理学的一个结论是——除了宗教团体带来的温暖和支持、生活方式比较健康之外，似乎更重要的是一个人怎么看自己的一生，是否能在人生际遇看到生命的意义。

从正向心理学发展的方向，相信你可以理解，宗教和灵性可以说是最古老的生命科学，本身就是人类有史以来对生命探索的积累。即使没有信仰，光是接触佛教、基督教和天主教的思想，就能让一个人活得更友善、更乐意接纳他人。我们也都可以直觉地体会到，遇到人生的冲击和危机时，人自然会想要祈祷、想要静下来，想要向一个更高、更广的力量求助。

透过一个超过“我”的追寻，人追求快乐的道路也就打开到一个更广的层面。这种追求或解释，自然延伸出接下来要谈的超个人心理学。

早晚，人类累积下来的所有学问，无论科学、宗教还是哲学，都要回到一体，自然也会被未来的人整合到一体。站在一体意识来看快乐这个主题，我们自然会发现——重点不是在分析每个人不快乐的生命或经过，反而是彻底理解生命是怎么组合，而意识又是怎么来的。

我们生命本身的架构就是快乐。了解了生命的根源，一个人自然会快乐起来。生命的不快乐也自然会消失。

针对这一点，这本书会继续介绍。

04
超个人心理学

超个人心理学，同样也是心理学的一支。最早，弗洛伊德由个人过去的关系着手解释个人心灵的组成，而成为精神分析的始祖。他的弟子荣格则离开个人病理的解释，进入一个整体的意识层面，提出了集体潜意识的概念——认为人类有一些共同的原型（archetype），从而组合出一个人一生的性格。

我们认为"你""我""他"个个不同，但其实都离不开荣格所说的原型。我在《神圣的你》中也提到由荣格的理念所发展出来的MBTI性格测验，同样地，每个人几乎都可以把自己套进其中某一类。也就是说，心理学的发展，总是脱不开"我"或"集体的我"的范围。

超个人心理学进一步认为，"我"或真实，不光是眼前所看到的一切。我们的所知所见与"我"，只是五官带来的经验的集合，和全面的真实相较十分微小。超越"我"，不仅可以带来对自我、对世界真正地理解，也让一个人能对个人的问题有一个完整的解答。

"超个人心理学"这个词最早由哈佛大学的威廉·詹姆斯（William James）在1905年提出，指的是一种彻底的实证主义（radical empiricism），认为一个人知觉到的任何经验、客体全是由主体化出来的，本身没有独立的存在。这在东方是早就有的观念，在西方却相当新鲜，直到量子物理兴起才逐渐被大家接受。

后来“超个人心理学”这个词，在20世纪60年代的嬉皮圈又重新复活。当时，两位哈佛大学的心理学家阿尔珀特（Richard Alpert）和蒂莫西·利里（Timothy Leary）和当时知识圈的名流如梅茨纳（Ralph Metzner）、赫胥黎（Aldous Huxley）与金斯堡（Allen Ginsberg）合作，想要探究人类的意识，并开始集中研究某些特殊蕈类里含的裸盖菇素（psilocybin）[①]、LSD-25[②]和其他迷幻药。

他们确实观察到，使用LSD这类迷幻药会带来一些不寻常的意识状态（altered state of consciousness），包括视觉上的改变，像是眼前事物色彩变得鲜明、光线也更明亮、静物开始移动、大小也会改变、有些还发光或带着光晕。有少数人会产生感觉连带（synesthesia）的体验，像是听到某些声音时会看到不同的颜色。使用LSD的人总体来说是觉得愉快，甚至会体验到很大的喜悦，眼中的一切都那么美好、有意思而不可思议。

这些经验让人充满情绪，好像活在梦中一样。使用的剂量大了，甚至带来一种特殊的感受，仿佛一切都失去了固定的边界。对某些人来说，很像是深刻的宗教或灵性体验，甚至改变了他们对世界的看法。然而，从旁观者的角度来看，用了LSD的人看起来很怪，说话很快，并且在不

① 裸盖菇素来自一种菇蕈类，大概在石器时代的欧洲和非洲就有人使用，也在哥伦布发现美洲之前的中美洲使用过，通常是用在当地宗教的仪式和庆典。和后面谈的LSD一样，到现在，还有专家在探讨能否使用这种物质来调整人的心理状态。

② LSD，即lysergic acid diethylamide（D-麦角酸二乙胺），最早是1938年瑞士一家药厂Basel Sandoz Pharmaceutical的化学家霍夫曼（Albert Hofmann）在实验室里合成的，当初是想开发促进血液和呼吸循环的药物。直到1943年，霍夫曼误食了沾在手上的一点LSD，事后推估大约0.25毫克（差不多几粒盐的量），在骑脚踏车回家的路上，万分惊险地体验到了很明显的迷幻效果，从此才知道它的意识改变效果。由于LSD可以和脑部血清素的受体结合，从20世纪40年代一直到60年代，精神科的专家一直想要探究它是否可能用来治疗心理疾病。

同的主题间跳跃，让人很难理解。有些情况下甚至会进入一个可怕的幻境，造成用药人很深的恐慌，到了要用其他药物来压制的地步。

这些研究引发很大的争议。阿尔珀特和蒂莫西·利里亲自尝试这些药物，后来被逐出了大学。然而，他们的探索确实为近代的超个人心理学播下了种子。

从此，灵性的自我成长、超越“我”的自性、高峰经验、神秘经验、出神、灵性危机、灵性进化、宗教转化、不同的意识状态、灵修等边缘或罕见的经验就成了超个人心理学的主题。许多人试着用现代的心理学理论来解释这些现象，或者建立新的理论来谈这些经验。

为了解释不同的意识状态，肯恩·威尔伯（Ken Wilber）等后起之秀发明了一套“意识谱”的理论，也就是一般的意识状态加上五官在一般状况知觉不到的不同意识状态。这种“意识谱”也可以比喻为意识的彩虹，可以解释许多现象，比如一个人的高峰经验、马斯洛谈的自我实现，或者是下一章我将会介绍的迈克尔·墨菲（Michael Murphy）推动的人体潜能发挥。

超个人心理学和现代的新时代思潮，的确带来许多新鲜的观念或现象，很接近“无我”的状态。但是，除了以药物刺激出不同的意识状态，或是透过声音等外在的方法引发特殊的经验，并没有一个可以落实到一般人日常生活并把快乐带回来的方法。

前面提到的阿尔珀特也一样。1966 年，他在美国 CBC 电视台的纪录片《LSD 危机》（The LSD Crisis）提到自己曾使用 LSD 超过 300 次，有过两次非常特别的经验。他意识到构成“阿尔珀特”的身份——博士学位、中产阶级……一个个剥落，甚至用“心理上的死亡”来描述这种脱落。当时他还没有准备好面对“我”的死亡，非常害怕。后来，他再也不用

LSD 了。然而，对人类意识的探索，让他开始接触东方的哲学和灵修。

我在这里跟你分享这么多 LSD 的信息，主要是站在科学的角度，自然认为样样都可以探讨。但我希望你不要因为好奇而去尝试。LSD 短期会带来类似精神分裂的幻觉症状，对知觉的长期影响也会遗留一生，不值得你去采用。其实，任何毒品都不要去尝试。非但不能带来快乐，反而还会留下负面的作用。

一个真正要找到生命的快乐的人，走过超个人心理学的追寻，继续走下去会发现西方文化缺乏超越的基础，而自然会走向东方的哲学或宗教。

因此，我才在《全部的你》《神圣的你》这两本书汇总人类的脑和个性的发展，将过去所有宗教对人与生命的理解用现代的语言重新表达。这是我认为比较简明易懂，而且能够真正实用的方式。

比如说我在《全部的你》《神圣的你》这两本书同样强调人脑的局限以及二元对立，离不开主体和客体的分离，并随之衍生出一般的意识。相对于生命的整体和一体意识，一般局限的意识只占了很小的一部分。要从局限的意识跨到一体意识，不是透过语言（本身就是局限）可以跳出来的，最多是透过语言，摸到一点边。

超个人心理学的发展，正证明了语言和头脑的限制。

阿尔珀特离开哈佛大学的教职之后，又过了几年，就到印度修行，后来成为灵性大师拉姆·达斯（Ram Dass）。他说过一句很有意思的名言："如果你认为自己开悟了，试试看——回老家待一个周末。"这句话，相信很多人一听到就会马上点头认同，确实很有道理。

然而，这句话本身含着一个大的矛盾。开悟、醒觉、超越与否，和你回不回家、有没有烦恼其实一点关系都没有。

许多人认为修道或生命的追寻是一个境界、一种成就，也认为这一境界、成就需要种种行为的示范和证明、需要行为来表达。

这多少也是对的，只是，说到底——道或真实的生命，跟这些事、那些事一点关系都没有。

洞穴人的故事

超个人心理学这个名词虽然是威廉·詹姆斯提出来的，但在2500年前，西方哲学之父苏格拉底的弟子柏拉图就谈过超过“我”的追寻，还讲过一个故事[①]：

有些人从小就住在山洞，头、脖子、腿和脚都被固定住。他们不能走动，也不能回头往后看，只能向前看着洞穴的山壁。

他们背后远远的高处，有东西燃烧着发出火光。但是，他们不知道。

这些住在山洞里的人，一辈子只能看到火光造成的影子，却相信这些都是真实的存在。他们会比赛，比谁最能够分辨光影的差异，比谁最能记住以前影像的次序。能猜出下一个影像的人，还可以得到奖励。

到后来，其中一个人的枷锁松脱了，他往后看，终于看见影子

① 这个故事出自希腊哲学家柏拉图（公元前428/427年，一说公元前424/423年—公元前348/347年）的《理想国》（*The Republic*）。《理想国》以对话体裁写成，从柏拉图的老师苏格拉底（公元前470—公元前399年）的角度，来描述苏格拉底与柏拉图的兄弟葛劳康（Glaucon）的对话。洞穴人的故事对西方文化有很深的影响，例如电影《黑客帝国》（*The Matrix*），就大量运用了两种世界的比喻。

产生的原因，最后还带领着其他人离开了山洞。

一开始，这些人很难适应外头世界的光亮，需要慢慢地习惯。他们真正看见光明的源头，看见地上的一草一木，还有草木的影子。再回想自己当初待在山洞里的生活，那个时候的心智状态，以及还在里面的人们，他们会庆幸："啊！还好我出来了！"甚至，为其他人感到遗憾。

从柏拉图的角度来说，人类就像洞穴人这么可怜，只看得到表面，并且认为这个表面就是我们在人间看到的一切。然而超越人间之外，才是生命主要的背景或基础（substratum），而且这个背景比所见的一切更广大。我们被眼前的表相绑住，就像这个故事所说的洞穴人一样。

不只是荣格提到原型，柏拉图很早就提过"最源头的形相"这个概念（他在《理想国》中用了"the Forms"来表达）。他用"形相"谈的其实是每个人都离不开的、最原初的本质。这个本质似有若无、若隐若现，也就是我在《全部的你》中谈到的无色无形。

我们在这个世界体会到的，都是形相和感官带来的幻觉。要认识这个本质，才能够对全部的生命有一个理解，也才能带来真正的快乐。

05

找回人类的潜能

超个人心理学透过超过“我”的探索，要表达的也就是人类有无限的潜能。基于身体是心的反映，我想在这里带出一些身心潜能的探讨，相信你读了，对于快乐、对于人类身心与生俱来的潜能也会更有信心。

一个人如果快乐，是不会有身心问题的。

前面谈的正向心理学和超个人心理学都是希望透过一种新的心理学，把快乐所带来的生命全部潜能找回来。透过一个全新的系统和完整的架构系统性地说明、归纳种种身心状态，希望把这个理解以学术的方式传递出来。

显然，这两个学科背后隐约还有一个更深的领域——怎么透过快乐，才能把生命全部的潜能找回来。这包括生理的潜能、心理的潜能，甚至灵性的潜能，也就是生命真正的满足。

要谈全部的潜能，自然让我想到迈克尔·墨菲（Michael Murphy）。他是加州伊沙兰研究院[①]推广人类潜能运动的共同创始人。几十年来，

---

① 伊沙兰机构位于美国加州 Big Sur 的一个避静中心，是一个推广个人成长、静坐、按摩、完形心理治疗、瑜伽、心理学、生态学、灵性和有机饮食的非营利组织。一年提供500场以上的讲座和工作坊，举办会议、赞助研究、长驻课程和实习机会。伊沙兰引进东方的宗教和哲学思想、各种另类疗法和身心医疗、完形心理治疗，后来也就成为新时代思潮的核心的发源地之一。

这个运动最强调的是——人，含着非比寻常大的生理、心理和灵性的能力。墨菲穷尽一生探讨的问题正是——人的成长有极限吗？所谓的“超能力”是不是每个人都有的潜能？人真的能自我超越吗？有没有某些练习能帮助普通人发挥这些能力？

1992 年，墨菲写了一本 700 多页的《人体的未来》（*The Future of the Body*），汇总历史上大部分人类的身心超常现象的口述和书面记录，涉猎范围包括医学、运动、人类学、艺术、灵学、比较宗教研究。当时，没有第二本书在这方面比它更完整。

他以开放的态度融会了种种科学领域，包括人类学、哲学、宗教、心理学和超心理学，将这些超常的人类经历分为十二大类（包括超感官知觉、人体自我调控、对环境的影响、超心理学疗愈、艺术和神秘领域、特异生理程序，等等），就连顶尖的《新英格兰医学期刊》也为他做了介绍[①]。我相信只要是想得到的奇怪现象，都已经归纳在这十二大类里了。

这十二个领域在佛教称为悉地（*siddhis*），也就是超自然的成就，包括神通[②]，在基督教则称为神迹（miracles）。

墨菲的作品强调两个重点，一是从不同的领域去探究人的潜能。这是一个真正跨领域的主题，需要采用各种多元的工具和思维，不能只用单一领域的方法（例如临床医学的随机分组和统计）去探究。要探索这一全新的领域必须打开心胸，而不是用旧的逻辑去排斥，否则只是确认自己原本就想知道的东西而已。

墨菲的另一个重点是——这些特殊的潜能才是人类真正的命运，才

① 刊登在《新英格兰医学期刊》1993年1月的书评专栏。*N Engl J Med* 1993; 328:216.

② 从佛陀的角度来看，这些玄妙的现象只是分心的手法，并不值得多谈。最多是像《楞严经》谈五十阴魔，提示会有这些现象的变化，可以作为一个地图。

是我们注定要达到的。而通往生命潜能完全开发的过程，是可以加快的。他在这本书中也提出了生理回馈、心理修炼和心理治疗等方法，希望加快人类演进的脚步。

我在《静坐》中提到过一位将近 70 岁的瑜伽大师，自愿被活埋八天。科学家在他身上贴满了传感器，侦测他的生理变化。从临床的角度来说，他被活埋后的生理值已经落到了足以判定为死亡的地步。然而，活埋八天之后，出来不到两小时，他的生理数值完全恢复正常。这相当不可思议。相信你不会想到，这个研究竟然不是发表在宗教期刊，而是得到了相当主流的《美国心脏学会期刊》（*American Heart Journal*）的认可[①]。后来我和哈佛的心理学家泰勒（Eugene Taylor）合写了一篇论文把这个研究重新带出来，更深一步探讨静坐带来的完全的放松状态，并发表在《生理医学新知》（*News in Physiological Science*），也得到相当多的回响[②]。

谈到修炼，我会提到这位瑜伽大师和很多实例，也是要表达——人

---

① Kothari, L. K., Bordia, A., & Gupta, O. P. (1973). The yogic claim of voluntary control over the heart beat: an unusual demonstration. *American Heart Journal*, 86(2), 282–284.

② Young, J. D. E., & Taylor, E. (1998). Meditation as a voluntary hypometabolic state of biological estivation. *News in Physiological Science*, 13(3), 149–153. 这个期刊由美国生理医学会主持，后来更名为 *Physiology*。

类对身心层面的理解还相当有限，将自己的潜能限缩成有限的可能，甚至把这些能力称为“超自然”，而忽略了这些“超自然”其实才是最自然的特质。我们透过念头不只把自己洗脑，同时也局限了自己。

在灵性的层面，有更多数不完的潜能。然而，我们同样把自己落在一个局限的角落，以为我们本身就是那么渺小，而以为这些潜能跟自己的生命无关。于是我才在不同场合分享静坐等专注的方法，希望大家都可以把自己的身心当作一个实验平台，把自己的全部生命潜能找回来。

哈佛的班森医师（Herbert Benson）找了许多密宗和瑜伽大师做了不少这方面的研究。甚至在20世纪80年代，远赴印度上达兰萨拉（Upper Dharamsala），也就是藏人聚居的地方，找到三位密宗僧侣来探讨拙火修炼的生理效果。拙火修炼是藏传佛教古老的修法，透过苦修，让年轻的僧人可以得到元气（stamina），而在冰天雪地中继续专注修行。一般是在身体披上湿毛巾甚至倒冰水，透过呼吸或朗诵的练习让身体产生热量，就好像从丹田创造一个自己运作的马达。这种修炼，就是让身体带着意识走。最不可思议的是，这么做所产生的热量相当大。熟练拙火修炼的僧侣非但不受冰冷的影响，甚至可以把挂在身上的湿毛巾烘干。

班森医师测量了修炼拙火时，体温和其他生理参数的变化，把这些结果发表在有名的《自然》上[①]，让当时的学术界觉得相当不可思议。一般来说，科学界最重视的跨领域期刊，在美国是《科学》，在英国是《自然》。华森（James Waston）和克里克（Francis Crick）1953年将他们对DNA结构模型的研究写成一篇通信（letter），发表在《自然》上，1962年拿到诺贝尔生理医学奖。这个研究能在《自然》刊登，它的意义可见一斑。

我的父亲，同一段时间在麻省理工学院的生物医学工程临床

① Benson, H., Lehmann, J. W., Malhotra, M. S., Goldman, R. F., Hopkins, J., & Epstein, M. D. (1982). Body temperature changes during the practice of g Tum-mo yoga. *Nature*, 295, 234-236.

仪器中心[1]也对人类潜能的主题有很广泛的涉猎。我当时常跟我父亲开玩笑，不光是印度、西藏的瑜伽士，大概全世界最奇怪的人都集中到他的实验室了。虽然那是我免疫和肿瘤研究最忙碌的时候，只要有时间，尤其是周末，我就会过去参与。

当时我就发现，只要集中一个人的注意力就可以创造许多超能力，而且是可以测量的。这种超能力有相当多的实例。墨菲在《人体的未来》做了相当完整的汇总，其中一个很有意思的例子是旅日棒球选手王贞治（Sadaharu Oh）。

王贞治在22年的职棒生涯中打出868只全垒打，远超过美国职棒大联盟的全垒打王贝瑞·邦兹（Barry Bonds, 762）、汉克·阿伦（Hank Aaron, 755）和贝比·鲁斯（Babe Ruth, 714），在日本职棒赢得15次全垒打王头衔。他从1965到1973年，带领读卖巨人队赢得连续九年的日本职棒全国冠军。

不过，他在巨人队的前三年，并没有尽全力，时常流连于银座酒店。1962年，荒川博（Hiroshi Arakawa）成为王贞治的教练。他要求王贞治烟酒不沾，拜合气道创始人植芝盛平（Morehei Uyeshiba）为师，学习在球赛中为自己创造一个“心理的时空”。

后来荒川博教王贞治采用有名的金鸡独立打击姿势，他的打击威力开始发挥，就好像这个姿势让合气道的原则可以聚焦，王贞治自己是这么说的：

“……学合气道，最要先学的就是聚焦到一个点上。”

这个点，是每个人都有的能量点，也就是华人所说的丹田。除了守丹田、维持中央核心的稳定之外，王贞治还从合气道学到了对“气”的觉察，以及等待。

---

① MIT’s HST Biomedical Engineering Center for Clinical Instrumentation.

“那一季稍早时，我们正在想法子克服我打击暴冲的习惯。荒川教练去向植芝盛平师父请教。师父并不是棒球迷，直截了当地说：‘你看，不管你要不要，球就是会来。你能做的，就是等球来找你。学习等待，这是日本的传统。等。教他等。’”

王贞治还学会了如何把“气”导向手中的球棒，让每一次打击“犹如生死大事”。他学到日本战国时代的不败剑士宫本武藏在《五轮书》所说的“视近如置身事外，视远如在眼前”，也就是“目付”的技巧。透过这样的眼力，不只看得到投手的动作，也同时可以读到投手的意图。

王贞治说：“不过，我还想学会更多。有时在球季中，我睡到一半醒来，会发现自己的心好像有火在烧。如果我是去银座浪荡，或一晚喝掉一瓶苏格兰威士忌再加几罐啤酒，那也就算了。可是，我总是为了棒球半夜醒来，心头发热。这种话怎么说，听起来都像个傻子。怎么到了这种地步，好像活着就是为了打球。我对挥棒击球的执着，和武士对剑道的一心一意没有两样。这就是我的人生。”

一样地，我这里会提到王贞治，也是希望表达——虽然我们一般人的追求都是希望在“动”中找到全部身心的潜能。然而，就像王贞治亲身所体验到的，是在等待中，一个人不动，甚至没有念头、没有思考、没有顾虑，才可以发挥全部的潜能。

这和一般的想法大概完全相反。我们会认为这一生就是要规划、筹备、打算、追求。然而，生命的根其实是落在念头与念头、动与动之间，没有念头、没有动的空当。

一个人要达到最高的潜能，首先要体会到宁静。透过宁静，自然体会到任何动，包括念头，还只是一个限制，而把生命从整体限制到一个生命的角落。只有透过宁静，我们才能体会到生命的潜能远远超过自己一生限制自己的条件或状况。

要取得快乐，首先要懂得停留在宁静、活出宁静。问题是，过去全部的研究和潜能开发都在生理或物质的层面着手。也就是说，我们最多是把生命的全部落在物质的层面，却忽略了——透过无常的物质，想找到一个最终的答案是不可能的。

华人中也有不少专家投入人体潜能开发的研究，是相当优秀的。可惜的是，到目前还没有一个可靠而稳定的方法足以让大家发挥全部的潜能，并且在同时把快乐找回来。

很多人认为静坐会带来种种的神通或超越的潜能，也想从这方面追求，这是相当可惜的。

停留在特殊现象的层面，再怎么去理解、去分析，最根源的问题依然无法解决。

因为大家把这个问题想得太复杂。

我这本书的后半会强调，问题的解答，其实比大家想象的更简单，甚至是比简单更简单。

06

超感官知觉（ESP）

前面谈到人体的潜能，不可能不谈超感官知觉，也就是一般人所说的 ESP（extra-sensory perception）。

许多人都有过这样的经验：做了一个梦，后来梦中的情节竟然在现实发生了，或者是料中了某件未来会发生的事。然而，这代表了什么？是我们真有超感官知觉？或者只是巧合？

超感官知觉的定义是：一种不是建立在视觉、触觉、嗅觉、味觉或听觉这五官五感的知觉能力，例如心电感应、眼通或预知能力。

历史上有许多超感官知觉的记载。像是美国林肯总统（Abraham Lincoln, 1809—1865）遇刺前几天做了一个梦，梦里许多人聚集在白宫哀悼，他上前询问是谁的葬礼。一名士兵告诉他："是总统先生。"几天后，他去福特剧场看戏时被暗杀。美国的基督教神秘家艾德格·卡西（Edgar Cayce, 1877—1945）在出神状态下能描述他从未去过的地方，也能答复他从未研究过的领域的问题，因此有"沉睡预言人"（the Sleep Prophet）之称。

不只是名人，普通人预知死亡、心电感应的例子更是多得谈不完。这些现象，每一个人都有，不可能没有。我个人记得小时候也常有这些经历。拿我自己做验证，这些经验是再自然不过的。问题是我们心胸够不够开放、能不能坦然地把这些超感官知觉当作自然的现象，而不是只追究这些现象的真假。

我们只要略做思考马上就可以体会到，不可能透过五官加上念头而可以完全捕捉整体。我们一般所谈的“意识”其实只是头脑可以取得的信息，而这个信息最多只是透过五官看听闻触尝加上念头的组合，都是透过局限的神经网络得到的。这往往否定了身体其他部位（相对于神经系统“沉默的”大多数细胞）的知觉。

可以说，超感官知觉这个词本身就是错的。我们有限的理解，把人的能力限制在神经系统所愿意捕捉的范围。前面谈过 gut feeling（直觉），可说是一种不符合人类头脑逻辑的知觉，其实也就是超感官知觉。把人类的某些能力强制划分为超感官知觉，从某一个角度来说反而是忽视了生命的全部与完整。

重点是，我们是否能打开心胸，平实看待这些现象。就像对静坐一样，用平常的语言以及理性将它科学化。

很有意思的是，有些科学家与医师对这些经验持开放的态度，甚至试着做研究。20 世纪 30 年代，杜克大学的莱因教授（Joseph Banks Rhine，后人称他为“超心理学之父”）就开始研究一般人是否也有超感官知觉[①]。只是，耗费了很长的时间，这方面的研究还是在很初步的阶段。美国一位医师詹恩（Robert G. Jahn）在 1979 到 2007 年间，在普林斯顿大学的工程暨异常研究实验室（Princeton Engineering Anomalies Research Laboratory）探讨普通人能否用心灵影响一个产生随机数的机器，结论是——可以，只是作用相当小[②]。

① Rhine JB. 1934. *Extra-Sensory Perception*. Boston: Bruce Humphries.

② Jahn RG, Dunne B. 1987. *Margins of Reality: The Role of Consciousness in the Physical World*. Princeton: ICRL Press.

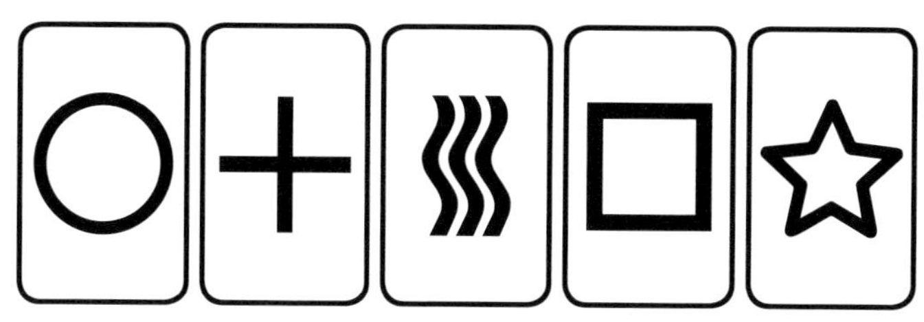

这就是莱因教授研究超感官知觉时所使用的卡片，整组卡片共 25 张，五大类各五张变化。莱因教授发现有些人猜对的比例，高出理论上乱猜的概率值（25 张猜对 5 种），并把它当作人类有超感官知觉的证据。

这种研究其实不胜枚举，像是 20 世纪 70 年代的尤里·盖勒（Uri Geller），有人说他是魔术师，也有人认为他是超能力者。斯坦福研究中心的电机工程学者暨超心理学专家普托夫（Harold E. Puthoff）邀请盖勒到他的实验室，猜测隔壁房间的图案。在相当谨慎的设计之下，盖勒猜对的比例远远高过乱猜。这个结果发表在 1974 年的《自然》期刊[①]。

除了这些特殊能力，轮回或前世记忆因为没办法用一般的知觉、或传统的记忆来解释，也可以当作一种超感官知觉。我们每个人大概都有类似的经验，像是遇到一个人，觉得很面熟，甚至会有画面闪过脑海，却不知是哪里来的。

有意思的是，不少受西方医学训练的医师探索这个领域。比如美国弗吉尼亚大学医学院的史蒂文森医师（Ian Stevenson）在 1960 年担任精神科主任期间听说斯里兰卡一个小孩子记得前世，也彻底地去调查，确认了这个孩子记得的就是他前世的父母。在 50 年各式各样的案例研究中，他也得出一些结论，认为小孩子两三岁以前还记得前世，只是后来透过大人的教育也就逐渐失去这种能力和记忆。由于他的记录相当丰富而完整，包括了 3000 个记得前世的儿童的案例，也发表在主流期刊而引起学

① Targ, R.; Puthoff, H. (1974). Information transmission under conditions of sensory shielding. *Nature*, 251 (5476): 602－607.

术界的重视。

好些传统的医师或科学家，也愿意面对这些不可思议的现象。除了他之外，美国耶鲁大学医学博士布莱恩·魏斯（Brian Weise）透过为案例催眠，意外地发现一位女患者不断回到一个又一个前世。这些前世可以追溯到希腊时代，她做过奴隶，也做过平凡人，在这个世界上她一共有 86 次前世。他写的《前世今生》（*Many Lives, Many Masters*）轰动一时，或许你也读过。

面对这些研究，很多科学家会批评方法不够严谨。然而，批评者没想过，再怎么严谨，逻辑上本来就是有矛盾的。

相信你可以想象，这方面的研究一定会造成很多争议。我们用脑所建立的工具，来描述本来就超越脑本身的现象，一方面想跳出脑和逻辑的系统，另一方面，又困在系统内而想要看到外面，这本身就是不可能的。

要用局限的脑去了解全部，那是不可能的，再怎么彻底还是会造成争议。这些所谓的“超常”现象本来是自然的现象，我们却要用有限的逻辑或观察去证明。这反而带来了矛盾，非但生出辩论，最终错失了重点。

因此，这种研究本身不可能帮助一个人找到人生的答案。与其在局限的逻辑里打转，还不如将自己当作一个受试者，将人生的制约告一段落，从内心去探寻真实，把真正的快乐找回来。

谈到这里，我就想起前面提过哈佛的班森医师。他做了很多静坐相关的研究，还写书建立“放松反应”“安慰剂效应”等身心的理论。你大概想不到，他本身毫无静坐的基础。我问他为什么不愿意去学、亲自体验静坐呢？他说，面对他的研究主题，他想保持一个客观的态度。

只是，他没有想到——在人间，只要头脑开始运作，就已经是站在一个有限的角度在看一切，是不可能客观的。一个人有这么多机会接触古人各种好的方法，如果真的去体会，一切也都会不同。可惜，我好意的劝说并没有起作用。

找到真正的快乐你会发现，我们本来就有全部的潜能，生命本来就是奇迹。我们的生命，本来就有感官的知觉和超越感官的知觉。即使这两个加起来，也还是全部生命的很小部分，离不开我们带给自己的制约。把注意力放在超感官知觉，把它当作值得研究或投入的异常，还只是在一个很小的范围着墨。

跳出所有的知觉，包括传统的知觉和超感官知觉，一个人才会找到全部的生命，才会找到快乐。

柒

没有「我」的快乐

01 超越体验

确实有一些现象，让我们体会到——人的脑可以经验“超越”，至少感受到生命能脱离肉身的局限，甚至与全宇宙联结。

航天员在外层空间第一次回头看到地球时所体验到的敬畏之情，这种心境被称为“全观效应”（the overview effect）。

美国航天员米切尔（Edgar Mitchell）提到：“这是一种意识爆发开来的感受”“一种震撼人心的一体感和联结感……随之而来的狂喜……以及顿悟。”对于长期处在密闭空间可能导致心理健康问题的航天员而言，这类经历为他们带来许多短期和长期的好处。甚至，有些人会说这是他们一生最重要的体验[①]。

美国航空航天总署（NASA）航天员 William Anders 于 1968 年 12 月 24 日阿波罗八号轨道接近月球时，所拍摄的地球。

① Yaden, D. B., Iwry, J., Slack, K. J., Eiechstaedt, J. C., Zhao, Y., Vaillant, G. E., & Newberg, A. B. (2016). The overview effect: Awe and self-transcendent experience in space flight. *Psychology of Consciousness: Theory, Research, and Practice*, 3(1), 1-11.

我们可以体会到这本身就是一种超越的感受。第一次，从“我”所习惯的角度之外看这个世界，自然让人重新思考与自己、与他人、与世界的关系，而体会到生命的不同层面。

著名作家海明威（Ernest Hemingway）二战期间在意大利因为爆炸受伤，后来写下了他亲身的经历：

“一枚大型的奥地利迫击炮弹，当时称为炮灰桶（ash cans），在黑暗中爆炸开来。我当时就死了，觉得自己的灵魂还是什么离开了身体。就像你拎着丝质手帕的一角，把手帕从口袋抽出来一样。那个东西在附近晃荡，回来后又进去了。于是，我再也不是死人[①]。”

与海明威亲近的人，说这次经历让他受到了很深的影响，后来整个人都变了，不再像以前那么强硬。

世界各地、不同文化背景的人都描述过类似的濒死体验（near-death experience, NDE）。有些人受了重伤或者在手术中心跳突然停止，在生死之间发生了鲜明的“超越”体验——觉得自己离开了身体，穿过暗黑的通道，见到明亮的光，涌现强烈的平安、喜悦、与宇宙合一的正向感受[②]。与死神擦身而过的人，有10%—20%提到自己有过类似的经历。

西方的科学家往往把濒死体验简化成生死攸关之际诱发的不同生理状态。举例来说，“好像离开了身体”被视为不同意识状态或与睡眠类似的幻觉。至于“经过一个黑暗的隧道”则被诠释成眼球的血液与氧气供应不足。喜悦等正向情绪，则是脑部的期待系统释放多巴胺和其他神

---

① Atwater, P. M. (2009). *Beyond the Light. What Isn't Being Said about Near Death Experience: From Visions of Heaven to Glimpses of Hell*. Kill Devil Hills: Transpersonal Publishing, p. 23–24.

② Greyson, B. (2015). Western Scientific Approaches to Near-Death Experiences. *Humanities*, 4(4), 775–796.

经传导分子所导致的[①]。

其实，对于这些超越身体的体验，科学的研究还在起步阶段。2010年，意大利乌迪内大学的研究团队透过“气质性格问卷”一共240题测验，去评估一个人自我超越的程度——也就是一个人是否能够超越各种情况下的感受和作为，并将自己视为宇宙不可或缺的一部分。

他们所研究的对象是动手术切除脑瘤的患者，结果发现，切除了脑部后下顶叶的患者更容易产生自我超越的经验，如果这个患者有宗教信仰，产生的超越感会更强烈[②]。后下顶叶的脑区，与一个人架构身体的感觉有关。很有意思的是，当脑部掌管身体界限感的部位失去了功能，一个人反而能感受到超越。

美国宾夕法尼亚大学医学中心在2001年也进行过一项研究，邀请八位资深的藏密修行者前来静坐，发现静坐时脑部顶叶血流量明显减少[③]。同样地，顶叶不起作用，反而好像带来静坐时身体“空”掉了的感受。

我们一般都认为脑的活动就是人生可以体验到的、经历的全部，然而，无论濒死体验、切除脑部顶叶，还是透过静坐让顶叶作用下降……这些虽然使脑的作用降低了，但生命的感受和体验依然存在。就像人体的交感神经，虽然是求生不可或缺的系统，然而当我们放松下来、交感神经不那么活跃时，我们的生命也还在。不只还在，而且更容易体会到喜悦和平安。也就是说，不再停留在“我”既紧张又局限的状态，反而会发

---

① Mobbs, D., & Watt, C. (2011). There is nothing paranormal about near-death experiences: how neuroscience can explain seeing bright lights, meeting the dead, or being convinced you are one of them. *Trends in Cognitive Sciences*, 15(10), 447-449.

② Urgesi, C., Aglioti, S. M., Skrap, M., & Fabbro, F. (2010). The spiritual brain: selective cortical lesions modulate human self-transcendence. *Neuron*, 65(3), 309-319.

③ Newberg, A., Alavi, A., Baime, M., Pourdehnad, M., Santanna, J., & d'Aquili, E. (2001). The measurement of regional cerebral blood flow during the complex cognitive task of meditation: a preliminary SPECT study. *Psychiatry Research: Neuroimaging*, 106(2), 113-122.

现快乐才是与生俱来的本能。

从另外一个角度来说，脑最多只是一个工具。一个脑区处于休息状态或不太活跃时，对整体也并没有什么大的损失。当然，我知道这对很多人来说，是很不可思议的观点。

我相信你会发现这些研究有很客观的部分，例如透过影像技术得到的脑变化的数据，可以反复验证。然而，也有还不清楚的部分，像是对个人“超越”体验的定义。无论问卷多么完整，最多只能反映人类头脑可以想象的超越。

当然，我们可以把一些没办法解释而认为不合理的境界，当作超越。只是，从我个人的看法，这些境界也只是一些现象，最多比一般生活的觉受微细，本身还是在动，会生起也会消失，并不是真正的超越，没有真正超越头脑或身心的制约。

目前用西方的研究，最多只能把超越定义到这里。然而，我要谈的超越不只如此。我们仔细观察，自然会得到这样的结论：人类的脑，也就是一个局限、逻辑为主、对立的脑，不可能去理解一体——没有局限，没有对立的全部存在。头脑本身就受到逻辑或理性思辨的限制。只是我们都被自己洗脑了，认为这些逻辑代表一切，而很难跳出来。

无论如何，分享这些研究，所要表达的是——人类头脑的架构本来就可以支持超越“我”的快乐。甚至，可以体会无思无想的状况。念头和念头的空当、宁静、沉默大到一定的程度，我们也自然把它当作一个超越的体验。这些现象，包括前面提过的超感官知觉，本来就是最普遍的潜能。

02

心流：透过快乐，发挥潜能

要谈生命全部的潜能，或许有些人会觉得太遥远和自己无关，是以后、未来或别人的事。然而，这种超越的状态，并不是天才的专利，而是每个人都体验过，也可以一再体会到的。

人可以透过练习和体会进入一种奇妙的状态。曾经拿过三次大满贯的网球选手阿瑟·阿什（Arthur Ashe）和棒球界的传奇人物泰德·威廉斯（Theodore Samuel Williams）在描述自己比赛中的身心体会时，都用了 in the zone 这样的表达，也就是"进入状态"或"在状态"的意思。也有人用"契入（tuned in）""自动（on auto）""通了（switched on）""对上了（being in the groove）"来表达一种特别清醒、专注甚至集中的超越个人的巅峰状态。

在这种状态下，时间好像变慢，觉受特别清晰，一种不受时空限制的喜乐流通身心，每个细胞都可以感觉到不一样。在这一刻，仿佛大脑忘了它自己，进入了一种"忘我"的状态。这也就是我在《全部的你》与《神圣的你》所提到的，脱离了"我"或一般意识的局限。

后来，任何在运动领域有卓越突破的人，无论是篮坛的迈克尔·乔丹（Michael Jordan）、勒布朗·詹姆斯（LeBron James）、魔术强森（Magic Johnson）还是足球的梅西（Lionel Messi）、罗纳尔多（Cristiano Ronaldo），或棒球的十月先生（Reggie Jackson）、李维拉（Mariano Rivera）、网坛的费德勒（Roger Federer）都以类似的话来描述自己的巅峰表现。十月先生也说，在关键、最紧张的时点，包括观众都紧张的时点，他反而不紧张，而且投入这个瞬间，那一瞬间好像拉长了。

李维拉是美国职棒唯一在世界大赛、联盟冠军赛、全明星赛都拿过“最有价值球员”头衔的投手。他接受李察基尔的采访时提到“在投球的时候，我感觉到场上只剩下我和捕手，甚至没有打击者。球场犹如出现了一个通道，一端是我，一端是捕手，而通道之外的一切，包括球迷的喧嚣和呼唤都消失了。那种宁静，没有什么能把我拉开。”[①]

我个人喜欢运动，自己也有这方面的体验，多年来也喜欢和运动选手接触，甚至希望可以帮助他们进入这种绝佳的状态。除了分享《真原医》的理念，包括好水、微量元素、完整的营养、静坐、心理层面的管理，我有机会也谈“全部生命系列”的一些概念，都有很好的反响。

有一位跟我接触过的跆拳道选手在奥运会上取得了相当好的成绩，他曾经告诉我，最关键的那一场比赛，虽然对方比他高大，那一瞬间却好像冻结了，对方的每一个动作都看得清清楚楚，就好像在眼前慢动作播放。一切都在他掌握之中。

在别人眼中，那是一个毫秒级，甚至微秒级根本来不及看清的瞬间。对他而言，却是永恒的画面。这种胜利，不是透过脑的动、脑的思想可以掌握的。然而，一再地进入这个状态，一个人也会更为熟悉。

种种让人印象深刻，甚至永远流传的创作和记录，都是透过这种专

---

① 这篇专访刊登在2012年5月的纽约时尚杂志 *Gotham*。http://gotham-magazine.com/richard-gere-interviews-yankees-star-mariano-rivera-on-retirement-rumors-and-life-off-the-field

注的状态而得。每一个人都会表达那是一生最快乐、最满足的时候。是一种不可能在人间寻得的喜乐，透过他们把作品开展出来。

这种状态十分奥妙，大多数人会用“灵感”来表达，却很少有人清晰描述这种状态，更别说去探讨怎么进入这种灵感。直到美籍匈牙利心理学家契克森米哈（Mihaly Csikszentmihalyi）在1990年的作品里，才把这种灵感状态定名为flow，也就是“心流”[①]。

契克森米哈所描述的“心流”是一种很集中的专注，并且是完全投入。心流中，每个思考、动和决定，一个到下一个毫不费力，并不是经过人脑的思考、推算和规划而来的。他和许多心理学家、医师都证明了这个观念是正确的。不限于运动领域，任何人都可以达到这种境界。这一观念相当深入人心，美国前总统克林顿、英国前首相布莱尔都公开认同他对“心流”的体会。

有趣的是，心流理论不光是描述这种超越个人的状态，甚至归纳出一些原则，试着帮助有心超越自己的人进入心流。归纳出的几个因素包括：所从事的任务是刺激的，对一个人的生理、心理或知性具有挑战性。这一任务需要有难度，必须完全集中注意力、下定决心才可以完成。个人也要有一定的技术水平，觉得自己能掌控、能充分发挥，才能承担难度所带来的挑战。

简单来说，凡是带有一点风险的活动或任务，比较容易让人达到这种境界。同时，在心流状态从事这样的活动时，是相当享受的经验。

更有意思的是，一个人要有清晰的目的来做这件事，才有足够的诱因进入心流状态。而这个目的，本身自然能带来正向的回馈（例如获胜带来的成就感）。

---

① Csikszentmihalyi, M. (1990). *Flow: The psychology of optimal performance*. NY: Cambridge University Press.

心流状态，可以说是种种正向回馈的集合、让身心最舒畅运作的状态。包括周边的正向回馈，例如身边人给予鼓励，也包括自己的正向回馈，像是个人的充足准备以及自信。

这一点，相信我们都体会过。一个人有自信的时候，是非常自在舒畅的。这种自信，自然带来快乐，并让人容易进入心流。倘若一个人很抑郁、焦虑，或总是听到负面的评论，让一个人的信心打了折扣，往往就阻碍了他进入心流[①]。

我过去一直推广正向鼓励的教育与学习，包括读经、全人教育。比起批评与责备，正向的鼓励更能让一个人充分打开自己、接受宇宙带来的一切，而让全部的生命潜能透过他发挥出来。

心流状态可以发生在各行各业、各种活动或任务中。正向心理学等心理疗愈学派也采用观想、静坐等方式，帮助个人开发潜能。

只是，心流虽然不可思议，比起人人都有的全部生命，它还是很小的一部分。然而，至少是透过我们的"体"能够体会到的。透过心流，我们可以尝到一点全部生命带来的快乐和创造力，在重重局限的人间，活出无限的潜能。

---

① Swann, C., Piggott, D., Crust, L., Keegan, R., & Hemmings, B. (2015). Exploring the interactions underlying flow states: A connecting analysis of flow occurrence in European Tour golfers. *Psychology of Sport and Exercise*, 16, 60–69; Ullén, F., de Manzano, Ö., Almeida, R., *et al*. (2012). Proneness for psychological flow in everyday life: Associations with personality and intelligence. *Personality and Individual Differences*, 52(2), 167–172.

03

怎么进入心流

前一章谈到心流的快乐，以及这种来自全部生命的快乐透过心流所能发挥的突破，相信你会想更进一步探讨它可以怎么运作。同时，有过心流体验的朋友，哪怕只是片刻，也都会希望这样的经验能在人生中重复再重复。

要进入心流状态，所投入的任务是要当事人会觉得有挑战性的。太简单的任务，会让人觉得无趣乏味而不想投入。太难的任务则会让人退缩。如下页图所示，乐趣最高的点不在图的最右边（实力强，一定会赢），当然也不在图的最左边（实力弱，一定会输），而是在图中间偏右的地方。就拿打羽毛球来说，不只是要势均力敌，而且还要比对方实力稍强一点点。也就是说，难度—实力有一定的均衡，能带来最大的乐趣，而得以进入心流[①]。

① Abuhamdeh, S., & Csikszentmihalyi, M. (2012). The importance of challenge for the enjoyment of intrinsically motivated, goal-directed activities. *Personality and Social Psychology Bulletin*, 38(3), 317–330.

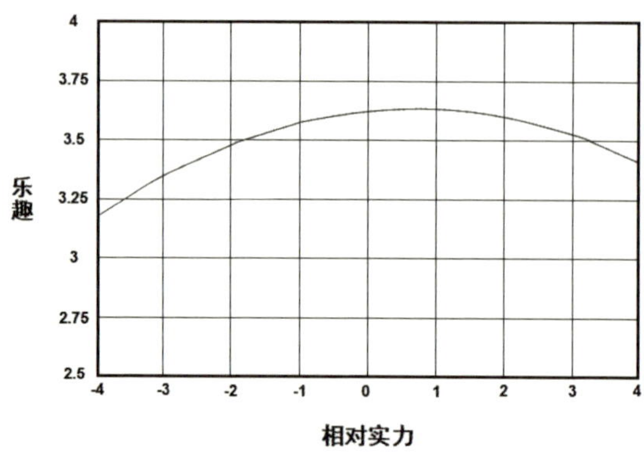

经 SAGE Publications 同意，重制并翻译自“Abuhamdeh S, Csikszentmihalyi M 2011. The importance of challenge for the enjoyment of intrinsically motivated, goal-directed activities. *Personality & Social Psychology Bulletin* 38(3), 317–330.”

谈到乐趣，也就是快乐与心流的关系。相信你已经发现，心流状态和这过程的情绪或心理状态有关。契克森米哈也提出了一个理论，告诉我们只有在难度够高、个人实力也够好的状态下，才有幸能进入心流（右图右上角小小的黄色区域）。其他区域的状态，也就是难度或实力不足够也不相当的情况，则会引发焦虑、担心、不想投入，甚至沉闷的感受，很难和心流接轨[①]。

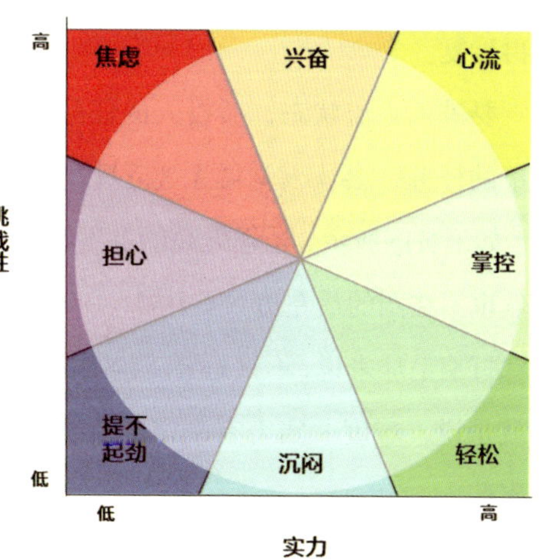

① Nakamura, J., & Csikszentmihalyi M. (2002). The concept of flow. In: Snyder CR, Lopez SJ (Eds). *Handbook of Positive Psychology*. New York: Oxford University Press, pp. 89 - 105.

那么，脑部在专注的心流状态是怎么作用的？

德国乌姆大学的科学家找来27名一般男性，透过心算题让他们进入专注、无聊或太难想放弃的状态，并且用fMRI观察他们专注做心算时的脑部活性变化。希望你还记得，做这类研究要自愿被绑在检验床上，被推送到一个密闭的空间，再加上这次还得做心算题，其实称不上享受。所以，他们每个人会得到25欧元的酬劳。这里使用的心算题，会随受试者的表现而自动调整难度。以下就是一个太简单并一定会诱发无聊感的题目。

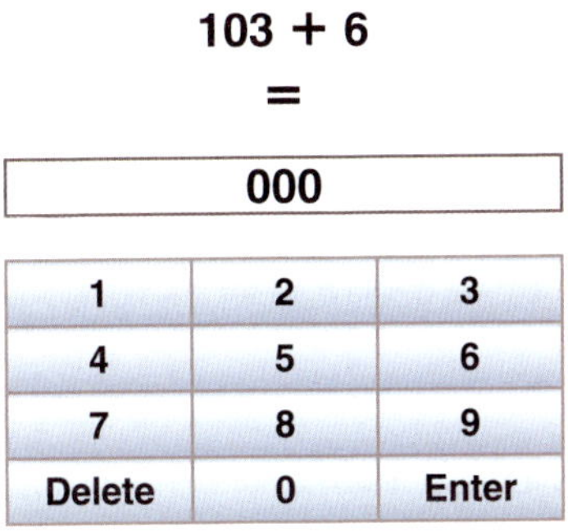

103 + 6
=

000		
1	2	3
4	5	6
7	8	9
Delete	0	Enter

这种题目一定会让一般成人觉得无聊。在这项研究中，受试者躺在MRI里，加总题目出现的数字，透过轨迹球操控屏幕上的虚拟键盘将答案输入。

重制自“Ulrich, M., Keller, J., Hoenig, K., Waller, C., & Grön, G. (2014). Neural correlates of experimentally induced flow experiences. *Neuroimage*, 86, 194–202.”符合创用计划授权条例(Creative Commons licence)。

受试者在难度相当的心算题诱导之下进入心流时，脑部扫描显示左额叶下回（left inferior frontal gyrus）和左壳核（putamen）这两个区域的脑部血流量增加了（如下页图中橘黄色的区域）。

左额叶下回主管比较强烈的认知控制感，而壳核则是负责判断得出结果的概率，也是脑部分泌多巴胺的位置。很明显地，这两个区域与受试者做心算题的过程有关。知道自己能完成一项任务，本身也带来快乐。

同时，内侧前额叶和杏仁核的神经元活动变得不那么活跃。如果你还记得，内侧前额叶是一个人的“我”运作的地方，而杏仁核则与负面情绪尤其是恐惧有关。也就是说，在专注的状态下，一个人非但比较忘我，

专注时活化 / 不作用的脑区

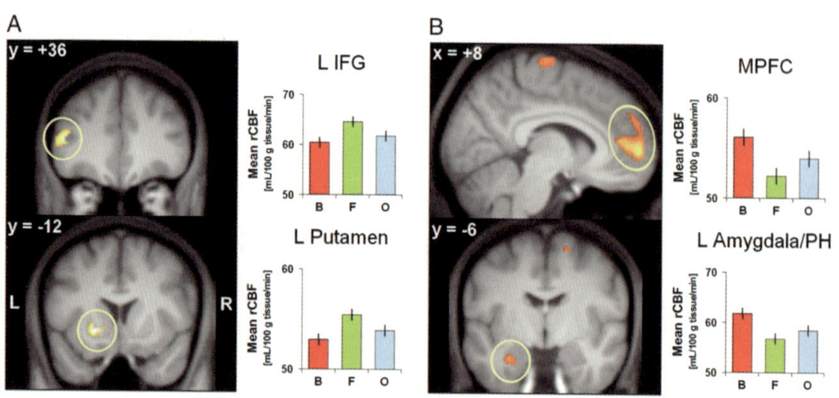

这几乎是这本书最后几张脑部影像图了。再一次读到这些脑部的专有名词，希望你鼓起勇气坚持下去，不要萎缩、不要退缩。图 A 的亮点分别是左脑的额叶下回（L IFG，上）和左脑的壳核（L Putamen，下）。旁边所附的统计图，纵轴是平均 rCBF，也就是神经的活性，横轴的 B、F、O 分别是做心算题时的三种心理状态：无聊、专注、太难想放弃。两相比对，你会发现这两个位置都是在专注时最为活跃。图 B 则分别是内侧前额叶（MPFC，上）和杏仁核（L Amygdala/PH，下）。比对旁边的统计图，你会发现这两个位置是在专注时最不活跃。

重制自"Ulrich, M., Keller, J., Hoenig, K., Waller, C., & Grön, G. (2014). Neural correlates of experimentally induced flow experiences. *Neuroimage*, 86, 194–202."符合创用计划授权条例 (Creative Commons licence)。

同时也更不受恐惧的影响[①]。前面提过心流是主动投入一件有挑战性的事，带来一个不费力的高度专注以及很大的享受，而且这时"我"很少运作。

前面提到在专注时，壳核的血流量会增加。壳核属于多巴胺系统，相信你也会联想到快乐。瑞典的研究团队用问卷评估一般人在工作、做家事、玩乐时进入心流的倾向，区分出有或没有"心流性格"的人，再透过 PET 来追踪。结果发现容易有心流体验的人，壳核的多巴胺活性比较高[②]。

① Ulrich, M., Keller, J., Hoenig, K., Waller, C., & Grön, G. (2014). Neural correlates of experimentally induced flow experiences. *Neuroimage*, 86, 194–202.

② de Manzano, Ö., Cervenka, S., Jucaite, A., Hellenäs, O., Farde, L., & Ullén, F. (2013). Individual differences in the proneness to have flow experiences are linked to dopamine D2-receptor availability in the dorsal striatum. *Neuroimage*, 67, 1–6.

多巴胺或许能帮助一个人不那么神经质、比较审慎进取、可以忍受接受挑战时的压力和焦虑、对挫折的耐受性更高，并且能在专注时维持正面心情进入心流。

读到这里，如果你还没有萎缩得太厉害，可能会觉得惊讶，没想到科学家连心流这种轻轻松松的状态也不放过，还要用神经科学那么认真来分析。其实，这就是科学精神的可贵之处。这些研究也点出了一个重点：任何可以体验的，无论快乐还是心流，早就有一个生理的架构在等着支持它，也就是我们的本质。

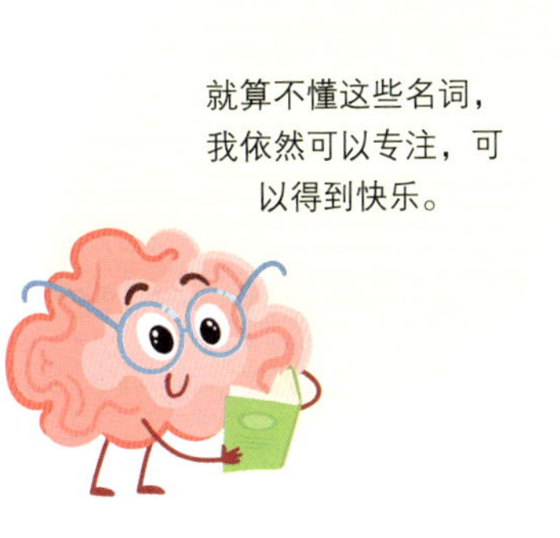

可以想象，如果有更多人能时常进入心流状态，能解放出多大的创造力，能有多少人活得更充实、更快乐、更平安、更满足，让人时时处于身心自在的状态。

心流——无念的状态

我在过去的作品中也提过，超越头脑的无思无想才是人类意识演化的方向。一般人会认为不可能，也根本不相信没有念头时一个人还能正常运作，更别说应付工作和家庭的种种任务和负担了。然而，相信你只要体验过心流状态，无论什么领域，都可以肯定——在这过程中，脑子连一个多余的念头都没有。

正如我在《神圣的你》中所说的，也许就是没有思考、没有一个多余的念头在中间阻挡着，注意力所体验的主体（你、我）和体验的对象（客体，眼前的任务）也就合一。最不可思议的是，体验的主体和客体合一，依然能够完成眼前的任务，甚至还激发出内心深刻的平安和喜乐。

而且，因为没有念头，如果你问他们是怎么办到的，他们也很难描述出来。20 世纪 80 年代在 NBA 与魔术强森齐名的拉里·伯德（Larry Bird），他的 12 年职业球员生涯全部效忠于波士顿凯尔特人队（Boston Celtics），多次获得“最有价值球员”的头衔，球队也三度获得 NBA 总冠军。这位被誉为篮球史上智商最高的人说：“在球场上，我只是对眼前的状况做反应。太多太多次，我是传了球之后又过了一秒或一个瞬间，才发现自己做了什么。”迈克尔·乔丹也说在场上时“篮筐就变大了，怎么可能投不进去。”

20 世纪 80 年代的著名橄榄球运动员、九次入选超级杯、得过两次“最有价值球员”头衔、后来入选名人堂的佩顿（Walter Payton）是全美橄榄球联盟（NFL）芝加哥熊队的传奇跑卫（running back）。他在场上持球冲锋穿越重重阻碍，如入无人之境。全美橄榄球联盟甚至以他为名设立了“年度沃特·佩顿奖”。同样列入名人堂的球员暨教练迪克塔（Mike Dikta）称他是史上最了不起的橄榄球员，超越了人类可以有的表现。佩顿说过：“大家都问我为什么这么做或那么做，然而，我根本不知道自己为什么这么做或那么跑，我就这么做了。”金伯莉·金（Kimberly Kim）14 岁赢得美国女子高尔夫球业余锦标赛，缔造了最年轻的冠军纪录，她也说：“我也不知道自己怎么办到的，我就是挥杆，球就这么出去了。”

这些观念，东方其实老早就懂。无论从佛家还是道家来说，都是很普遍的观念。甚至华人很早就提出“无为而无所不为”，也就是没有“动”的“动”，这也是禅两千年传下来的一些基本的观念。有趣的是，从西方的角度来看，心流是一种个人的特质，最多只理解它的脑部作用和效果，没办法随时掌控这个境界。然而，东方的哲学早就把它贯通，并随时可以把它找回来。

可惜的是，华人社会长期西化，使得我们的思维开始采用西方的科学，认为一定要有所谓“科学”的研究才可以落实。我接下来想带出东方古人的智慧和完整的系统，透过这个系统自然可以把心流或更高的心理状态找回来。这才是写这本书的主要目的。

04

静坐与快乐

契克森米哈接下来又做了上百个会谈，对象来自各行各业，来谈心流的状态。他的结论是，心流是每个人都有的。即使在工厂工作或打扫、在家做饭、登山，都可以进入这种状态。

就像前一章所谈到的，这个任务要有一点挑战性，不能太简单，也不能太难。太简单会无聊，太难会干脆放弃。假如一个任务太简单，人就很容易分心。我们都亲眼看过这种现象：有些很有天赋的孩子本来自己学得很快，逼他留在比较平庸的环境，他的学习反而慢下来。

这些都是多巴胺的作用。多巴胺让我们去筛选哪些记忆比较重要，而不会被不那么重要的事件干扰。可以说，集中注意力的时候，多巴胺的作用增强，让人联想的速度更快、更有创造力。

任何稍有难度且能集中注意力的活动，例如足球、围棋、画画，都可以释放多巴胺并带来心流。这也可以解释，为什么各领域的高手也比较容易快乐。

我在《静坐》中花了很多篇幅谈静坐的方法，大多数都强调要把注意力集中在一个点上。集中注意力，本身就带有些微的难度，正符合创造心流的条件。静坐会创出新的回路，并使得这个回路愈来愈强。最有意思的是，透过静坐可以带来脑部整体结构的改变，而且这个改变是永久的。一个人只要持续静坐，这些效果就可以持续一生。

我认为最有趣的是，静坐时，一个人表面上不动，透过专注，脑中还是不停地动，而且从来没有不动过。专注，只是把“动”集中在脑的某几个部位。现在的科学家都可以证明，静坐可以活化各种快乐的神经路径。

静坐，一再强化专注的脑部回路

提到“动”，静坐带来的变化和行善有相同的效果。

公元前四世纪的古希腊哲学家亚里士多德说过：“善行带来快乐。”亚里士多德是柏拉图的学生，而柏拉图师从苏格拉底这位最伟大的西方哲学家，这三位被誉为西方哲学的奠基者。有意思的是，苏格拉底可以说是西方哲学之父。自己并没有留下任何作品，是后来的弟子整理成书，世人才得知他的思想。柏拉图在《理想国》中就引述过苏格拉底的话——活得公义，会带来快乐；而活得不公义，自然不快乐。

18 世纪的爱尔兰哲学家弗朗西斯·哈奇森（Francis Hutcheson）也说：“最好的行为，就是确保绝大多数人的最大幸福。”

行善同样可以带来新的回路，而且这个回路是会一再自我增强的——行善带来满足感，满足感让人更乐意行善，而继续行善会带来更大满足感……

这一点，很容易理解。行善对周边的人有利，而这些赞美和鼓励会回头再强化善行。透过社会互动的放大，为了别人而行善，在快乐神经回路的效果，比起饮食等个人的享乐还大得多。

当然，利他的行为也离不开物种的生存。然而，这一点很难说是一个物种为了生存而有利他的行为，还是有了利他的行为而更能生存。

回到静坐，正是透过神经回路的一再强化，而使得静坐会集中注意力、带来满足感、让人放松。

许多的“动”，也许是登山、潜水、画画、玩接龙、数独，都一样。这些活动透过投入、专注，以及从中得到的乐趣，为我们带来一次又一次的小成就，并集中我们的注意力，自然也强化脑中相对应的神经回路，一再地体验到快乐。

静坐，无论透过专注还是观想，都会设立新的回路。无论哪一种新的回路，都自然会让我们能够应付恐惧、愤怒、悲伤、厌恶等种种感受。也就好像一个新的回路设定之后，我们的注意力就可以跟着这个新回路跑，不易被种种负面感受所干扰。

说到回路，科学家是不会放过的。如果你还记得前面谈的脑部可塑性，对静坐好奇的科学家就会想探究脑部是不是真的因为静坐而发生变化，而且最好是非比寻常的变化。

我在《静坐》中介绍了相当多的实例，除了前面提过的班森医师从生理的角度探讨静坐带来的功能变化以及放松反应。后继的科学家更进一步研究静坐过程中脑部发生了什么事。除了脑电波的变化之外，也确认特定静坐方法会活化或抑制脑的某个部位。比如说，一个人持咒，负责记忆的海马回就会活跃起来。[①]

静坐，预防大脑老化

静坐带来的不只是静坐时短暂的变化，还包括更长期的脑部变化。美国哈佛医学院的拉萨博士（Sara Lazar）很年轻就对静坐感兴趣，在哈

---

① Engström, M., Pihlsgård, J., Lundberg, P., & Söderfeldt, B. (2010). Functional magnetic resonance imaging of hippocampal activation during silent mantra meditation. *The Journal of Alternative and Complementary Medicine*, 16(12), 1253–1258.

佛医学院成立了一个专门探究瑜伽与内观静坐[①]的脑科学实验室。近年来，内观静坐减轻压力的课程（MBSR）在美国东岸及西岸的顶尖机构如哈佛大学和斯坦福大学掀起一股热潮。NBA 的精英球员如小飞侠科比·布莱恩特（Kobe Bryant）、奥尼尔（Shaquille O'Neal）、迈克尔·乔丹也学习内观静坐，强化自己在球场上的临场表现。

拉萨博士找来 20 位有多年内观静坐经验的受试者，和 15 位没有静坐经验的人对照，用 MRI 观察他们脑部的差异，相较之下，有静坐的人的脑部皮质比较厚[②]。

皮质包括灰质与白质，也就是大脑神经元和神经连接集中的地方。皮质比较厚，也就是说脑部神经本身的量和联结的量都增加了，代表脑部的神经回路发生了长期的改变。这些变厚了的皮质，正是内观这种静坐法所强调的注意力、体内感觉和感官觉受的功能区域。或许是神经元正在增长，也可能是神经连接产生了变化。总之，脑部变得比较年轻而有活力。

我在许多场合介绍过这个研究，科学家已经知道，一般老化的过程中，脑部皮质会随之变薄。拉萨博士将静坐者和非静坐者的脑岛（负责体内感觉）以及布洛曼第九、第十脑区皮质厚度对年龄作图。下页图中蓝色的点代表静坐者，红色的点代表没有静坐的人。我们可以看到，就整个趋势来说，蓝色的点似乎无论在哪个年龄段都可以维持在一定的厚度以上，而红色的点则随着年龄增大而下降。也就是说，静坐似乎可以对抗脑部的老化，让皮质厚度维持在年轻时的水平。

---

① Mindfulness 是梵文 *vipaśyanā* 的英译，原本译作“内观”，现在由美国传回来的流派多半译作“正念”。我偏好“内观”的旧译，它本身是中立的。反而“正念”一词，难免让人有价值观上正面或负面的联想，离不开人主观而受限的判断。一个人真正快乐，连正负的分别都要抛开。

② Lazar, S. W., Kerr, C. E., Wasserman, R. H., *et al.* (2005). Meditation experience is associated with increased cortical thickness. *Neuroreport*, 16(17), 1893–1897.

静坐，大脑不老化

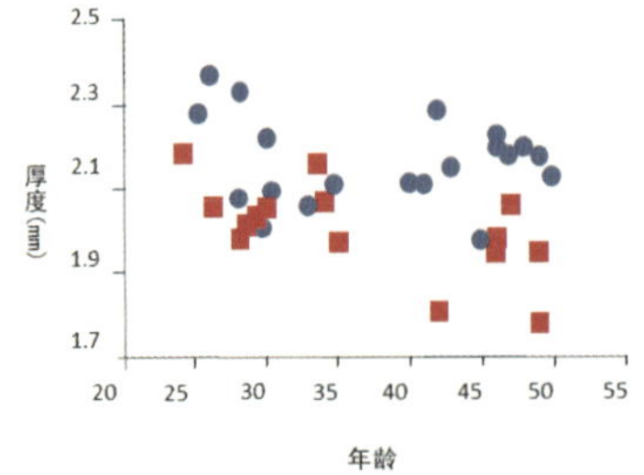

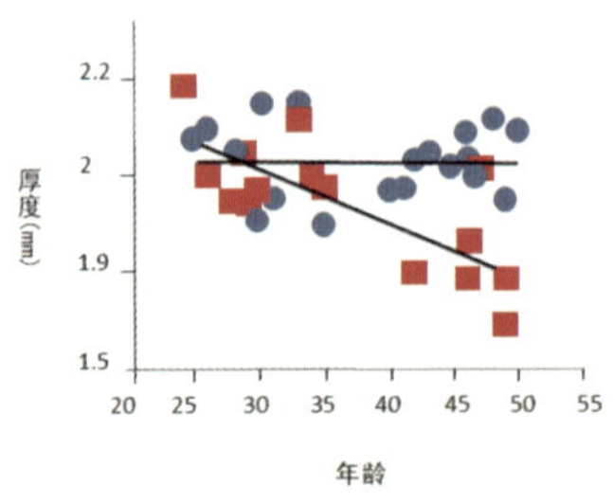

这两张图，都表示了大脑皮质厚度与年龄的关系，只是脑区不同。纵轴是厚度，横轴是年龄。蓝色的点是有静坐习惯的人，而红色的点是没有静坐的人。左右两张图的差异在于脑区的不同，左图是脑岛的皮质厚度，右图是布洛曼第九、十脑区的皮质厚度。你应该已经发现，有静坐习惯的人，尽管年纪大了，大脑皮质还是比较厚。不像对照组，似乎年纪大了，皮质厚度也就下降。右图加上两条趋势线，让你能看得更清楚。

经 Wolters Kluwer Health 同意，重制自"Lazar, S. W., Kerr, C. E., Wasserman, R. H., *et al*. (2005). Meditation experience is associated with increased cortical thickness. *Neuroreport*, 16(17), 1893–1897." 图 1(c) 与图 1(d)。

拉萨博士后来又做了一个研究，邀请想要减轻压力的人，包括医师和一般人，参与马萨诸塞大学医学院举办的八周内观静坐减压课程，练习带着慈悲与不判断的心态完全投入觉察当下的经验。

这次，拉萨博士着重于观察脑部灰质的变化。灰质是神经细胞所在的位置。灰质增加，代表神经细胞应该变多了。他们发现上完静坐课的人，与学习和记忆相关的左海马回灰质增加。不只如此，包括跟记忆情绪调控、信息处理和知觉、动作调控相关的脑区灰质也增加了，包括后扣带皮质（posterior cingulate cortex）、颞顶叶交界（temporo-parietal junction）、小脑（cerebellum）①。

可以说，静坐带来的脑部长期变化不只与记忆有关，还与心情、认知和灵活度有关。光是八周的静坐减压练习就能让脑部变得聪明、快

① Hölzel, B. K., Carmody, J., Vangel, M., Congleton, C., Yerramsetti, S. M., Gard, T., & Lazar, S. W. (2011). Mindfulness practice leads to increases in regional brain gray matter density. *Psychiatry Research: Neuroimaging*, 191(1), 36–43.

乐。不只我所接触的奥运选手如此，NBA 篮球健将也从静坐中得到了好处。

拉萨博士搭配影像技术和问卷测验，发现静坐的人，脑干灰质增加，同时也比较快乐[①]。

如果你还没忘记那些快乐的分子，还记得血清素能帮助人抵抗坏心情的影响，那么，对于接下来的结果也就不会意外了。静坐带来的脑干灰质增加，也包含了好些与血清素作用相关的位置。再加上静坐可以改善失眠[②]、饮食失调[③]以及焦虑与抑郁[④]。这些都是和血清素有关的症状。静坐可能透过脑干灰质的变化，借由血清素对心情带来正向的效果。

不只是血清素的变化，前面提过的多巴胺也是静坐中会产生的快乐分子。一个丹麦与英国双边合作的团队，成员都是从事神经影像研究的医师。他们找了 8 位长年练习舒眠瑜伽静坐法（yoga nidra）的男士来参与，采用 PET 记录脑部自行分泌的多巴胺量的变化[⑤]。

结果发现，静坐和普通的专注时，受试者主观感受到的满足和放松感是相近的。然而，从脑部影像来看，静坐时脑部纹状体的多巴胺量变高了。

---

① Singleton, O., Hölzel, B. K., Vangel, M., Brach, N., Carmody, J., & Lazar, S. W. (2014). Change in brainstem gray matter concentration following a mindfulness-based intervention is correlated with improvement in psychological well-being. *Frontiers in Human Neuroscience*, 8, 33, 70-76..

② Ong, J. C., Shapiro, S. L., & Manber, R. (2009). Mindfulness meditation and cognitive behavioral therapy for insomnia: a naturalistic 12-month follow-up. Explore: *The Journal of Science and Healing*, 5(1), 30-36.

③ Kristeller, J. L., Baer, R. A., & Quillian-Wolever, R. (2006). Mindfulness-based approaches to eating disorders. In *Mindfulness-based Treatment Approaches: Clinician's Guide to Evidence Base and Applications*, ed. R. Baer (San Diego: Academic Press), 1-32.

④ Kuyken, W., Byford, S., Taylor, R. S., *et al*. (2008). Mindfulness-based cognitive therapy to prevent relapse in recurrent depression. *Journal of Consulting and Clinical Psychology*, 76(6), 966-978.

⑤ Kjaer, T. W., Bertelsen, C., Piccini, P., Brooks, D., Alving, J., & Lou, H. C. (2002). Increased dopamine tone during meditation-induced change of consciousness. *Cognitive Brain Research*, 13(2), 255-259. 舒眠瑜伽是一种介于醒睡之间的静坐法，受试者的资历短则7年，长则26年。为了确认脑部的变化确实是这种静坐法所带来的，他们会记录同一个人闭眼专注听录音的脑部影像来比对。

静坐，促进多巴胺分泌

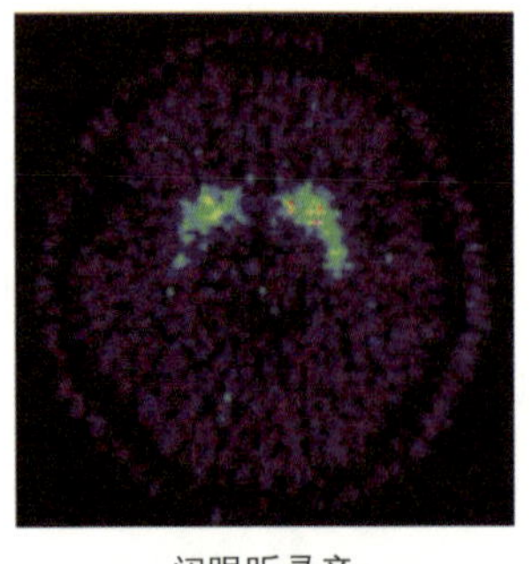

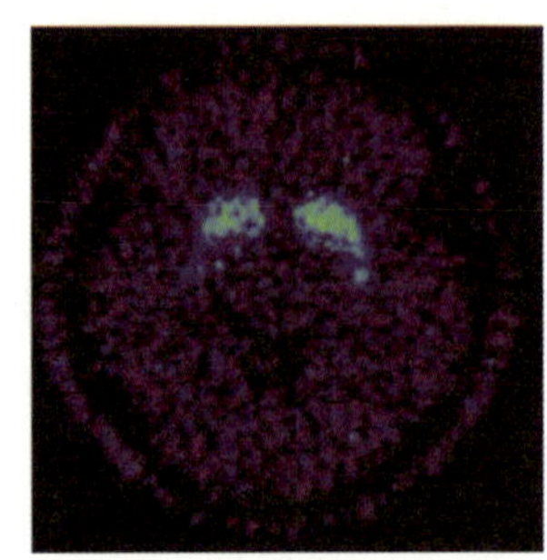

闭眼听录音　　　　静坐

天然的多巴胺不会产生任何信号，无法被 PET 测量到。然而，采用可以产生微弱辐射而且和天然多巴胺结构类似的分子，就可以透过它间接地测量到多巴胺的含量。

简单来说，脑部的多巴胺 D2 受体就好像电影院的座椅，等着多巴胺就座（与受体结合）。如果脑部自己产生的多巴胺不多，那么这些椅子就可能被外来的追踪剂给占据，并发出比较强的信号（也就是图中的光点）。如果脑部自己有足够的多巴胺，那么留给追踪剂的位子就不多了。

所以，这两张图所代表的多巴胺含量和信号亮度恰好是相反的。绿色愈强，代表脑内的多巴胺比较少。同一个人静坐时，脑中的多巴胺含量（右图），比闭眼专心听录音时还高（左图）。平均推算下来，多巴胺在静坐时升高了 65%。

经 Elsevier 同意，重制自“Kjaer, T. W., Bertelsen, C., Piccini, P., Brooks, D., Alving, J., & Lou, H. C. (2002). Increased dopamine tone during meditation-induced change of consciousness. Cognitive Brain Research, 13(2), 255-259.”图一。

值得一提的是，静坐者都提到静坐时冲动降低了，同时视觉心像变得鲜明。仪器不光是观察到多巴胺提高，同时也测量到深度静坐典型的 θ 波（一种脑波形态）出现。我们前面提过多巴胺是欲望和追求带来的快乐，然而，从这个结果看来，静坐者体验到的可能不只是多巴胺的作用。也就是说，快乐还有更深的层面。

读了这么多关于快乐的科学，就连静坐也要有科学，或许你会觉得“够了，这些科学什么时候才可以放过我，让我快乐？”其实，介绍这些研究也只是为了让你安心。让你知道，科学家做这些研究所得到的结论，和我多年来所谈的“静坐带来生命的转变，甚至快乐”是一致的。你可以想象，还有更多的脑部变化的研究，如果你有兴趣都可以自行查阅。然而，我还是要强调一点——快乐，是亲自体验，而不是透过知识可以取得的。

任何静坐的研究，最多只能描述一些静坐带来的效果，并没办法从这些结果建立人生正确的一条路。然而，找回快乐，比任何练习包括静坐都还容易。它不是透过任何“做”所可以得到的。

05
信念的力量

谈到静坐可以改变神经回路，不能不谈心灵的力量。

前面提过哈佛的班森医师，他也谈到临床上常见的安慰剂效应（placebo effect，来自拉丁文*placebo*“我将安慰”），指的是病人虽然获得无效的治疗，但透过“预期”或“相信”治疗有效的心理而使得症状得到舒缓的现象。也就是说，一个人的信念确实能带来改变。

不只如此，班森医师又建议把安慰剂效应称为remembered wellness[①]，记得健康、记得圆满，也就是说，健康、满足、自在或快乐是人类的本性，而安慰剂效应之所以存在，也只是反映我们本来就想恢复到健康的状态。所以，安慰剂效应，也只是我们记起健康的作用。这个观念，和本书的宗旨是一样的。

从我个人的角度，要得到快乐，最多只是记得快乐，是把我们的本性、最根本的状态找回来。

---

① Benson, H., & Friedman, R. (1996). Harnessing the power of the placebo effect and renaming it remembered wellness. *Annual Review of Medicine-Selected Topics in the Clinical Sciences*, 47, 193-200.值得一提的是，*Annual Review of Medicine*系列包括医学的每一个领域，在评论性质的期刊中是最有影响力的。

谈到信仰，谈到自信，我们会希望这本身也是可以练习或培养的。

发育生物学家利普顿博士（Bruce Lipton）在《信念的力量》（*The Biology of Belief*）从神经细胞处理信息的效率谈起，颠覆了一般生物学家的成见。有意思的是，他从细胞生物学出发，最后得出的却是对他个人生命的启示。其中，他分享了他个人的经验，指出潜意识心灵比一般意识的运作更快、更牢固。当"明意识"与"潜意识"所要的相冲突时，获胜的永远都是潜意识。

一般的成功学或心理学，会教你站在镜子前面对自己重复："我好可爱"或者"我的肿瘤一定会变小的"。然而，如果我们从小从周边的人接收到的信息是"喔，你不可爱、不漂亮、不够好、不能干、不行、不对、身体不好、又笨、又傻、会被骗。"这些早年的信息会植入潜意识，成为潜意识编码的一部分。

潜意识依旧是意识，虽然低于我们平时的注意，记忆却落在身体里。我常说每一个细胞都有它的记忆。这些记忆落在神经元管辖的范围之外，却时时刻刻地影响着我们。落在潜意识里"觉得自己不够好"的信息力量，会压过种种刻意的努力。

然而，真正重要的是，潜意识心灵是可以改写的，例如透过催眠、感恩的功课以及按摩等种种身心治疗，从更深的层面去改写这些落在身心的程序。

虽然有种种治疗方法，但其实还有一个更简单的方法——静坐。

静坐直接从脑部的结构、链接和回路着手，重新建立新的路径，不光影响到意识觉察的路径，也改变潜意识运作的路径。透过整体的结构改变，建立许多新的回路，让我们的注意力不会耗费在无用的负面路径上。

举个实例，以呼吸为主的静坐法，不光影响到随意的反应，也影响不随意的反应。如果我们常常练习，就连睡觉、休息时的呼吸都会拉长，而自然让人留在副交感放松的境界，带我们回到平衡点，把宁静和快乐找回来[①]。

然而，我个人的看法，也就是从整体生命的角度来说，身心其实没有分别。心灵也没有什么明意识、潜意识的分别。这些分别都是人造出来的。我们的五官五感只看得到身体，于是造出身心的分别；弗洛伊德只意识到头脑的作用，于是造出意识潜意识之别。

生命是一体的，甚至你、我和每一个人是没有分别的。我们对别人所做的，到头来还是会回到自己身上。过去所做的也都存档在身体里，不在神经的层面、就在细胞的层面，并且早晚都会浮出来，随时影响身心以及意识的状态。因为，我们的生命是整体。

再讲透明一点，要解开生命的奥秘，把真正的快乐找回来，最多也只是把真实看穿、理解。也只是把我们人和意识之间的关系——人是怎么来的，怎么组合的——充分解开。明意识、潜意识所带来的结，自然也就全部打开了。快乐，也就变成一个自然而然的结果，并不需要再去追求。

---

① 有兴趣的朋友，可以参考我为呼吸这个主题所录制、撰写的《重生：蜕变于呼吸间》。

06

意识转化——没有目的的快乐

谈到这里，我必须再回到静坐这个主题做一点补充。除了考虑静坐和快乐的关系，我想再进一步谈意识的转化，也就是人生的彻底转变。

第四章提到静坐带来的许多变化，知道了这些变化，一个人自然会想——静坐最终是在追求什么？最后又会带来什么结果？

对一般人而言，静坐最多也只是一个有系统的练习方法，让我们体会到无思无想的境界。

人的脑海就像一个瀑布，念头就像水流，一个接着另外一个，流不完的。我们通常体会不到这个现象，而是把每一个念头当作真实，根本想不到自己所体会到的每一件事、每个经验、眼前所见的每一个东西、耳朵听见的每一个声音、脑海里的每一个观念、每一个决定、每一个判定、在外头任何可以体会到的，不管是宇宙、天空、树、动物、自己、别人，甚至神……全部这些都还只是念头（或念头所造出来的形相——念相）。

这个世界是透过我们的念头加上五官所组合的。只是我们在生活中体会不到这一点，而随时把自己等同于眼前的念头。

就像站在镜子前，我们很自然把镜中这个由身体创出来的“我”当作非常坚实的存在。同样地，我们也把自己一切的念头当作真实，甚至把它们看成烦恼。我们理所当然地把生命当作一个大问题，包着种种小问题，活这一生。

这才是我们不快乐的来源。

要妥当静坐，首先要理解这一些。

静坐时，把注意力落在一个对象（东西、客体），让头脑可以静下来，让念头慢慢地消失。只要把注意力摆到一个不动的东西，或像呼吸一样有固定模式的事物，脑海的运作自然就慢了下来。

随着念头减少，甚至没有念头可以落脚，我们突然会发现全部的注意力最多落在注意力本身。也就是说，“觉”突然觉察到自己（Awareness becomes aware of itself）。进一步说，也没有什么觉察不觉察好谈的。我们最多只能存在（being），这就是我过去提到的“在”或当下。

很自然地，注意力停在眼前的每一个瞬间，每一个瞬间也就自然打开。瞬间一扩大，我们自然发现过去的记忆或未来的投射失去了插足的空间，而不再起伏。没有过去，也没有未来，烦恼自然也就消失了。

烦恼，是透过过去和未来才有的。一个人“在”，在当下，没有过去，也不可能有未来。

真正的静坐并非找或寻或追求什么，可以说它本身也没有什么目的。最多只是放过一切，让任何现象，不管是念头、烦恼的事、眼前所看到的一切，让一切存在。这就是我在《全部的你》《神圣的你》这两本书所谈的臣服、接纳、接受一切的观念。

接受一切，一个人自然落回瞬间。静坐，也只是一条路径，让意识回到最根本、最轻松、最不费力的状态。在这个状态下，一个人自然就活在“心”。用古人的话来说，就是“脑”落到“心”，让“心”本身照明一切。

站在“心”，一个人不可能不快乐。快乐本身就是心的状态。

我过去常常提醒，一个人要静坐，首先要懂得真实（Reality）。如果可以，找一个好的老师，对真实做一个充分的理解，并不再着重方法或一些细枝末节的技巧。毕竟只要懂得真实，样样都可以变成工具。也就是说，只要有一个完整的理解的基础，怎么做，都不会错。甚至，怎么做，都在静坐。因为静坐不是靠任何“做”。

真正的静坐是一个领悟或顿悟的概念。它不需要时间。这里，现在，一个人回到存在的家，也就快乐起来了。

这就是它“不合理”的层面，是头脑不可能理解，也做不到的。

真正的快乐，没有目的。如果我们仔细观察，就连心流还是有一个目的的。前面提过，要设立目标，才能达到心流的状态。心流之所以短暂，因为它本身还带着一个目的，是朝着一个目的的“动”产生的。目的和“动”一样，都不是永恒不变的。然而，真正的快乐其实和任何目标不相关，它本身没有什么目的。一个人只有“在”没有目的，才会发出最高的快乐。只要有任何目的，它还是落到人间的境界。

可惜的是，这种最高的快乐，任何探究快乐的学问都追求不来、也不能理解，最多能用科学或医学归纳一些生理上的反应。然而，就算理解了这些反应，也无法提出一条通往真正快乐的道路。

07
真正的快乐——一种彻底的颠覆

知道了全部这些科学，要怎么做才会更快乐？

你可以训练自己快乐，透过变化，让期待系统不会疲乏。运动、静坐、转念……相信读到这里，你已经整理出自己的一套心法了。

我将各领域对快乐的探讨做一个汇总，最主要的目的是希望你有一个全面的认识，并可以体会到——人间知识所带来的，也就是这样了。

我相信你自然会发现，这些不同的科学领域虽然都带来了相当有趣的发现，也代表了人类不断研究所累积出来的快乐知识，但同时也带来一个难题——透过那么丰富的科学，可能找到真正快乐的一把钥匙吗？

我认为这本书到目前提到的观念都相当重要，然而，最多只能解释快乐的一些变化或在身心层面引发的一些属性。很多专家从这些领域提出很多建议，比如说强调运动的重要性（我在《真原医》中也强调过）、要静坐、要投入新的经验并能随时产生新鲜的感觉，也包括一些行为上的调整（例如不要判断、设立小目标、学习各种放松技巧以及娱乐）。这些建议，相信你在很多相关的作品都可以找到。然而，我并不认为那会带来长期的快乐，更不用讲永恒的快乐。

最多，这些只是建立身心的健康。

这些探讨本身还是从一个限制的角度在看生命，包括快乐。要真正达到真实生命的永恒快乐，我们要从人间的限制跳出来，也就是全面的颠覆。

西方带来的所有科学或思想，面对快乐，都集中在怎么改变脑的回路、怎么调整心态。无论是透过药物、运动、生活习惯、心态的练习、正向思考……都还只是希望我们可以彻底转变，甚至全面更新脑的架构。让我们从不快乐的路径，切换到身心快乐的路径。

只是，我们自然会发现没有一个方法是万灵丹，是能够长期靠得住的。对人生的快乐，这些答案没有一个不是无常的。

反过来说，真正的快乐并不是从外可以找来，它是透过意识状态彻底的转变。怎么执行这种彻底的转变，是我接下来想谈的。

到这里，我想给大家一点喘息的空间。将本书到目前所谈到的人间的快乐浓缩成以下几个重点：

一、一般人认为，生命要达到快乐，需要满足一些基本的需求，包括一些物质的条件，例如收入。然而，这些需求的满足到达一定的范围之后，与快乐的程度就没有什么关系。

二、身心快乐，是对生存的奖励。

三、人的架构，天生就是为了体验身心快乐而生的。不光是神经的作用，而是站在身体的每一个细胞来看，都可以产生快乐。

四、快乐离不开身体。脑要随时可以知觉到生理带来的正向感受，才能产生一个快乐的心情。

五、即使简化到脑神经的层面，快乐和不快乐也不是完全对等或相反的。两者是透过不同的路径所生，没有冲突。我们在人间可能遭遇一些表面的不快乐，内心还是可以感到宁静的快乐。

六、可惜，为了生存，我们对不快乐信息的反应比对快乐的反应大得多。我们的边缘系统，也就是情绪脑，是认知的过滤网。我们大多数时间过度紧张、恐惧、没有安全感，也就让自己对世界悲观，因此觉得不快乐。

七、神经作用过度失衡，我们大多数人其实都不快乐。

八、身心快乐跟其他的情绪一样，都会适应，维持的时间也相当有限。

九、一个人对未来怀抱希望、觉得自己有一定的掌控力，这样的人会快乐。反过来，一个人对一切绝望、觉得自己无能为力，也就不会快乐。

十、运动和其他的“动”（包括静坐、行善）可以带来身心的快乐。快乐是脑部的养分，延伸出新的神经回路，只是这个回路需要不断刺激才可以维护。

十一、快乐也可以称为能量场、螺旋场。一个人快乐，可以影响到周边。

十二、快乐离不开善行，离不开好的行为，也就是离不开变化所带来的新回路，而改变脑的架构。

十三、身心快乐带来最顺畅的生理运作，让人健康、延长寿命。透过专注，我们自然进入心流，体验到登峰造极的表现，发挥人间所认为最高的潜能。

十四、生命最高的潜能，是透过五官可以体会的。每一个人都有多重层面不可思议的潜能，包括超感官知觉、超越体验，这些都是人体神经系统本来就支持的快乐，是我们与生俱来的特质。

十五、人间的快乐，都有适应的一天，早晚都会消失。真实生命的快乐，并非人间可以带来的变化。它本身是每一个人就有的。最多，我们只能记得快乐。快乐，一直在等着我们。

十六、真正的快乐，是透过意识状态的彻底转化。

你不用担心记不起来这些重点。不记得，也就更说明了这些知识本身不会带来快乐。甚至，到目前为止，就我所读过的快乐的书而言，读完了，也不会带来快乐。

所以，我才有勇气写这本书。接下来，是我真正想要和你一起探讨的——真实的快乐。

只是，在这里我要提醒一下，生命真实的快乐和前面所谈的身心层面的快乐，两者本来就落在不同的意识轨道。我才会称真实的快乐“不合理”，也就是并非局限的理性所能触及的。

不合理的快乐，是要从二元对立的逻辑跳出来，站在无限大的整体去谈的。然而，局限进入不了整体。我最多也只能邀请你试试看，暂时将理性的局限挪到一边，放慢脚步，诚恳地亲自尝试，去体会生命更广大的层面。

捌

进入真正的快乐

如果你还记得第一篇的小船，看到这艘大船，自然就会发现——任何物质都不会让人真正满足。有了物质，比如小船、小车、小房，刚拥有时很新鲜。但是时间久了，也就失去了吸引力，我们自然要追求更大、更好、更新的。相信你可以体会，就连这艘大船，早晚也会失去吸引力的。

01

快乐背后的真相

读到这里，我们自然会发现——人间的任何学问，都可以用“合理”两个字来代表。

“合理”，至少有两个层面。

首先，“合理”是透过脑可以想、可以表达出来的。西方世界所有的逻辑，离不开脑的思考，离不开念头的变化。笛卡儿“我思，故我在”的观点影响了两三百年来西方科学与哲学的演进，也充分表达了我们在人间所见、所体会到的一切离不开念头。只要念头可以想到的，就可以成立。这就是我们常说的“头脑可以化出一切的真实”（The mind makes everything and anything real.）。

“合理”或理性的另一个层面，也就是透过证据证明一个念头所带来的观念是否正确。然而，正确与否，同样离不开两个层面。一是逻辑理论架构的完整与普遍性，从最小到最大都要符合数学的架构。苏格拉底的辩证，也就是透过对话与讨论来检验一套理论是否符合逻辑。二是从观察的结果来验证，这就是后来所说的“实证主义”（empiricism），也就是都要有看得见的现象和结果。即使肉眼看不见，也要是仪器可以侦测到的。确实，影响物质科学最大的，还是实证和观察的角度。

现代人觉得样样都要验证，要有看得见、摸得着的根据。这种想法是从亚里士多德之后几千年传承下来的，也就这么把人间的学问分成了“理论”“实证”两大领域。后来，爱因斯坦的“思想实验”（thought experiment）其实合并了理论和实证的手法，在脑海中透过念头的想象去验证理论的结果。当然，在实证主义的地盘上，思想实验还是要通过物质的实证，才会被认定是科学。

就像科学家早已推导出原子结构的标准模型（standard model）理论，甚至完整地预测出应该要有十几种基本粒子。然而，对物理学家而言，还是要透过这几十年来各式各样超级加速器的发展，施加很高的能量把原子劈开，得到这些稍纵即逝的亚粒子，掌握记录它们轨迹的时机，这个理论模型才算得到了证实。或许你听过欧洲核物理中心（CERN）透过大型强子对撞机寻找“上帝粒子”，也就是其中一个例子。

再举一个天文物理的例子，宇宙 95% 以上的物质不是我们熟悉的恒星、星云、星系，而是性质不明的未知组成。这些组成没有辐射、没有光，无法被观察到，却对宇宙有很大的重力效应。为了解释这些看不到的重力作用，才导出了黑洞（black hole）、暗物质（dark matter）、暗能量（dark energy）的概念。从理论的角度来说，这些概念已经是有效的了。但是，在实证主义的风潮下，几十年来，科学家的努力和研究经费大量运用在透过更先进的天文设备去观察，才算“验证”了这些概念。

这种科学的追求，甚至我前面所谈的快乐的科学，自然让我们建立一种偏差的观点——认为一切都要有物质或形相上“合理”的基础。很少有人会去质疑这个“合理”基础的不合理性，或至少认识到这个“合理”其实是一种局限，是透过脑制约而成的，更别说去思考——这一“合理”的基础，本身从来没有过独立的存在。

仔细观察，头脑从五官的看、听、闻、尝、触得到信息，这是人类天生的限制。所谓的限制，指的是我们所能捕捉到的全部信息，都是而且只能透过五官所得到。就算加上念头的组合与变化，同样离不开五官导入的有限素材。只要透过五官来截取，和从任何设备取得数据一样的，只是把整体划分、局限、切割出一个五官所能认识的范围。

不只是人类受到这一限制，任何动物，甚至外星人，无论拥有多少感官，都一样是局限的。可以取得的信息，自然也是局限的，绝对不可能全面地代表整体或全部的真实。我相信，每一个人只要愿意去追查、去探究，应该都会得到同一个结论。

人类的脑，无论功能再怎么强大，带来的还只是局限和划分。它还有更严重的先天缺陷，是几千年来一直被我们忽略的——一般所称的意识，也就是人类的知觉、诠释可以延伸的一切，包括世界，从来没有离开过客体意识，没有离开过二元对立（duality）的境界，全都是由二元对立的逻辑而生。

我们通常谈二元对立，用头脑运作的角度来说，也就是比较。脑一定要透过比较，才可以得到一些证据。比如说，我们称一张桌子“大”，首先要在脑里做一个比较，和过去的桌子、其他的桌子做比较，才可以得到“大”的结论。

这个基于二元对立的比较，不光透过空间进行，我们的脑还建立出“时间”的概念，让这一比较更彻底、更有效、更无懈可击。脑就像一个档案库，有一个调动数据的顺序，也就自然让我们在经验上产生先后次序，自然造成心理上的时间以及因果的概念。

也就是说，头脑自然会制造出一个序列，把一件又一件事联系起来，才可以推导出一个结果、得出一个结论。这种直线化的序列或逻辑，本身就让我们有一个“合理”的运作观念。没有这个序列，人类的脑无法运作。我们对事情无法集中注意力，无法比较，甚至无法排列，也不可能有时空的观念。

我们用“二元对立”来表达的时候，好像只有两个部分在做比较，然而它真正的重点在于“相对”的观念。任何五官加上念头所得到的信息，没有一个是绝对的。甚至任何物理的测量值，无论长度、光速还是任何标准单位，都需要一个基准作为比较，全都是相对的。这本身，加上每一个感官的作用，都离不开神经的限制。即使把所有感官的作用都加在一起，依然落在个别感官的限制范围内，只能带来相对的信息。

这一来，自然产生一个矛盾。一般人不容易注意到——没有什么东西可以称为“主体”。我们一般认为是有了主体，才有客体。有了“我”，才有一切我所看、所闻、所知的事物。然而，就连“我”也是透过感官才可以感觉到、体会到的。我们平常用一个指头指向“我自己”，以为有一个“我”的主体在客观地指称“自己”。这个看似主体的“我”，本身还是一个客体。

在这个世界上，你、我、每个东西，都不过是客体。

我们最多是一个客体在描述其他的客体。

借用庄子两千多年前的比喻，假如做梦的人醒过来，他怎么知道自己醒了？还是在做梦？

就连做梦的人，本身还是梦的一部分，从来没有离开过梦。如果说人生就像一个梦或幻觉，那么，我们从来没有离开过这个梦，没有离开过这个幻觉。

我相信，你读到这里会很惊讶。但只要仔细想，就会明白这个道理是再清楚不过，连辩论都不需要。

一般人所探究、追求的快乐，其实离不开一个客体、一个“物”所体会的快乐，根本没有抓到问题的核心。

反过来，我们要先探讨：如果连“我”都是一个客体，那么，体验快乐的主体在哪里？生命的主体在哪里？如果人生是一个梦，一个大幻觉，那么，真有一个人在做梦吗？有的话，又是谁？

再进一步谈，这个问题自然延伸到一个更根本的层面——我们透过脑的处理并认为“合理”的任何东西，都是有限的，而且还是早晚都会消失的。

所以，我认为跟快乐相关的、更核心的问题，可以分成两部分。首先，我们要问可不可能有一个永恒的、永久的快乐。假如有的话，要如何才能取得或体会到？

比这个问题更根本的是——体验快乐的人是谁？是不是把这个人找回来，解答了这个问题，也就自然把前一段的问题给解开了？

这才是我透过这本书真正想跟你分享的。

02 人间的快乐不是永久

前面提过享乐适应，也就是一个刺激所带来的快乐早晚会消失的自然机制。透过神经的作用，身心任何的反应和感受自然会踩个刹车，本身就有限制。然而，这也只是配合生存的反应，让我们可以把注意力随时调动到新鲜的事物上，而让现有的刺激（例如身心的快乐）落回背景自动运作，才不会占用神经系统的资源。

仔细观察，即使没有神经所带来的享乐适应的限制，我们所接触到的任何形相也是早晚都会消失，本来就不会永恒。

没有任何东西，能在这世界上永恒存在。

在大自然中没有一个形相是永久的，任何物质或秩序都是由能量聚合而成。而聚合中的每一个小分子、原子乃至粒子都在“动”。任何在“动”的事物脱不开热力学第二定律，也就是熵达到最大。用科学的语言来说，任何“动”带来的熵只会变大，而所有的秩序（包括物质的生命）早晚都会消散。

物质的生命本身含有秩序，我过去和其他科学家交流时用反熵（nengentropy）来表达这种“负熵”的现象。只是，反熵的效应是有限的，所构成的系统早晚会解散。我们仔细观察，任何有规律的组织都是靠反熵组合出来的，并且早晚都会消失。就像物质的生命，有生，早晚也会死。

这个题目，我希望有机会再详细说明。

人间所见的一切全部不离物质的法则，而是由物质或波所组成。假如用波（wave-form）来描述物质，反熵就是一个共振的概念。就好像原本没有规律的波，突然透过同方向重叠而同步加成，像激光一样聚成大能量。即使如此，就像前面所说的，负熵也会消逝。

不只物质，包括我们所想、所体会的，例如念头，都是形相。我在《全部的你》和《神圣的你》借用贝赞特夫人提出的念相（thought-form）这个词来表达。念相，同样不违反热力学等物理原则，不光是把整体切割成一个个小碎片、在时空中造成限制，它本身也是无常。

任何物质，不光是符合熵趋向最大的法则而必然无常。再进一步拆解，我们自然会发现其中的“有”占不到整体的万分之一，甚至不到十万亿分之一。有趣的是，从星球一路往下看，到最微小的分子，全都是空的。就连分子里的亚粒子再往下分解，也都是空。一路这么剖析下去，都是空的。

其实，“空，空到底”这种描述，更接近宇宙的实情。

换另一个角度，也就是用我在《神圣的你》中称之为对称法则的角度来谈——既然“空”是远远大过“有”，在对称法则的运作下，“空”是早晚要把“有”盖住的。最奇特的是，脑的作用竟然可以把小得这么不成比例的“有”扭曲成人类所能体会到的所有真实，甚至当作宇宙、当作一切，让我们全部的注意力集中在那么小的一部分。

在广大的存在中，“有”是那么的渺小，然而我们的五官却可以精确地认准这些“有”，让神经系统在那么狭窄的范围内捕捉到种种的变化、种种的形相，甚至让我们以为这些信息真有全面的代表性，不光完全投入一生，还看不出它的局限。这一点，才是不可思议。

真没想到，我们在这个世界所体会到的，其实只是那么一点点。对人的一生而言，那就是一切了，根本不觉得有更大的真实存在。

03

从“合理”走向一体

别忘了，头脑是透过相对和比较的逻辑才可以观察到这个世界。正因我们主要的本质是“空”，透过比较，才会一直看到“有”。我们都以为自己是站在坚实的大地上，才可以欣赏到天空的空。其实，正好相反。正因这个宇宙是空，我们才可以体会到身为人，眼前有一个地球、有月亮、有太阳，还有数不清的恒星。

没有暗，我们看不到光。

假如没有沉默，我们根本听不到声音，因为失去了足以与声音进行比较的基准。

“动”也是从“静”延伸出来的，我们才能够体会到。

“话”“语言”也是这么从无思无想生出来的。

最早的宇宙，也是从空透过一个 big bang（大霹雳）化出来的。现代的物理学家也知道，一直都有星系从我们所认为的“没有”不断生出来。即使在黑洞的“没有”下，时空根本不存在，一切的“有”还可以从“没有”吐露出来。

换一个更简单的比喻，最平常不过的白光，也是由三个颜色的色光组成的，本身就是一个相对的产物。更有意思的是，如果这个世界全部都是白的，我们根本看不懂、体会不到什么是白。失去了比较，无法从“不白”中凸显出来。

用同一套逻辑，自然可以推出——如果没有永恒，根本凸显不出“无常”。甚至，时空的架构都没有立足的余地，也没有什么人间可谈。

进一步说，没有一体，不可能会有局限，也没有知觉，甚至也没有所谓的真实好谈。

只有透过整体，我们才分割出比较小、比较快的部位，而让这个部位成为人间所体会的现实。如果没有“整体”，也没有“理性”或“合理”。反过来，要体会整体，一定要从狭窄的“理性”或“合理”跳出来。假如把人间的小部分（表面上的合理或理性）当作生命的一切，这本身才是大大的不理性。可惜，我们也都是这样过了一辈子，限制在狭窄的“合理”里。

这个“空”的本质，才是生命的主人。前面提过，假如我们把人间当作一场梦，“空”本身才是真正的梦者。是从“空”这个主体才生出一切，包括一场梦、包括这个宇宙、这个世界、我、你、他、自然的所有生命——所有可以体会到的一切。

说到本质，我们回来谈意识。既然所看到的一切都离不开二元对立、有对象的意识，有没有可能还有一个更源头的意识？

即使我们为这个更源头的意识取了一个名字，称为一体意识，还是避免不了这样的一个难题：

如果所体会得到的意识都离不开二元对立、分离和划分，一定要有一个相对的对象，我们怎么能够体会一个整体而没有对立的一体意识？

我们的脑根本体会不到一体，只好旁敲侧击地问：“还有没有一个更高的智慧、聪明，能够囊括所有客体意识、所有的一切？”

这个问题，过去的人自然会认为上帝就是答案，佛教称佛性，用现代人的语言来表达也就是一体，我们最多也只能称为一切。

这一切主要是“空”组合的。由“空”，世间万物都可以生出来，也可以生出分别的意识，有着数不清的变化。然而，这个一体意识，一定超过头脑的想象。

04

透过科学，走到一体的门口

人类这许多年来，自然会认为科学可以带来一切的答案。毕竟它符合我们大家可以接受的逻辑，而且可以重复验证。近代物理学的演变也已经超越了一般感官所能体会的范围，无论就时空、物质还是宇宙的生与死都提出了一些答案，甚至被一些知识分子当作对生命最高的解答。

没错，这些物理学的突破可以帮助我们体会瞬间、体会万物由“空”所组合的奥妙，甚至体会因果与对称法则。我也会在这里做一些介绍。然而，只要你读下去，自然能体会到在科学理论的有限和一体的无限之间还有一个障碍，是透过理性与限定怎样都跨不过去的。甚至，愈是透过理论要跨过去，愈把理论变得晦涩难懂，反而难以与全部的生命接轨。

我们一般都认为时空是绝对的，而爱因斯坦很早就说这个时空是相对的，甚至是弯曲的（space-time warp or curvature）。他从广义相对论推出一个著名的思想实验：在光速下，就连时针的速度都会变慢。不光是心理层面的时间，就连具体的时间都受到影响。从另外一个角度来解释，如果有一个人在太空旅行，他的速度愈快，他的时间就愈慢。如果他用光速到太空去了一年，对他而言只是一年，回到地球，他的家人和同事却都不在了。从头脑确定的逻辑，这一点相当难理解；从物理的角度，却是早就解开了的事实。

就连我们认为最坚实的物质，物理学家也体会到小到某一个尺寸，比如说接近普朗克长度（Planck length, ≈ 1.616×10^{-35}m）的单一粒子，它本来就有的量子性质就不再被古典牛顿力学交互作用所遮蔽，可以说就进入了一个量子的世界（quantum world）。

量子（quantum）是一种概率的观念，不是真的有，也不是真的没有，并不像牛顿力学所描述的碰到墙壁就会弹回来的撞球那么坚固，而是介于有和空之间，或说一种半有 / 半空的状态，最多可以说是“无”中的“有”。

薛定谔方程式（Schrödinger equation）以波函数描述微观粒子的运动行为，发现我们无法同时知道一个微观粒子（例如电子）的位置与动量，这也就是测不准原理（uncertainty principle）。物理学家探究到底，也就发现万事万物并不是连续性的存在，不像我们想得那么坚实、那么确定。

我之前用对称法则（law of symmetry）一词来汇总古人的观念，描述一切生命内外的对称。这种对称从最小到最大的尺度都存在。物理学家惠勒（John Wheeler）所谈的“虫洞”（wormhole），和黑洞、白洞一样是从广义相对论推演出来的。黑洞指的是宇宙中有一个奇点，也就是一个浓缩到不能再小的空间，连时空都不存在，吸引力却大到可以让一个星球崩解的地步。反过来，白洞的中心也有一个小到不能再小的奇点，从“空”透过反的螺旋场可以吐出物质。就好像黑洞是一个入口，而白洞是一个出口。透过虫洞的桥接，在宇宙达到平衡，带来对称。过去，我听到大家那么严肃地探讨这些观念，甚至争论白洞到底存不存在这些再明白不过的道理时，毕竟当时很年轻，也只能笑一笑。心里觉得不可思议。

透过这些科学的努力，人类等于是走到了一个点，从理性可以知道就连时空都是有弹性、可变化、会受影响的，本身也可以消失。看起来，人类要从时空跳到一体是可能的。

只是，我们用局限的脑不可能理解什么是无限。用这个方法去探讨一体，反而造成一种冲突。我们追究这个世界的方式和设备，势必要把整体分成小的区块才可以分析比对。多么微妙的数据也难以代表对整体的理解，最多是截取到整体带来的一些变化和现象。甚至，可以用语言解释的，还是受限于语言的极限。我相信，每个人只要冷静下来思考，都会得出同样的结论。

追求快乐，更贴切的问题应该是：怎么体会到、回到这个每个人都有的本质？如果体会到了，它本身会不会带来快乐？它和快乐的关系是什么？

永恒的快乐就在眼前，不要错过。

05

一体和永恒的快乐，在哪里？

前一章提到，物理学家再怎么努力也只是逼近了真实的边缘，始终离不开五官的限制。一体，包括全部，包括了“有”与远远更大的“空”。我引述了量子物理、场、奇点、黑洞、白洞等观念，只是作为从“有”去理解“空”的桥梁。虽然最多只能说是逼近“空”的边缘，却已经远超过我们平常人间所能体会的范围。

无论什么学问，包括超个人心理学、正向心理学，乃至科学家对超越体验、心流、静坐等现象的探讨，甚至前一章提到的量子物理，最多只把我们带到生命的门口，并不能透过这些学问去解答人生最大的目的——快乐。

我把这些理论先带出来，也只是建立一个基础，让你在理解学术上的追求的同时体会到——人类从古至今都只是在追求快乐，同时也希望解开这个谜底。

从前面一步步谈下来，你会发现从西方科学出发，走到最后自然会碰到一堵高墙，要面对这里所谈的“生命的悖论”（paradox of life）——从一个局限的范围，怎么可能体会，甚至活出生命的一体？

我们从局限得不到任何数据去描述一体意识，必须要跳出这个逻辑的系统。探讨这个问题，其实在探讨的是一个比科学更大的领域。

提到一体，我相信你可能会想问——一体的证据在哪里？

虽然五官带来一种扭曲，而我们把五官带来的信息加上脑的诠释就当作自己所经历的一切并称之为“人生”，但最有趣的是，整体的真实还是一直不断探出头来，好像希望我们看到它似的。

从另一个角度来谈，我们的五官都在抓形相。然而，形相只是整体很小的一部分。看不到形相，我们自然体会到沉默、空、宁静、没有、不动……这本身就是一体在跟我们不断沟通、浮出它自己，好像不断地在对我们说悄悄话。

只是，我们虽然看到了“没有”，却意识不到“没有”的存在，根本没有把它联结起来，而是把注意力都放在“有”之上。

最有意思的是，我们一直体会到“空”，却把它当作一个看不到的背景，完全不给它任何注意力，最多当作一种虚无——“有”没有了。

每个人都是这么被蒙蔽的。

我之前很少用“空”这个词，而是用“在”或“一体”。毕竟“空”或“没有”的用词容易落入“有”的对等，就像“不动”落入“动”的反面一样。这两类概念本来不在同一个意识的轨道，对等的用词反倒落入了同一个窠臼，好像两者可以相提并论似的。“在”则含着无限大的观念，不至于落入“有”或形相的相反。

种种“没有”的现象，不光是每一个人都体会过，它才是绝大多数的真实。只是我们被五官限制，认为比例少的“有”是全部。然而，如果没有“空”或没有“没有”，也就没有“有”。我们体会到“空”，体会到“在”，其实是一体体会到自己。这是一般人很少会注意到的。

我在这几本书中用“在”同时表达 presence 或 beingness 的意思，这种用法主要来自两个源头：一方面来自天主教或基督教衍生出的 mystic（神秘主义者、密契家），包括圣方济各（St. Francis）、盖恩夫人（Madame Jeanne Guyon），乃至 20 世纪 60 年代的戈德史密斯（Joel Goldsmith），他们所提的“在”指的是上帝的 presence；另一个源头来自印度《广林奥义书》（*Brihadaranyaka Upanishad*）所谈的 *sat*，指的是存在（being, be yourself）或生命的根源。巴巴大师（Babaji）的法脉也用这个词，到后来拉玛那·马哈希（Ramana Maharshi）透过他的体验以及弟子进一步整理的记录，也是这么用的。

回来谈一体，一体本身其实没办法谈。我们最多是试着在“有”的层面用“场”的比喻来谈一体或“在”所延伸出来的一体意识。意识场，可以说是从一体延伸出来的，我们可以比喻成一个高速自转的螺旋场、信息场，本来和一体就没有分开过。

意识场，透过人类发达的头脑可以把小到眼睛看不到的基本粒子、大到宇宙都放在脑海里想象和观察，甚至可以透过理性分析出一切的本质都是“空”。我在《全部的你》《神圣的你》这两本书说“一体体会到自己”，也把它称为“醒觉”（*turiya*）；而人类透过头脑，也是少数可以反观自己而醒觉、联结“在”的意识场的生命。

醒觉，其实没有什么语言可以表达。最多只能讲从有限融化到无限，而又站在无限看到一切。假如要用一个比喻来谈，就像量子振荡或量子穿隧（quantum oscillation or quantum tunneling）的作用，将生命从最小到最大都连起来了。

很难想象，我们的意识就像一个高速自转的螺旋场，从有限可以一路通到无限。可惜我们透过一般局限的意识，最多只能把无限落在一个有限的范围里。然而，透过同一个意识场，我们可以延伸到无限大或无限小的范围，而可以同时体会到“在”、体会到“空”。这是我们每一个人都有的部分。

所以，一个人醒觉过来也没有得到任何东西。因为这一切，他本来就有。

我们跟一体意识完全重叠，跳出时空的限制，生命突然变成奇迹——我们随时都在，也随时不在，没有真正来，也没有真正走，最多只能说同步或合一了。用量子力学的语言来描述，最多就像量子泡沫（quantum foam）一样，“空”和“有”不再泾渭分明，时—空的分别也不存在，就好像从最小的量子到最大的宇宙完全打通。其实，连“通”的表达都不够正确，最多只能说是跟一体分不开。它本来就是通的，是头脑带来的东西把它隔开了。然而，也没有什么好分开的，最多是头脑带来的分别局限以为可以把它划分成片段。

再讲透彻一点，无色无形的背景被我们当作投影人间幻相或妄想的屏幕——我们把幻想叠加（superimpose）在这背景上，再把自己困在这些幻想里。突然，宇宙跟我们合一，也就好像无色无形反过来叠加在我们之上。宇宙就是我，我就是宇宙。至于脑海所建立的二元对立，包括来—去、生—死，跟这个一体都不相关，甚至时空也就消失了。

你最多说“我在”“我是”或“我”，再多说一点，也只是摩西所说的“I Am that I Am”。

用这种比喻，醒觉最多也只是一个人突然体会到有一个永久的屏幕或背景随时存在，而这个屏幕或背景才是生命真正的本质。人间的所有现象只是一个不断地生死流转的妄想，是过去业力制约所组合，也透过过去的业力和制约而消失，在整体中是完全不成比例的小。

最后，一个人会发现连屏幕或背景也只是一个比喻。这一本质在任何现象当中都随时存在，又随时是空的，不可能用任何语言可以表达。任何语言的描述，只是把它落成一个客体。而它，不受任何语言的限制。

我们的意识也突然弥漫到每一个角落（omnipresent 无所不在，或 omniscience 无所不知、全知）[①]，而每一个角落也从来没有离开过我们。站在古人的角度来谈，就连“合一”的状态本身也是一个语言的产物。它的本质，也是“空”。

也就是一个人“空”，“空”到底，才尝得到一点滋味、体会到永恒的快乐。

① 虽然也有人将omniscience译作全知或无所不知，这里的“知”不是知识的知，因为任何知识还是局限的。真要谈的话，这里的“知”指的是意识。omniscience 也就是 all conscious。我会特别拿出来谈，因为这需要亲自体会，而不是理论能够取代。一个人的意识只有突然落在宇宙的每一个角落，和一切都分不开，也突然体会到无限、永恒，也就是一切包括自己从来没有出生过，也没有消失过。他是圆满的，没有空间或缝隙容得下任何分别和注意，最多只能说——我就是 *sat-chit-ānanda*（在·觉·乐）。*sat-chit-ānanda*就是我。

06
人间：一个海市蜃楼

如果没有一体意识，我们也不可能体会到“空”，体会到“在”。

我们在这里所谈的，过去的大圣人都解开了，他们用自己的生命亲自验证，并且得到了几乎一致的答案。他们透过弟子留下的记录是再珍贵不过的宝藏，就像指南针一样指出人类演化的方向。只要我们亲自去验证，自然会得到同一个答案。而且，我相信，只要验证，就会彻底改变意识的状态，让我们体会到“在”带来的快乐。

再讲透彻一点，一体意识永远存在。我们所谈的“在”或“空”也就是如此，它就是我们生命永恒的本质。

站在这个一体意识，不被这个内容带走，甚至完全没有依附，也就是醒觉。一个人醒觉，不再受到人间的制约后才充分知道——我们在人间所看到的一切不光是念头的组合，更是因为有个“我”才建立出人间的存在。

一个人只有醒觉过来，才懂得什么是永恒、不合理的快乐。他充分理解快乐是我们真正的本质，不受到任何条件限制，不被任何条件困住。这就是解脱，也就是真正的快乐。

只是活在这个人间，也就像在看电影。明明电影是投影建立的虚幻境界，我们会觉得它根本就是真的。我们看电影时很认真，完全投入，为了女主角、男主角的心情和过程会哭、会笑。感情深了，还会想看同一个主角或导演拍的片子，下次还要再来。演员也是一样的，哪怕投入了、结束了，上映、又下线，还会为了某个原因，又回来再演下一部片子。

最不可思议的是，我们每个人的五官受到同样的限制，所见、所闻、所感知的范围在人类彼此之间是很接近的，就像海豚的感官所建立的范围，和另一只海豚会很接近。同样的接收波段，在“我”所建立出的现实，和“你”所建立出的现实，几乎只有角度或立场上的差别，很容易确认彼此是否一致。而且，看起来几乎是一致的。就这样，你所见的、我所见的，化成了集体的现实，更是难以否认。

无形当中，我们也就忘记了这个共同建立出来的虚幻现实，是透过我们狭窄的五官再加上念头所捕捉出来的，而成为人间所体验的一切。这一切就像投影在银幕上的电影情节和人事物，我们投入了，甚至会想去抓银幕上的人物与东西。当然，怎么也抓不到。只是，抓着抓着，自然也就碰到这些虚的影像后面的银幕。

一体意识就像这个银幕，没有这个背景，人间的情节也没有办法映上去。这个银幕（一体意识），才是唯一的真实。

人生也是这样的，我们投入其中，结束之后，就被这背景的一体意识吸收回去了。一些能量转变所带来的制约，也就是业力，让我们又被吸引，于是下一生来，又投入进去。

再用一个例子来形容，活在这个人间，就好像一个人在沙漠不断地看到海市蜃楼，以为前头就有水了。到了那里，却发现只是沙子。被这么骗了一次，也可能再被骗两次、三次。甚至就像我们这一生一样，一路上一直受骗，以为某个物质或形相就会是真正的快乐。每次看到，就忘记它的虚幻，又投入进去。即使有了很深的体悟，再出来，又投入一次。人生也是如此。

总有一天我们会醒过来，不会再被这个现实沙漠冒出来的幻相骗下去。这时候，一个人最多像佛陀一样说："我是醒的。"原来什么都没有发生、什么也没有得到、什么成就都没有，它就在我们身边、眼前，是我们自己昏迷了看不到。

我们这一生可能有的唯一的自由意志，其实只是一个清楚的决定——不再把自己化为这个世界的种种形相、肉体，甚至是"我"。只有这个决定才真正显出我们的自由。而这个决定是每个瞬间都要做的。

只有这样，一个人才可以醒过来。

07
等同于形相

我在《全部的你》《神圣的你》这两本书花了很多篇幅来强调身份和角色。我们还认为要扮演一个角色，甚至把这个角色化成自己。一个人的身份——我，你——和所看到、体验到的形相分不开。我们把自己投入在物质和形相，把整体的生命投入一个很有限的意识（人间），并把这当作我们一切的生命和潜能。

这才是不快乐真正的来源。

要把快乐找回来，首先要把生命的一体和头脑建立的身份与角色之间的关系看清楚，才是解答这个问题的起步。

我们从来没有自由过

每一个人都认为自己有自由意志（free will）。然而，仔细观察，我们一生都离不开一连串的念头，而任何念头离不开因果。就好像笼子里的白老鼠，它认为这个笼子就是它一切的生命，而老鼠和老鼠之间的互动也就是它一生所可以得到的经验。换了人类，人间与人生也只是如此。

念头本身是虚的，是在这个局限的时—空才有。人生也可以说是一连串虚的境界所组合的一个虚构现实。我们的每一个动作，包括念头，包括任何体验，都离不开种种虚构的条件的组合，而决定了我们的任何行为与举动。可以说，一切都是老早已经写定的。

所以，我才会说我们从来没有真正自由过。

前一章提过，我们这一生可能有的唯一的自由意志，也只是不再把自己等同于种种形相。也就是说，真正的自由是发现自己不只是这个体，不是肉体、情绪体、思考体、意识体。我们不是任何体，只要可以谈一个“体”，无论多微细、多粗重、多高、多低、多好、多不好，它本身已经限制我们到一个角落。我们就连谈灵性、天堂、解脱，也只是带来

另一个层面的局限。比较正确的表达是——我们什么都不是，或我们什么都是。

念头，自然变成工具，再也不变成我们的主人。需要用，就用吧。不需要用，就摆到旁边。

人间也不带来任何矛盾。我们可以轻轻松松活在人间，享受一些愉悦，忍耐一些心痛，并且同时都知道不管多好、多坏，那只是全部很小的一部分，不值得我们对这么小的一部分反弹，而无谓地让全部局限，萎缩到一小部分。

这，才是自由。这，才是解脱。

08

情绪：从生存的工具，变成不快乐的来源

虽然前面提到，要醒觉过来，得到真正的快乐，也只是一个清楚的决定——决定不再把自己化为人间或肉体的生命。然而，我们每个人都要面对的现实，也就是随时都觉得自己活在这个肉体所衍生的种种情绪。

情绪对我们有那么大的影响力，其实有它在演化生存上的意义。

念头，要加上情绪才可以运作。前面也提过，情绪是很重要的生存工具，是脑部指令的扩大器。透过情绪，身体才可以把一个记忆、一个指令快速地扩大到每一个相关的细胞，让细胞采取相对应的行动。于是，从一个念相所产生的变化，自然转出身体的“动”，化出种种的动力。

有趣的是，情绪不光是一个扩大器，它还帮助提高大脑决策的效率。想象一下，如果碰到野兽，却没有情绪，我们的脑自然开始一连串的念头：我之前遇过它吗？它和我熟不熟？会不会吃人？凶不凶？……

然而，大脑突然产生恐惧，我们自然立即跳出思考的范围，并能产生行动——跑！快跑！

我们整天不断地透过情绪在排列事物的优先级、做种种决定，才能面对生活带来的种种考验。每个念头本来是平等的，透过情绪才让其中

几个印象脱颖而出，并能够让我们有效缩短反应时间，得到有利于生存的结果。

从这个角度来看，情绪等于是提供了一个快速而方便的指标，让大脑在瞬间带来的众多印象中，立即选出与生存最有关的来处理。

情绪，甚至负面的情绪本身并不是问题，一样是对生存有利的反应；问题在于我们把这个指标抓得太紧。

透过千万年的演化，脑不断地分别，生活愈来愈快的步调，让每个人都跟不上。在这种长期的危机状态下，我们自然会觉得所面对的都是威胁，也自然调动了负面的情绪，其本身又回头加强负面的念头。这样的循环，让人不断地萎缩，用一种悲观的心情看着世界（我在之前的书中称之为“萎缩体”）。同时透过负面的情绪，自然让我们不断地调动过去的记忆，想要防范未来的危机。

我过去才说，人没有办法真心把所有注意力放到每一个瞬间，而是被脑海不断带回过去，或去设想未来。很少人懂得什么是“在”。

这都还不算最严重的问题。更严重的是，我们透过快步调产生的状态，会把这些情绪和念头所造成的萎缩体当作真的，甚至当作全部的自己。“我”跟这个萎缩体已经分不开了，自然完全投入这个萎缩体。

我们明明知道这个萎缩体只是一个念相，是头脑虚构出来的生命，一旦落入萎缩的过程，自然会完全投入，还认为萎缩是生命唯一的可能，是全部的代表，甚至比我们的身体还更真实。

比如说，女士生理期之前，有时候会很不舒服。这时，无论什么事，都容易往负面想。倘若约了某个人午餐，对方晚到了几分钟，不只要挖苦几句，甚至还产生更多的联想——

我这么不舒服还准时到，他怎么一点都不体贴？昨天明明请他帮一

个忙，他也不搭理，今天也好像没放在心上。年轻人就是这样，一点责任感都没有。我看这人靠不住，以后最好少往来。唉，心情真糟，都这么不舒服，还不好意思请生理假。月底了，要赶进度。老板从来没想过，三个人的工作都是我一个人在做……

我们用来描写这个世界的，全是灰灰黑黑的笔调。我们不光对自己看不清——有时自大、有时愤怒，甚至委屈、不快乐，我们对别人自然也是看不清楚的，以为别人的萎缩体就代表了他的一切，自然对别人的个性、行为和动机做了一种偏差的判定。这种误判，本身就会引发情绪的反弹和摩擦，把念头带来的虚构的境界变得再真实不过，也只会强化我们对这个世界、对人生的错觉。

结果，就是不快乐。

这种不快乐是极端的，我前面才会说不快乐带来的抑郁和悲观是21世纪人类最大的危机。即使身体的架构是为了体验快乐而生，我们仍然笼罩在抑郁和悲观中，难以脱身。

然而，谈到这种极端的不快乐，解药比任何人想的都简单——最多也只是把时—空慢下来，甚至停止。时—空有一个物理上的运作，比较难以停下来，这里指的是心理层面的时—空。唯一可以跳出心理层面的时—空的方法，也只是透过每一个瞬间，也只是回到"这里！现在！"。

瞬间，和念头或情绪是对立的。一个人停留在瞬间，就不受念头或情绪的影响。如果被念头或情绪带走，他不可能停留在瞬间。只有把瞬间延长，一个人才可能找到永恒的快乐。

我在《全部的你》《神圣的你》这两本书和接下来要带出的练习，全都是把我们的注意停留在这个瞬间，最多也只是如此。全部的理论基础到这里，都是为了准备你进入执行的层面——活出不合理的快乐。

09

我们就是快乐

我相信，读到这里，这些观念对你已经不再陌生，并可以接受。只是，最终的问题还存在：怎么把这些观念落到生活当中？

这是你会认为比较难做到的。

我敢这么说：落实不到生活，也只是理论上的理解还不够彻底。如果理解到位，也就做到了。

假如真正理解到一体而随时可以活在当下，也就是活出“在”，我们的不快乐自然会消失。我们会发现，站在整体或一体，其实没有什么快乐不快乐好谈。快乐和不快乐的分别还是离不开二元对立，还是有限的脑在进行区分——想把快乐当作不快乐的对等，并要去寻一个快乐。

一体，本身是永恒，就是“在·觉·乐”，就是“光”。甚至“在·觉·乐”或“光”的形容，都是多余的，还离不开头脑造出来的概念。假如可以做一个比喻，最多只能说把“在”的瞬间变成永恒，把“觉”变成觉察自己，把“乐”变成大欢喜，是我们透过脑不可能体会到的不可思议的快乐，“光”是比一万个太阳所照出来更明亮的光。

这种表达勉强可以形容一体，然而一体没有对等，也是无法以语言描述的。

我相信你已经发现，其实我们在谈两种意识，各自属于不同的轨道。一个是人类带来局限、有条件的意识，本身符合一个有前有后、有因有果的逻辑；还有一个更大——无限大、永恒的一体意识，和有限的意识并不是对立而平等的。

我们透过有限的语言没办法表达这无限大的一体，所以在这几千年中为自己造成好大的悖论和误解，让我们不断地质疑——有时觉得好像有，却又好像没有，再探究也不知道如何把一体和整体落在生活当中。

假如读到这里，你已经可以接受意识的两个层面。我相信你自然也会发现，这个一体是我们追求不来、得不到、跨不过去的。一体或永恒的本质到处都有，即使有限的意识和所衍生出来的境界都含着这一本质，本来就无所不在。我们最多是把这些有限的状况挪开就能自然体会到。

它本来就在，当然怎么“找”也找不到、追也追不来、得也得不到。

说得更清楚一点，谁在找、找的对象、找的动作其实是同一件事。在寻找一体的人，他本身就是答案，从来没有离开过一体。他最多只能翻一个身往内看，一体也就浮出来了。

追求、得到、找、“跨”都是局限的脑所造出来的观念。局限的脑对真实的所有理解都离不开“动”，因为它是透过“动”所组合。仔细观察，连观念的比较和建立，包括所谓的聪明，还是离不开“动”的组合。有一个因，接下一个果，才可以有一个连接，而这个连接是透过“动”建立的。

理解了这一点，就获得了一把解开人生的钥匙。

最多，只需要追查到一切“动”的来源，包括念头的来源，包括任何痛苦、心痛、失落的来源，包括我们所看到和体会到任何现象、任何

假如把一体当作无所不在、不生不死的意识，可以画作一个光的流，是无限大，也没有可以指定的方向。透过注意、“动”或是“想”，我们把无限大的光流落在一个角落（图中的小旋涡），自然从整体划分出一个小的局部，而把它圈起来、封闭起来。也就这样子，从一个开放的系统，建立出一个封闭系统，让我们建立一个人生，随时以为它本身有一个独立而自足的存在。每一个小旋涡，可以当作你我各自建立的人生。这个人生虽然给我们一个封闭系统的印象，好像有一个开始、有一个结束，但仔细观察，它本身其实含着一体。所以，早晚也只可能回到一体。

感受的来源，还包括人生一切的来源。

只要轻松追查这个来源，自然会发现在我们观察、知觉或感受的背景下还有一个旁观者和一个见证者在观察一切。无论有多少“动”，它一直都在，本身却从来没有动过。

我们活了一生，都是把意识落在“动”的层面，不断地把自己等同于“动”的人或“被动”的对象，或者被“动”的状态所限制住，而随时忽略了还有一个见证或观察的意识在种种“动”的背后。

只要轻轻松松追查“动”的来源、念头的来源，自然会落到背景的意识，也就是不动的层面。落到这个层面，自然会发现“我”是虚的，从来没有存在过，是一个妄想。而我们所称的世界或人生，一切是从“我”衍生出来的。没有“我”，也就没有这个世界，也没有任何人生好谈。

我们才发现，一切的烦恼是“我”带来的制约。如果没有“我”，一切的制约和业力也就解开，也就让我们跳出这个时空。

最有趣的是，“我”不存在，我们的生命却没有消失，反而真正活起来。生命的全部潜能自然发挥出来，而没有任何“我”或任何现象所带来的阻碍。

把真正的自己找回来，最多也只是把“我”挪开。“我”一挪开，真实的生命就像太阳自然从云后照出来。它本来就存在，是每个人都有的本质。

我在《全部的你》和《神圣的你》里才说它是我们最轻松、最不费力、最根本的状态。什么也没有改变，也没有发生，只是轻轻松松把阻碍挪开让光透过来，也只是这样。

落在这个背景或一体，不是对外去追求，而是转向内在。永恒的快乐也只能从心内找回，而不是从外在去追寻。这种无条件的快乐，我们最多只能亲自体验，不可能用理论去追究。所以，接下来，我会透过一些方法，带着我们去体验。

活在这个本质，也不用再刻意去谈快乐。我们随时都在快乐，而这个快乐已经和念头、心情或感受不相关。我们最多只能说是一种满足感，是一种没办法描述的喜乐。

10
快乐，就是永恒

这个观念相当重要，我在这里想用另外一个角度再和你一起探讨。

前面提到，这个一体意识所带出来的旁观者或见证者，是每一个人本来就有的。仔细想，假如还需要我们特别去找、去建立、去培养，那么，它本身也会消失，也就靠不住。

它本来就有、永远都有，才称得上永恒、无限大、不受任何条件的制约。我们可以做的最多也只是从不停的“动”、念头的“动”走到“不动”，让念头安静、消失，它自然就在眼前。

我相信，你已经认同，真正能让人得到永恒快乐的并不是任何物质或体验，反而是最简单、最根本的存在，也就是我们的本质。这是经历和经历之间、人和人之间、东西和东西之间的共同点。

要得到快乐不是往外去找物质或经验，反而是回到内，回到最简单、最根本的存在。然而，就连回、找都是多余的，我们最多是轻轻松松落回这个本质。

如果可以真心体会到这几句话，一个人就已经解脱了。

解脱的快乐，没办法用任何语言去描述。这种快乐是人间想不到的，也可能一生都碰不到。然而，只要尝过一次，不可能再忘记，也不可能认为有其他的东西或经验所得到的会比这更重要。

接下来，生命再也不是一连串的大问题。我们也不用担心，即使醒过来了，肉体还会不会存在。它本身是过去种种念头和条件组合，不可能不存在。

它还是会在人间带来种种挑战和变化。只是，我们懂了这些，自然会放过它，放过一切，再也不会被它绑住，再也不会把生命当作问题、带给自己不愉快。

放过，也就是《全部的你》和《神圣的你》中强调的臣服。

一个人懂得接受任何瞬间带来的一切挑战，而不再追求过去所带来的记忆或投射到未来，他本身就活在瞬间、活在当下。

仔细观察，假如把瞬间当作一秒，自然会发现，在那一秒，我们根本来不及想到过去或投射到未来。就像别人突然喊了我们的名字，我们最多会转过头或是愣住，或者就像正在欣赏风景的时候，不可能同时有其他的念头、还想着别的哪里。

这就是瞬间。

假如我们可以把瞬间拉长、扩大，变成永恒，那么，连一个是不是快乐的念头都不会跑出来。

我们已经是快乐本身。

11

活在不确定，是最大的快乐

一个人假如可以把瞬间单纯化，自然会发现连任何知识都起不来，而会发现我们过去所称的知识全都还离不开念相、都在变化中。知识本身在生、也在死，是靠不住的。

反过来，我们会发现无论自己拥有多少知识，永远还有追求不完的更多的知识。现代社会发展迅速，让我们可以加倍方便地取得任何我们需要的信息。这却也只是把生活的步调加快，让人不断停留在“追求”的境界。

任何追求，本身就是不快乐的来源。追求到了，虽然带来短期的满足，但接下来也自然会消失。任何知识，还只是落在有限的意识范围内。

我们自然也就发现，知识和智慧在两个不同的意识层面。知识是人间的，而智慧离不开一体意识。它本身是永恒的，不可能用局限的语言完全表达。

把知（knowledge）挪开，一个人自然进入一个未知（unknown）的境界。再往下走，自然会进入不可知（unknowable）。

智慧或一体本身就是不可知，不可能用二元对立的语言表达。只要可以表达，就已经落入“知”的范围，也就遮蔽了一体。

读到这里，我相信你还可以理解。最难理解的是，知识是一种对瞬间的对抗和阻碍。这是一般人比较难以体会的。

我们可以透过时—空这个架构进一步来探讨这个问题。

一体或整体或全部的生命，要透过脑海缩小到一个时空的范围才可以体会。任何时空带来的经验，也只有透过瞬间才可以体验。瞬间前面的过去或之后的未来，我们只能称为念相、是虚的。只有“这里！现在！”的瞬间才跟我们的生命有一个交会，然而这个交会是相当小的。

相信你还记得，我过去用毛巾、管道、舞厅、洗衣机……各式各样的比喻来表达同样的观念。下图中的软糖也是一样的，是另一个比喻。

如果我们把软糖往左右不同方向扭，扭到最紧的一个点，这个点就像全部生命和肉体生命唯一的交会点。这个交会，只有透过“这里！现在！”那么短暂的一个瞬间才可以看到。

或者再换一个比喻，就像一个钥匙孔。我们在门的这一边，最多只能透过这个小洞看到门外的一点景象。只有真正打开门，才可以看到整体。其实，我们透过神经系统所造出来的人间的印象，也不过就是从小洞所看出去的一点。

也就是说，“注意”本身就带来局限（Any attention creates focus or limitation.）。我们只有落入一个小角落，才可以把注意力放在上面。然而，对整体不可能透过脑可以体会。再怎么体会，最多只能体会一小部分。

“注意”本身也就是一个“动”，只是这个“动”相当微细。我常说“Attention begets locality.”，意思是说这个世界（包括时空）是我们透

过注意而建立出来的。假如没有五官再加上念头的组合，那么，对我们来说，就没有宇宙，也没有这个世界。

然而，这个注意并不是客观而不带来偏倚的，注意力本身就影响结果。量子物理也早就发现，在很微细的层面，观察者的存在会影响观察的结果。这一点，我们要亲身去体会。因为这超过逻辑的掌控。毕竟局限不可能理解无限。

这句话再换个角度来说，也就是“Attention begets reality.”注意力建立了我们的现实。

我们把注意力摆到哪里，就在哪里化出一个宇宙、一个生命。到最后，如果连见证一切的意识（witness consciousness）都打破，一个人就真正解脱。他不需要把注意力落到哪里，他随时都在。这也就是 omnipresence（无所不在）——哪里都在，也哪里都不在。

在人生，如果遇到不公平、讨厌、心烦、不可思议的倒霉或委屈，甚至遇到好事，其实也还只是透过一个很小的缝隙在看整体，却往往让我们以为整体就是这个样子，而忽略了这后面可能还有一个完整的故事是我们根本体会不到的——我们眼前认为不公平或幸运的，其实是过去种种条件业力所组合。

再举例来说，我们认为别人不好、觉得自己受人冤枉、满足了某个心愿，但完整的情况可能恰好和眼前相反。对有些记得前世的人来说，或许这一生来只是为了来完成这个业或还这笔债。

我们看不到全景，也自然只看着眼前的一个小角落做出评判——好、坏、不公平、倒霉、委屈、喜欢……

一个人懂了这些自然会发现，看到任何现象、遇到任何状况、眼前的人讲的一句话、一个经验、一朵花、一个东西……都只要知道、体会到、让它轻轻松松过去。

让它像云一样轻轻飘过，我们好像跟它有关、又无关，并不需要有任何反弹和萎缩。

我们只要不反弹、不萎缩，那么没有任何东西可以停留下来，也没有任何知识好谈，更不用说有任何“结”留下来。针对眼前这件事的业力或能量结，自然就会消失了。

“结”也就是不快乐、伤痛、情绪的萎缩、业力。

过去留下的结，不去对付它，这些结自然也就解开了。

我们身心原本是圆满的，可以让生命场的能量完全通透、流过去。如果一反弹、一萎缩，反而把生命丰沛的能量局限在一个小角落而带来业力、造出能量的结。

这些业力在另外的时点又会呈现出来；任何反弹或萎缩反而是在延长它——或许是转个弯又回来、也许是换个状况来运作，让我们得再受一次。

这才是真正的大秘密。

懂了这些，我们自然明白——从出生到现在，一直是业力不断地在转，始终是种种条件组合；而这些条件没有消停过，不断在转。只要活在人间，还是要依着这些条件活下去。不断在这些条件中反弹，反而衍生出更多条件。从一个因生出一个果，这个果再成为下一个因，因果的循环永远断不了。

我们懂了这些，也同时可以面对生命所带来的每一个挑战和问题，而会发现这些问题自然而然解开。只要没有“我”和念头的阻碍，生命

反而会带我们得到最不费力、最有智慧的一个解答方法。

解答了，我们也没有对解答所带来的结果产生任何萎缩和反弹，不用为它特别高兴，也不用特别期待还有其他什么效果。这些“效果”和前面的“问题”都一样，也只是一个幻觉。

一路走下去，我们会发现，对样样状况、一天从早到晚，我们都可以很轻松地成为一个观察者，看着自己处理事、看着别人处理事。一切的事情发生，生生死死，跟我们的本质、跟真正的自己好像没有什么关系。好像有，又好像没有。

只有这样，一个人才可以把瞬间扩大成永恒。也就是说，瞬间所带来的一切，都可以接受、容纳，甚至可以臣服。那么，任何瞬间就不是一个问题。我们自然成为一个单纯的见证者，看到甚至活出这个瞬间，而再也不会被念头或情绪带走。

这，就是活在不确定。

不确定，其实是我们对这个瞬间、对生命、对一体有信赖，充分知道即使抵抗这个瞬间，它也已经成立。我们会想抵抗，只是我们透过局限的认知在一个很小的范围没办法完全体会到全面的事实。更何况在眼前的这个范围后面，有种种过去的条件在组合，是我们不可能阻挡也挡不住的。要去抵抗，只会为自己带来不快乐、烦恼、心痛。

不去抵抗它，反而是转变它最有效的方法。

怎么说？不去抵抗瞬间，我们自然与一体、整体结合，自然会发现——All good. 一切都好。一切本来该发生的，都已经发生。

这么一来，一个人不会非要怎样不可，不会严肃得跟自己过不去、跟别人也过不去，不会想从医学、科学或人间的经验费力找快乐的来源，却怎么也找不着。

一个人活在不确定、回到自己，自然就快乐起来。

回到科学，我们会自然发现，一个人活在不确定，让一切自然发生，就不会让神经回路因为习惯而适应了。

相信你还记得享乐适应，也就是只要定下一个习惯，也许是快乐或某个生活习性，长期下来就会建立一个具体的回路。然而，我们的身体有一个适应的机制，让这个回路愈来愈不活跃，直到被别的回路代替，而自然隐入背景。

所以，任何经验只要产生一个固定的模式（确定性），所带来的快乐早晚会自然消失。

想不到的是，我们让一切自然发生、活在不确定，对脑而言，每个瞬间就是新鲜的，都在建立一个新的回路。这种新鲜永远不会因为习惯而减少。

这就是最大的秘密。

推广内观的乔·卡巴金（Jon Kabat-Zinn）有一本书的名字很美"*Wherever You Go, There You Are*"①（也就是"你到哪里，就在哪里"），借着他的书名，我要说 "Wherever I go, there I am."——"我到哪里，就在哪里。"

样样都好，该发生的已经发生，宇宙不会犯错。这个时点也是一切都刚刚好，不用追求过去，也不需要追求未来。

一个人自然把瞬间当作最亲密的好友，自然把瞬间当作永恒。这本身，就是快乐。

---

① 卡巴金博士生于1944年，美国麻省理工学院分子生物学博士、马萨诸塞大学医学院的荣誉医学博士，也是禅修指导师、作家。1979年，他在马萨诸塞大学医学院开设减压诊所，设计了"正念减压"课程（Mindfulness-Based Stress Reduction，MBSR）。1995年，他在马萨诸塞大学设立"正念医疗健康中心"，开始研究、探讨临床应用，还推动佛教人士与西方科学家的对话与交流。

我们会笑古人很傻，拿手指头测风向。风吹到哪里，他就去哪里。其实这含着很深的含义——生命会来照顾我们，只要我们把小小的自己交给全部的生命，那么，我们认为好大的问题、烦恼带来的不快乐都自然会消失、自然会解开。

这一点都不是理论，我们每个人都可以验证。

12

跨越科学，进入不合理的快乐

我相信，只要读过《全部的你》和《神圣的你》，对这一篇提到的观点多半不会惊讶，还能欣然接受。对你，这些话最多是作为提醒。

然而，也可能有朋友还是会问——这些论点的科学根据在哪里？

要回答这个问题，让我先把前面所谈的做个简单的汇总，并提出两个重点：

第一，全部的不快乐，都是因我们把自己等同于物质或形相（念相）而来。任何形相或念相都是无常，我们在人间感受得到的快乐最多也只是短暂。

第二，永恒的快乐是由无思无想的状态流出来的。我们要进入这个状态，最多也只是意识做一个彻底的转变。

这两点，从传统科学的角度是不可能证明的。我们传统的科学，包括设备和测量，都离不开念相。它们本身离不开二元对立，离不开局限。

无色无形、永恒或无限大的特质不是透过人类现有的工具可以测量或理解的。我们全部的测量，包括一般人认为绝对的光速，都还是透过比较得到的相对值。

这些永恒的特质自然会变成测量的背景，就好像黑板落在粉笔字或图画的背后。画随时可以涂掉，然而，黑板没有动过。

这一点，站在逻辑上可以说是最简单，也是最难懂的。落在头脑追查的意识之外、却又支持着头脑追查的背景意识，它本身就是这个追查的意识所要找的答案。

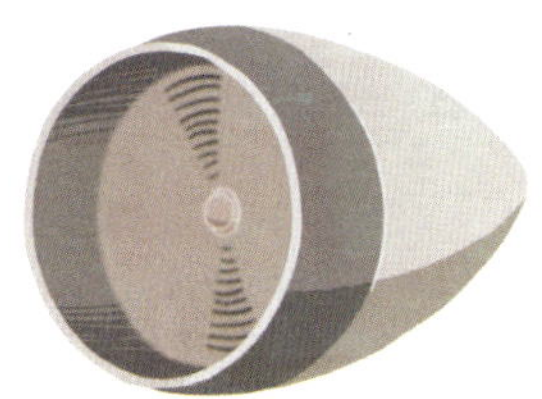

透过“动”走到一体。透过情绪、念头种种的动，我们以为所有的动就是全部。直到这些“动”都停下来，我们才看到那个不动的其实一直都在。人因为神经的架构，自然有这个能力，可以像个镜子一样转过来看到更大的层面。只有透过人的“脑”，才可以解脱“脑”。这可以说是人类一生最大的成就。

醒觉了，最多也只是让局限的意识，挪到一个整体的意识，是本来就有的。

我在《全部的你》用过一个比喻，让许多人觉得很不可思议：一个人怎么又是球员、又是球判、又是观众、又是球场上的草皮、是一切？他本身就是支持着这一切的整体？

这种错愕，反映的也就是我们人类的头脑区分出人和人之间的距离、人和草有别、人和球场有别。无形中，化出一种单独的个体性。不幸的是，这本身，就是一切不快乐的来源。

站在整体的角度，没有一个个体好谈。个体最多是整体或一体意识延伸出来的不成比例小的二元对立，表面上看来有一个独立的生命，但它其实还是来自整体。个体和整体共享同一个特质，也离不开整体的本质。

不是这样的话，一个人不可能跨到整体。谈“跨”或任何“动”都是多余，最多只是语言近似的表达。一体生命一直都存在。只是我们忘了，让自己被五官洗脑，把世界都当作坚固的实体，而把背后更大的根源——

一体忽略了。

再举一个例子，就像我们看着天空的蓝色，觉得一切都是理所当然。不过，仔细观察，其实没有天顶，也没有蓝色，两个都是视觉上的错觉。只是我们从小到大被这个视觉的错觉带走。一抬头，就觉得有蓝色，有天顶。

不光如此，我们在世界所见的一切，无论是一朵花、一棵树还是一栋楼，看到的也不是它本身，而是光的反射。光照到上面反射出来，才能被我们看到。

比如一只白鸟，我们所见到的不是白鸟，而是所有的光照到它上面被反射出来，而加总出“白”和鸟的形状。我们所见到的，最多只能说是光影。

这种物理的作用，我们还能够理解。进一步再说下去，无论楼房、花鸟都是我们“造”出来的——是“我”投射出意识的光明，而足以看到这个世界。没有五官，我们看不到一只白色的鸟、看不到红色的房屋。不只是透过“我”而看到世界，甚至是透过“我”的投射，照出这个世界的形貌。

我们一般不会这么想。因为我们认为所见到的一切对象都很具体、很

扎实，根本想不到是透过自己的五官去抓取、去诠释，才会看到这个世界。

回到天空，我们最多只能讲蓝色是反射，而天空是眼睛追查不到的，自然在我们的神经系统造成一个“空”的体会。同样的道理，我们不可能理解无思无想，最多只能体会到念头和念头、话和话之间的空当，并把它称之为沉默。

我们全部的五官和知觉都靠无常的“动”而来，自然把“不动”“在”或宁静当成一种背景，让它落到一般意识的后面，无法被我们观察到。

反过来，我们随时站在一体意识，自然会发现看的人、所看的东西、看的过程全都是一体意识，也就是生命的主人。它本来就是完整的。

一切都没有离开过它，透过它才可以成形。它本来就存在，从来没有动过或生过，更不用谈死过。它从来没离开过我们，讲话时存在，睡觉时存在，从来没有离开过。我们不可能用任何领域、方法、技巧和练习“回到”背景。

这是科学无力验证的。毕竟科学完全是透过“动”取得的成就。仔细想，人类有文明开始，科学是不断地突破、不断地变更、不断地推翻。无论现在的科学和技术多么伟大，最多只是反映人类目前的发展。从整体、宇宙的角度来谈，根本不成比例。

科学可以验证的，最多也只是人间透过物质所得到的快乐。本书从经济、社会、神经科学、各种心理研究、包括超个人心理学所介绍的信息可以说已经相当有代表性。

有意思的是，人脑的架构本来就是这样的——任何变化带来的刺激，长期下来都会消退。这一点，我在前面已经做过详细的说明，相信你已经有所体会。

再美再好的经验、多大的快乐，对神经系统来说都是短暂的。任何经验自然会落回意识的背景，好让我们再去追求更新鲜的经验。所以，在人间，快乐是追求不完的，永恒的快乐也是追求不到的。

针对身心的快乐，我在《真原医》特别强调过谐振，也就是共振或合一的观念，透过脑与心合一的状态为身心带来舒畅或满足感。我也在《静坐》和《重生》中 进一步谈到身体整体包括血管、呼吸道的共振，提出梅尔频率是共振的基础，能影响到呼吸、影响到每一个部位与整体的谐振，甚至带来与整体宇宙合一的感受。这种身体的健康（well-ness, well-being）带来的舒畅就是一种满足感、一种快乐。各个部位（包括身心）的失衡，则会让一个人变得不自在，甚至生病[①]。

这个共振的观念，不管是心或脑的共振，都已经是科学可以测量的。我在这几十年也将它作为一个教育工具，不断地介绍。然而，与更深层面的共振，也就是和内心或无思无想的层面共振，这是科学确实不可能测量的。甚至，在逻辑上，是不合理或不理性的。

我们不可能从一个局限或有限的范围去测量永恒或无限大。我在《全部的你》中提过歌德尔定理（Gödel' s theorem），从数学的角度可以解释这种矛盾的一小部分。我也透过对称的观念来表达——如果我们承认无限大、一体的意识才是我们主要的部分，并称之为内在，那么，所谓人间的生命（也就是外在）会直接受到内在的影响。

从方向和比例来看，是由内影响到外，远远大于由外影响到内。透过对称法则的作用，占了全部生命绝大部分的内在，会彻底转化我们的外在生命，让我们发挥不可思议的潜能、体会到不可思议的智慧。我在《神圣的你》中以不少篇幅特别强调了这个法则。

严格讲，连“对称法则”都还是语言近似的表达，比较正确的说法是——“在”与“心”无论内外都存在，没有内外的差别。我们用“内在”

---

① 英文的疾病 disease 这个词可以拆解为 dis-ease，也就是失去了自在的状态，带来疾病。古人早就知道身心的关系，ease 是心的观念，失去心的自在，身体就生病了。

这个词，最多也只是表达无色无形。进一步来说，无色无形在有形有相里也存在，而且是占了不成比例的大的部分。

跟内心或一体接轨、达到共振，也只是回到我们最轻松、最不费力、最根本的状态。这种状态不光是我们有，就连一朵花、一颗石头、任何东西都有。

这个状态本身就是快乐，也就是存在的喜悦。

这种快乐不是人间透过经验所可以体会到的，也没办法用言语来描述。我们最多只是把这个充满噪声的头脑安静下来，不合理的快乐自然会爆发出来。我们并不需要做什么，只是把任何局限和限制挪开，让背景浮出来成为前景。

也就是如此而已。

快乐产生的螺旋场

前面谈到共振、谈到身心均衡的共振，其实由无思无想而来的不合理的快乐同样离不开“场”的观念。然而，这个场远远大于任何物质或身心所产生的场。

我过去用“螺旋”表达这种生命的场。严格来讲，螺旋还是落在有形的层面，内在生命的“在”“静”所带来的场是没办法用语言去定义的。前头提到，光是快乐在人间的传播就能跨越空间和时间，影响到朋友的朋友的朋友，且效果至少持续一年。假如人间的快乐所带来的生命场可以影响到周边，那么这种无思无想的场作用其实会更大，甚至是超过头脑所能想象。

我在《真原医》中简单提过螺旋场，年轻时也透过实验观察到：水以旋涡的形式流转时，转速会大到一个不可思议的地步，甚至可以产生电压。然而，即使是这种“客观”的测量，最多也只是让我们逼近能量可以大到什么地步。这种表达还是远远无法描述“在”的生命场。

“在”的生命场不光可以带来存在的喜悦、带来光、带来宁静、带来大爱。站在这个场看世界，一个人才是真正醒过来，也就是我前面所说的醒觉。

醒觉，不合理的快乐自然发出来。

可以说，不合理的快乐，本身就是一个醒觉的成就。

过去都认为只有大圣人如佛陀、耶稣有那么大的场，不光影响周边，还可以影响到千年后的我们。经典里也处处都是以往的大圣人用各式各样的方法来描述的喜乐。其实，我们也都有那个场，可以去取用。

当然，我们可以试着用科学的方式来验证“在”的科学。我在 30 年前也和我父亲一起往这个方向追求，只是很快就发现仪器所能测的充其量也只是生理的变化，最多是愈来愈精细，就像我在这本书中介绍的脑部影像，等等。

然而，无论多精细，这些量值所触及的层面还是相当浅，并不足以描述全部的生命场或快乐场。包括本书所谈的研究，无论多详细、多完整，也不可能教我们快乐。更别说一个人随时处在不合理的快乐，是不可能被测量的。

他知道这一切和人间的其他现象一样是大妄想，无论测到还是测不到什么，也无法代表生命的快乐。人间的任何方法最多只是带来短期的快乐，一样靠不住。

我才会在这本书不断地提醒，真正的快乐是追求不到的。反而是我们翻一个身，把意识的状态突然彻底转变，它自然就在眼前。也就是说，真正的快乐是靠我们把真正的自己找回来，是看到真实。

快乐，最多也只是反映这种领悟。

我有充分的把握——每一个人都可以体会到或活出这不合理的快乐。

接下来，我希望你能打开心胸，透过这些分享一起练习，彻底体会这本书想带来的全新的意识状态、一个全新的世界。

再讲清楚一点，既然不合理的快乐是我们每个人都有的，假如现在没有，未来根本做不到。

我们来这一生，这机会太宝贵，但愿我们能一同真心诚意来探究，不要让这一生白白错过。毕竟，谁知下一次相遇会是什么时候?

我在这里有一个诚恳的请求：希望你把一切的所知、所学摆到一旁，和我们一起进入下一篇。

玖

真实，就是快乐

01

身心均衡，活出不合理的快乐

接下来，关于怎么活出不合理的快乐，我希望能分享一些建议。

虽然前面提过，我们最多只是让充满噪声的脑静下来，这种快乐也就自然浮出来，然而，你可能还在质疑——是不是真有这种快乐？而这种快乐本身就是永恒、不受生活条件的限制或影响？

我们都体验过这种从无思无想、从宁静流出来的快乐，也许是看了一幅很美的画、欣赏一个作品、恋爱中最亲密的一刻、朋友间的会心一笑、登高望远、在海滩散步、听音乐……都体会过这种宁静带来的快乐。

只是这个经验一过，也就自然会用念头去分析——咦？这个快乐是从哪里来的？自然就会去寻、去找，想透过其他的刺激再一次回到这个快乐。

我们一生中都有过类似的难忘经验或境界，让我们不断地想回到那一刻或期待在未来可以再发生一次，而不知不觉忘记了——经验带来的变化或内容其实不是重点。内心宁静的状态，才是关键。

要活出不合理的快乐，最多也只是掌握“心”带来的最安静的状态。

我们要有信心，知道这种最均衡、宁静的状态以及从中所生的快乐确实存在，也是我们这一生最值得去找回来的，比生活的其他任何追求都重要。

一个人有这种信心，再加上决心，自然进入一种灵性的生命，周围的影响已经逐渐跟自己不相关了，不再那么容易受到周边、人、自己的制约。你就像生命巨大的洋流，即使人间的波浪多少会扰乱你的流动，但是洋流的力量很大，你还是会继续流下去。就像河的水流早晚会流到海，你早晚也会流到家。

只要走下去，存在的宁静与快乐，自然会变成人生最大的意义，再也没有回头路。

然而，在把这个充满噪声的脑静下来之前，我们的身心要先达到均衡。

在这一章，我想回顾一下我在前几本书所提到的生活习惯和练习的层面，以及怎么把身心带回均衡点。

平静生活的均衡习惯

一般谈快乐的书，作者都会强调要给自己设定一些目标，让生活有变化、带来刺激、带来新的体验，由此带来快乐。

我要谈的恰好相反。身心要均衡，反而需要规律的生活，包括规律的饮食、睡眠和其他的生活习惯。

任何物质或人间相关的经验，相较于内心产生的快乐其实小得不成比例。我们自然会发现不需要从身体的刺激或欢愉来取得快乐，也不需要把自己等同于身体，不再用身体层面的快乐和痛苦来成就“我”。

然而，这个身体很宝贵，是意识的载体。我常常把身体称为意识的体现（embodied consciousness）——是意识落在身体或被身体这个容器包裹起来而成形，任何体悟与行动也自然要透过这个身体。

我们带着这一层理解，自然会对身体产生一种尊重与感恩。

一般人会误以为心或灵性这种“高”的意识比较接近一体意识、比较纯净，而认为身体看起来比较粗重，因此就不注重，甚至刻意忽略身体。

读到这里，相信你会发现这种分别是不正确的。我们不再排斥或烦恼身体的存在，自然会把身体当作一个神圣的祭坛。

均衡的饮食

现代人一直都是营养过剩，反而造成负担。所以，比起在餐桌上摆出更多新颖精致的美食，身心的净化才是调整现代人生理规律最好的方式。

透过这种心态，我们自然会采取均衡的饮食，会想吃得比较清淡。有些让人上瘾的饮食和调味，对我们自然不再那么有吸引力。我们也会喜欢《真原医》所介绍的彩虹饮食观念，会想多吃有活力、有生命的饮食，喝好的水，用餐时自然把速度降下来，心里带着一份尊重和祝福。

我们会听懂身体的需要，无论微量元素还是种种营养的需求，身体都会告诉我们。

均衡的运动

我会建议三层面的运动：健身、有氧和拉伸，一个都少不了。

运动让血液循环和营养代谢加速，为身体各部位带来养分。我们的身体本来就需要运动所带来的这种流动，让全身活化。这是维护身体最好的方式。每一个关节和每一个部位都舒畅，并可以放松。

运动的重要性还有另一个层面，是我过去鲜少有机会谈的。

前面提过，萎缩是念头加上情绪扩大反弹所带来的状态。这种状态特别受情绪的影响。情绪带来的萎缩在身心造成能量的结，思考和情绪也就和身体每一个部位相连。然而，思想和情绪所带来的能量转变通常没办法完整释放，而残留在身体，这就是身心能量结的来源[①]。

落在身心的能量结也可以称为业力，本身就是一套习气回路，让我们不自觉地重复一些经验，尤其是不愉快的。于是，我们快乐不起来。

我所谈的全面的运动除了一般人都会强调的有氧和健身之外，还有拉伸。目的就是活动每一个关节、每一条肌肉、每一个部位，释放过去累积的能量并把能量结打开，以减少身心的负担。

拉伸的重要性，再怎么强调都不为过。因此，我才会透过《真原医》的螺旋拉伸和《螺旋舞》推广全面的运动，让身体恢复均衡。

①《真原医》第39章“用行为改变行为”。

正向的念头和情绪管理

至于情绪的管理，《真原医》中也谈过“定格练习”。这个练习帮助我们在心烦意乱甚至忍不住反弹、萎缩的时候，可以暂停脱口而出的反应，为自己争取一些时间把身心的杂乱沉淀下来。

得到这个空当，我们也自然试着和生命正向的力量重新接轨。接下来，怎么反应也自然是正向的。

生活习惯安定，我们自然会往正向走。

我们心中充满正向的念头、对任何事情感到满足，也就自然生出感恩的心。我们会由衷采用“谢谢！”的功课——从一早醒来到夜里睡觉前，在心中时时刻刻用“谢谢！”这两个字总结整天的经历。

我们自然也体会到——All good. 一切都好。

我们不会再去追究过去的对错，不会再为过去而后悔，甚至不会批判任何事情、任何人，包括自己。我们反而真正开始体会到，眼前这个瞬间所带来的一切对我们都是完美和完整的。一切不可能更完美，也不可能更完整。无论表面上看来是好还是坏，它本身刚好就是我们需要的。

这种感恩的态度自然让我们变得诚恳、不再习惯性地指责，也同时让我们放过一切，包括自己。只要继续做这感恩的功课，就会发现所见、所理解、所体会的世界都是我们在脑海中自己创出来的。只要自己改变了，世界也就会跟着改变。

只有这样彻底的态度转变，我们才不会继续往外追求，并能真正理解任何人间的变化都不会带来快乐。面对每一个好好坏坏的变化都可以心平气和，不会想要去抓，也不觉得有什么好追究。

很自然地，一路感恩下去，就变成对一体或真实的自己的感恩。

眼前的人事物，全部都是轻轻松松来提醒自己——回到一体。这才是真正的感恩，让我们有机会想起——你我原本是一体。

一路正向下去，一个人自然会轻松地觉察到自己随时都在反弹。

对周围的人事物（包括自己），我们很少完全没有一点反弹或萎缩。反弹和萎缩对我们而言，已经是最普遍的现象。

前面提到定格练习，是针对大的情绪（例如委屈、难受）的练习。我们一般只能意识到这种大的反弹，反弹一来又身不由己地跟着走，因此需要定格练习为自己争取一点空间。

然而，有了感恩落在意识的背景，我们最多只是需要随时看到自己的萎缩——随时知道，又可以放过它、放过自己，就是这么简单。光是能轻松观察到自己的萎缩，已经让我们走到均衡。

呼吸的练习

前面提过，透过饮食和运动可以达到净化的效果。其实，呼吸也是最好的净化方法。呼吸不光是数息、随息、观息这些静坐的法门，我在《重生》里还提过巴巴大师（Babaji）的意识透过印度世世代代的圣人所带出来的“长生不老的呼吸”。这种呼吸后来演变为 *kriya yoga* 的净化呼吸法，也就是把呼吸当作净化的工具。

我在《重生》里提出重复四短一长这个节奏的醒觉呼吸，也就是这种净化的呼吸。四次短的呼吸，加上一次长的呼吸。透过吸气，把气不断补充到身体，然后让气不费力地自然叹出来，就像叹一口气一样。

这种呼吸也就是透过吸气把能量补满，同时透过吐气完全放松，不费力让体内的气重新分配（re-distribution）并把体内的能量结完全打通。

这样把一呼一吸连起来，自然让呼吸像一个轮子或马达来带动身体运作，打通能量的阻塞，让它自然调整和净化。

这也是让头脑安静下来最直接也最快的方法。如果我们熟练，这么做自然会让念头消失，并让我们体会到无思无想。再继续做下去，我们会突然发现——其实没有一个“我”在呼吸，而是呼吸来呼吸我们。我们最多是清清醒醒地一口一口呼吸，让身体自然做一个大的调整。

这就是用呼吸来调整身心。

除此以外，我过去也强调可以将舌头抵在上颚（《静坐》中提到的逆舌身印），来活跃副交感神经，让我们全身放松、心自然静下来。

一天下来无论在工作、开会还是听人谈话、处理事情都可以这么做，久了自然不会想闲聊。其实，会想闲聊，也不过反映脑部的噪声。习惯了舌抵上颚带来的放松和安静，我们自然成为一个旁观者——不光观察到世界和身边，还随时观察到自己。

你可以试着搭配这两个方法，排定一个时段练习醒觉呼吸，并随时保持舌抵上颚的习惯，让这两个方法成为生活的一部分。只要做，相信很短的时间就会收到明显的效果。

静坐

我们知道这些均衡生活习惯的重要性，自然会选择比较安静的生活，需要说的话自然减少，取而代之的是享受话与话、念头与念头之间宁静的空当。生活习惯自然变得单纯而简化。

以睡眠来说，我们自然发现有规律的睡眠会让身心安定，也会发现透过烟、酒、热闹所带来的刺激或快乐非但短暂，还会愈要愈多才能带来同样的满足，甚至只能勉强抵销不满足的感觉。这种快乐反而让我们身心失衡，达不到舒畅放松的均衡状态。

要让脑的噪声沉淀下来，大概没有任何练习比静坐更有长期的效果。

我在《静坐》里分享过不同的方法，原则上都离不开专注和观照两大原理。包括数息、观息，都是让我们的注意力集中。

把注意力集中在一个点（东西、对象、客体或呼吸），这么静坐下去，“我”和注意力集中的对象两者自然合并，也不再区分了。一个人自然比较容易体会无思无想。

前面提过，一个人只要这样走下去，念头和话都会变少。有些人会担心没有了念头、说不出个道理，是不是就失去了个体存在的价值。这种想法，其实反映了文化的制约。

华人的主流文化一向崇尚实用，认为如果尽说些没用的话、做没用的事，还不如不说，无形之中都在彼此要求只做有用的事、说有用的话，甚至到了认为休息只是为了能再继续工作的地步。

这种观点虽然也好，其实还是站在局限、有条件的脑的立场。毕竟有用无用是基于生活习惯所衍生的观念，离不开人间的价值，最多只是反映人类的功利主义——认为样样都要有一个目的才可以存在。

真正的静坐，反而自然让我们发现生活背后还有一个远远更大的层面，是我们过去透过局限的脑从来没有领悟过的。站在这个整体，没有什么合理或不合理好谈，当然也没有什么有用、没有用存在。一个人无论宁静还是动，并不是为了要有什么目的，只是反映一层更深的领悟，是看穿这个世界——任何变化、任何物质所带来的成就或失落——都跟这个整体不成比例。

这种宁静，才是不合理的快乐的基础或来源。

02

要快乐，最多也只是拥抱真实

倘若，前面所谈的这些方法还只是为不合理的快乐打一个基础，那么我们该问的是：从这个基础能走到哪里？

我相信你已经开始思索，要彻底解答快乐的问题，关键不在于采取怎样的方法或具体步骤，而是对我们的生命有一个彻底的理解。彻底理解了生命，快乐是一个再自然不过的结果。不光是不用追求，也是追求不来的。

所有了义或解脱的经典，都把快乐当作一种领悟的成就。前面提过，一切不快乐的来源是因为我们把全部的生命落入一个“我”的身份，以为“我”就等于真正的自己。

然而，我们所看到、体会到的这个世界，都是“我”所投射出来的。我们没办法和“我”区别开来，才会把人间所看到的一切——悲哀、痛苦、不公平、残忍当作真实。

甚至，一个人在这世上活得愈久，自然愈受到污染、愈是认为人生或这世界本来就是悲观的，也自然推导出应该要有解脱、成就、领悟、得道、出离的观念，根本不可能相信——神圣的真实（Reality）或全部的生命随时就在眼前，从来没有离开过我们。

只要轻轻松松把我们的意识从一个局限制约的“我”挪到一个无限大的整体，也就是这样，就把我们的本质（也就是快乐、爱和光）找回来了。

宇宙从来不会犯错，根本不可能犯错。同时，宇宙没有任何的“体”、力量或原因会希望我们不快乐。

这几句话，倘若我们彻底懂并且完全可以接受，自然会让我们放过人间的所有挑战、失落和不愉快，也会让我们放过任何正向刺激带来的短暂快乐，不会再向往别的哪里、不会再后悔过去所发生的、不会对未来有任何期待。

我们自然就会用这句话来表达一切——It's OK. It's all good. 一切都好。

这个世界很美，一切本来就圆满、本来就完整。

我们再也不需要去改变别人、改变这个世界，甚至不需要刻意去做善事。站在整体的角度来看，没有什么人好救，也没有什么特别伟大的使命，就连自己都不用去救。

毕竟，有“人”“自己”“救”好谈，还是头脑建立的分别的产物。认为不圆满不完整，还只是“我”。而这个“我”也只是站在很小的一个点，而且是一个不成比例小的点在看整体。

是“我”认为这个世界不公平。

是“我”认为这个世界需要拯救。

是“我”认为……

更荒谬的是，这个小点根本看不到整体，只是看到小点自己，就认为小点就是一切，是世界。这个小点完全意识不到自己最多只是在同一个小点里打转（制约），不断地运作出因—果的作用链，还认为要有合理的条件才有合理的结果。

这个“我”或这个小点根本想不到自己就像从来没有自由过的机器人，只是从一个因到一个果，再到下一个果；从一个念头到下一个念头；从一句话到下一句话；从一个动到下一个动；从一个追求到下一个追求……一连串地设定出制约自己的因—果。

其实，简单讲，一体或整体是我们最不费力、最轻松的状态，是每一个人随时都有的。我才会不断地提醒，只要把念头挪开，我们自然落在这种状态。

宁静，它“在”；动，它也“在”；从来没有不在过。

如果没有“在”，没有永恒的一体，也就没有一个“我”“你”，甚至没有“世界”好谈的。

把这个一体或整体，随时结合在生活中，我们自然会发现最多只能用“我在”或“我是”（I Am.）来表达这种境界。也就是说，并没有一个主体在活出这个生命、在讲这些话，也没有一个客体受到注意。

我们自然会发现，我们对这一生的解读全部是颠倒的。并不是“我”领着生命走，其实是一体或整体带着我们走，走到每一个角落、活出每一个经验、跳出任何问题。

它本身就是我们不可思议大的潜能，让我们完成本该完成的旅程。这旅程不需要再追加，也不需要再减少，本身是老早就已经完成了。

这么一来，我们会发现——该做什么，就做什么。念头和身体自然变成我们最好的工具，用完了也就搁在一边。要做，我们就做。任何做自然离不开整体。这种做自然就形成神圣的做，离不开我们全部的潜能。

我们自然变得诚恳，也才真正自由、不受任何制约，想做什么也不用担心，因为无论做什么都离不开真实、离不开真正的自己。

自然地，回到自己（Be yourself.）不再是口号，而是我们最自然的一面。

我们在每一个角落最多只是回到真正的自己，所说、所想、所做，包括“动”和“不动”全都一致了。

我们不可能有一个坏的念头，不可能去害别人或任何生命，不可能不老实，不可能把真实扭曲到一个局限的角落，更不可能把生命当作一个问题来活下去。

任何念头还没有起伏，已经消失。我们充分知道，任何“我”所投射的世界，周围任何物质的变化，人、事物、动物、大自然，都不是真正的自己。

真正的自己是一体，是“在·觉·乐”。

这本书从头到尾，我都尽量用科学的语言来描述、探讨快乐。关于真正的生命，我所谈的一样是生命的科学，没有离开过逻辑。最多只是把逻辑的范围扩大，从人间的逻辑走向整体的逻辑，而且是我们每一个人都可以透过自己的生命验证的。

昔日的大圣人开启了人类几千年以来的文明，他们留下来的经验和话语可以作为我们验证的线索。我们只要诚恳打开心胸，拿自己来验证他们所留下来的经验。

有了这一共识，我们或许会发现这本书的任何一页都可以是一个得到解脱、取得真正快乐的工具。

科学的验证还停留在理论的层面，要落实到生活，还是要从个人的体验着手。比如说，我们理解了恐惧和萎缩的由来，接下来，看见自己对任何情况的反弹就可以先踩一个刹车，心里明白——它本身是我们痛苦的来源，而体验这个痛苦、萎缩，甚至反弹的人都还只是“我”。然而，“我”和真正的自己不相关。

不要小看这种觉察和观照。只要用这种方法练习，我们不光是让反弹踩了刹车，甚至会发现——这么做，本身就可以让我们从人间的梦中醒过来。

这种觉察和观照也是最好的心理疗愈，不光是带来快乐，甚至对任何的失落、创伤、障碍都是唯一追根究底的疗愈方法。

接下来，我们再也不用分析过去的失落、创伤或障碍是怎么造成的，这是追究不完的。反过来，我们只是把注意力挪开，摆到生出情绪的根源，也就是整体。就这么轻轻松松透过意识的移动，从局限移到整体或无限，我们会发现过去的烦恼和悲伤自然会消失，再也不需要去追究或解释。

我们彻底转变，这个世界也跟着我们一起改变。

我相信，假如你可以理解，自然会发现人生不可能有第二个目的比完成这种领悟更重要，而一切物质带来的快乐、追求或成就相对地根本不成比例，早晚是要消失的。只有一体永远存在，是唯一永恒的可能。

这，才是真正的修行。

03
永恒快乐的基础

前面提过，所有静坐的方法归纳下来无不是依循两条轨道：一个是专注（止，注意力集中在一点），另一个是观照（观）。

同样地，真正的修行——领悟、顿悟或醒觉（self-realization 体悟自性）也离不开两个层面，一是臣服（surrender，梵文是 *praṇidhāna*），另一是“参”（self-inquiry 参究自性，梵文是 *ātma-vichāra*）。

我在《全部的你》和《神圣的你》中主要谈臣服，虽然也提到了“参”，但谈得比较简化。这一点，我会在本书的下一篇多分享一些。

臣服和参这两个方法，都离不开同一个中心理念，也就是——回到“心”或灵性看这个世界，自然就会发现一切都是颠倒的。

无色无形、本性、空或“在”远远大于物质的世界，两者根本不成比例。可惜的是，我们把物质的世界，也就是人生，当作一切。甚至，我们对人生的体会，完全出自“我”的角度。

从“空”的角度来看（假如可以这么说的话），由“空”延伸的宇宙、地球、世界其实只是很小的一部分。在背后，能创生出一切的“空”，远远更大。

这个背景是我们的本性，无法用人类脑限制的逻辑（二元对立的脑）描述清楚。我们最多是用“空”或“在”来描述。

这种本性，也就是我们的本质，每一个人都有，甚至每一个动物都有。连一朵花、一颗石头都有。

人类和其他生命不同的地方是，除了同样的生命场之外，我们还有很发达的分别的头脑。透过二元对立，让我们详细地比较，自然也就产生时—空的观念。透过时空的局限与相对，自然生出“I Am.”（我在）（我）。

此外，什么都没有。

然而，经过脑更进一步的划分，这个“I Am.”（我在）却变成了——“我”的身体、“我”的感受、“我”的生命、“我”的家庭、“我”的亲友、“我”的痛苦、“我”的喜乐、“我”的期望、“我”的过去……一连串人间的现象。这些现象都跟“我”紧密结合在一起，并自然让我们把念头虚构的“我”当作真实，也自然让“我”投射到每一个角落，和五官所宰制的一切分不开了。

这其实就是不快乐、痛苦的来源。

要找到快乐，也就是醒觉，需要把这个路径颠倒过来。

我们活到现在，从小到大透过教育、社会、交友、工作种种价值的“洗脑”，都是从心往外，透过念头去抓世界，就这么把包含内在和外在的整体变成了只有外在，而且还是小得不成比例的外在。

所以，现在要反过来，从外落到内——从脑落到心。

然而，这最多只是我们在意识的层面产生一个移动（shift），把角度挪开，回到最根本的状态。

各式各样的修行法门和练习，谈到最后也只是这样。有意思的是，头脑透过时空的局限与相对，又让我们突然体会到有无限与绝对这件事，并会想要修行、想要追求这种生命的境界，到最后还产生一个开悟的观念。

可惜的是，人类喜欢样样变得很复杂，就连修行也就接着变成一连串的练习或追求，自然忘记我们所追求的是自己老早都有的。

一切都已经有了，只是因为脑的噪声，而没办法观察到。

虽然这些道理是再简单不过，每一个人仔细观察，都会发现也只是如此。我们要问的最多是——为什么自己做不到?

做不到，是因为脑不断地产生念头，一个接着另一个。念头和念头之间的空当极为短暂，让我们自然认为念头和念头完全是连续的。这让念头在背景不断运作，而且还变成是理所当然。因此，我们才需要引介“臣服”的观念。

臣服，虽然就短短两个字，却含着很深的意义。

透过臣服，我们最多也只是承认——自己与周围（包括世界、宇宙）的交会只有透过“这里！现在！”这个瞬间，才能产生真正的互动，也只有透过“这里！现在！”我们才能产生真正的转变、才能投入、才能解脱。

我们也同时知道，就连这个瞬间都是过去种种条件组合的。我们在表面看到跟自己相关而称为因果的，只是其中很小的一部分。宇宙全部的因果落在这个瞬间，而让我们掌控的，也就眼前这么一小点。

要去抵抗因果或对此反弹，本身反而是不理性、不科学、不符合常识的。再怎么反弹或预防，我们在这个瞬间所看到、体会到的与其说是个人能掌控的范围，更贴切来说是对照出——个人的无明（也就是不知道、看不到的部分）有多么地深广。

正因这个理解是这么的重要，我过去在《全部的你》《神圣的你》这两本书才会用接纳、包容、臣服来表达。这些词还包括另外一个意思，也就是我们知道而且充分知道——内在远远比外在更大，也更为真实。

不光如此，我们自然也会发现，从有限的头脑跨不到绝对的一体。我们最多是把局限的脑产生的观念挪开，也就自然发现一体透过“我”

做一个反射，反射到它自己。

前面提过，人类和其他生命不同在于——矿物、植物、动物一直活在一体意识，没有一个那么强烈局限的“我”让一体反映出自己——也就是醒觉。

我们最多也只是相信，知道宇宙不可能犯错、生命不可能犯错。一切的条件和状态没有好，也没有坏，只是符合自然的循环。这么一来，我们不需要不断地后悔，也不需要到处去追寻真实。

一切生命过去所发生的，都是这么的刚刚好。

一切生命所安排的，都刚刚好。一点都加不上，也减不了。

活在这里现在，也是刚刚好。

刚刚好。

走到今天，也刚刚好。

过去，未来，都刚刚好。

同样表达这种臣服、接纳的观念，除了对生命的信仰、不对立之外，还包括不批判、不依附。

不批判，我们再也不需要对事情、对别人有个人主观的判断，充分知道任何观点都离不开个人头脑的运作，本身还只是一个念相。站在整体，其实没有错或对，对错本身就是人类自己创出来的二元对立。错和对的观念，也是人类最大的负荷，带给我们数不完的痛苦。

不依附，是我们对任何物质、任何感受、任何成就、任何失落、任何悲伤不去依靠、不去执着，深知任何生命带来的变化，无论多悲伤、多愉快的人生经历还是离不开念相。把这些念相当真、当作一回事，也就是忽略了整体。

一般人会以为，只有对负面的批判和对不顺的执着才带来负担。然而，不批判，也包括对人间所谓的好事、喜事、成就不加上一个“好”的标签。

这些“好”或“正向”的标签，往往也只是让我们看不清真正的自己、失去对整体的理解。不依附也一样地，不只是负面的经验不要去执着，其实正向经验的吸引力更是让我们把人间的形相当真，而更难从形相的世界中自由。

最后，我们自然会发现——臣服，是对自己臣服。而这个自己，我指的是一体、整体、我们真正的本性，和“我”分不开。

臣服最后也只是完全承认——一切只剩下一体，没有“我”，没有“你”，也没有任何其他东西好谈。一切都是一体衍生出来的形相，只是透过我们的念头把它变成现实。

接下来，连臣服这两个字都是多余的。真正的自己本来就是如此，不需要我们再加上一层臣服。而臣服自然成为一种很轻松的练习方法，让我们在失落于这世界的形相时，随时把自己找回来。

找回来，我们自然快乐——大大的欢喜和喜乐，也就是臣服的快乐。

04

臣服的练习

要把接纳、包容、臣服的练习落到自己的人生，我们可以这么开始：

一早睁开眼睛，还没起床前，查看一下自己的状态——晚上睡得好不好、做了好梦还是噩梦、身体疲劳还是有精神，内心是平静还是烦恼、是舒畅、恐惧还是抑郁，有没有其他萎缩或激烈的反弹。

无论是什么状态，都对自己的状态做一个肯定——肯定这些状态的存在。我们看到这些经验和感受，接下来告诉自己：

> 我都知道，而我都可以承担，我可以完全接受、完全容纳、完全包容，一切都好。没有事。

在这里，也可以再加一个感恩的念头——谢谢！

“谢谢”的对象不光是眼前的事情，也包括好事、包括表面上看来的坏事——难以接受的失落、最不公平的待遇、不可思议的人生惨境。

> 正是这种种刺激、难以接受甚至怎么都过不去的委屈，才让我有机会做这个功课，并对真正的自己、对生命做一个感恩。

所以，我最多只能够发自内心地感谢，不只是感谢周围的人，更感谢自己让我这一生有这个机会来彻底醒觉、看穿一切，把真正的自己找回来。

这个练习从早到晚都可以做，我们愈是做得绵密而熟练，自然会发现——无论发生任何事情，我们只要面对，都可以在发生的同时做臣服的功课。我们可以接纳、可以包容，会发现心自然就安定下来，并让自己能平静处理任何事情。

一天下来，做什么事都能很平静地完成，也自然不认为是“我”在做这些事，而是好像生命带着“我”在做事，带着“我”在讲话，带着“我”在观察。

虽然我曾经试着用心流这个词来贴近这种体验，其实它远远超过心流。心流还有高低、有开始、有结束。然而，臣服是我们最原初的状态，本身不会生也不会死。我们最多只是还需要提醒自己回到臣服。

臣服，不是放弃。很多人听到臣服这两个字会有这种误解，而想不到臣服本身虽然不费力，却是最有效的做法。我们会发现想完成什么都可以完成，不会受到周边或自己所带来的限制，也没有什么人间所带来的标准或是有什么标杆非要去克服、完成不可。

完成，不完成，都好。

是内心带着我们做，该讲的话会讲，该做的动作会动，该做什么都会自然发生。就好像宇宙突然把我们环抱起来，带着我们走，保护我们。任何过去的烦恼，好像也就自然解散。我们自然会找出最好的一条路。

这样走下去，一个人变得很自在、很真实，所讲、所做也自然变得一致。

就让我接受“我没办法接受”吧

可能你会发现——即使如此还是很困难，心总是安不下来。尤其是觉得人生不顺、认定自己受到委屈、遇到大的冲突、大的失落时，更认为有必要反弹，却根本踩不了刹车。

没有关系。

情绪反弹后，我们还是可以清楚地看到之前的萎缩、反弹、情绪的发作，甚至包括大的兴奋。看到了，也都知道。这时候，轻轻松松地提醒自己——

> 这种激动、反弹或萎缩，我都可以接受，我都可以臣服。我轻轻松松知道我有一个更深的层面，并且这个层面从来没有受影响过。

也就是说，可以接受“我没办法接受”。

也就那么简单，只是一种念头的转变，我们又回到原点。什么也没有损失，更不用讲有没有什么退步或要反省的。我们本来没有事，现在还是没有事。

这个练习看似简单，却已经颠覆了一般修行的观念。

一般走上修行这条路的人，会认为有一种行为典范是最理想、最完美的。然而，这种理想的典范其实是出于投射，非但跟我们现在的状态完全不同，甚至是完全做不到的。就这样，造成一种非追求不可、却又追求不来的矛盾。

我透过本书所谈的，跟古今大圣人的观念是一致的。我们的本性本来不生不死，怎么可能透过一点行为、一点动作、一点萎缩、一点反弹、一点激动或兴奋就把它盖住？

我们有这个肉体，本来就会有一些生理的需要，像是需要吃、喝、排泄。此外，我们还有一个情绪体也在保护我们，为着我们的生存而作用——透过感受，让我们对刺激或危险做一个快速的反应。念头本来也是如此，让我们透过逻辑去整理信息，做一个比较好的选择以争取身体的生存。

懂了这些，念头和情绪都不是我们的阻碍。用完了，我们最多把它摆到旁边，也就没有事了。

一路这样走下去，我们自然会发现种种强烈的念头或情绪的起伏自然减少，愈来愈轻微，也愈来愈中立，就连激烈的行为有一天也会消失。

然而，站在这个练习的角度，消不消失都 OK。都没有事。一切都好。

念头先踩个刹车，自然臣服

还有可能，也许你还是觉得臣服、接受都很困难，毕竟物质和形相的吸引力与冲击太大。针对我们被物质和形相绑住的倾向，我过去也提出一个过渡的方法，帮助我们回到臣服的练习。

这个方法，最多也只是针对每一件发生的事，带出一个反问：“真的吗？可能吗？是吗？”

比如说——

我受到委屈，是真的吗？

我认为别人很坏，他真的很坏吗？真的有这回事吗？

没有人关心我，这是真的吗？百分之百是真的吗？

他总是拿我和那个不成器的人比较。真的吗？是吗？

那个人不成器。这是真的吗？又是谁认为呢？

他们总是不负责任。这是真的吗？从谁的角度来讲呢？

他们总是嫉妒我，不可能真心帮我。是吗？百分之百是真的吗？

没有人会喜欢我。这是真的吗？有这回事吗？

他是故意让我难堪。是吗？真的如此吗？谁在认为呢？

我很难堪。这是真的吗？觉得难堪的，又是谁呢？

不光对我们所认定的现实提出一个反问，也可以把这个描述的主词和对象颠倒过来，做进一步的探讨。

你对我不好。　　→我对你不好。

→谁对谁不好？

对人家不好的，是谁？

不好，是谁在认为？

当然是我。

然而，我，又是谁？

我认为你不对。　　→你认为我不对。

→谁判定谁不对？

不对，是我认为的。

我，又是谁？

我认为这世界不公平。　　→世界认为我不公平。

	→不公平，是我认为的。
	是谁对谁不公平？
你太冤枉我了。	→我太冤枉你了。
	→冤枉的是谁？
	是我。我又是谁？
你误会我了。	→我误会你了。
	→误会的是谁？
	是我。
	谁真能完全理解？
	假装可以理解一切的我，又是谁？
你不懂我的用心。	→我的用心不懂你。
	→谁懂？
	谁不懂？
	谁对谁用心？
	谁以为用心？
	是我。
	假装知道一切的我，又是谁？
你没有平等对待我。	→我没有平等对待你。
	→能平等对待的是谁？
	是我？
	希望一切平等的我，又是谁？
他不体贴。	→我不体贴。
	→谁要体贴？
	是我。
	想被体贴的我，又是谁？

他在催我。 →我在催他。

→是谁在催谁？

被催或催人的我，又是谁？

他在为难我。 →我在为难他。

→谁为难？

是我。

我，又是谁？

这些人让人心烦。 →我让人心烦。

→谁心烦？

是我。

想要一个不烦的世界的我，又是谁？

这么反问，甚至把句子的主体和对象颠倒过来，可能会让你觉得很不可思议，甚至引发强烈的反感。但是，也没有关系，就给自己一个机会试试看，看能不能从头脑的制约跳出来。

这样做下去，一个人自然会发现样样都不那么坚实，真正的状况都不是我们想象的那样。而且，样样都是相对的。就连我们的主体（我）和客体（所观察的对象）都离不开我们的念相，本身还是一个大妄想。

这个方法自然为脑海汹涌起伏的念头踩一个刹车，让我们对自己、对身边的人事物看得更清楚。

继续练习，甚至会发现所谓的好事或“正向”的反应（从轻微的开心到激烈的兴奋，都是欲望，想把某个形相留住），从整体的角度来看，反而是让我们更依附这个世界，而把自己落在这个人间、和世界的种种形相分不开、接下来更不可能解脱。

谈到这里，或许你会很惊讶，阻碍我们解脱的竟然不是厄运、坏事、不顺或坏的经验。恰好相反，头脑所认为的好事或好的经验，才是解脱的阻碍。

所以，回到练习，我们可以进行：

这件事让我好兴奋。

真有那么好吗？

是谁在兴奋呢？

这间餐厅太棒了，下次一定要带谁来。

真的吗？是谁认为好吃呢？

我好喜欢这个人，想跟他永远在一起。

这是真的吗？

喜欢他的是谁呢？

这个地方真美，真想住在这里。

是吗？

谁觉得美？

又是谁想住在这里呢？

这个机会太棒了，一定会让我的人生完全改观。

真的吗？

要改观什么呢？

这件事太有意义了。

是谁觉得有意义？

什么又是没有意义？

这么练习下去，我们会发现即使所谓的喜事或“好”的刺激，包括家庭、朋友、种种人间的感情，也就像这个世界随时在招手。我们一投入、一动心、一开心、一期待，也就把自己搭上去和世界继续一起转，根本不会想到要跳出来。

臣服和“是吗？”的练习没有任何目的，真要说目的，也只有一个——让我们看清自己和形相的纠结而得到一个片刻的空当，可以跳出形相好坏带来的苦乐的循环，去认识真正永恒的快乐。

臣服，多元的表达

我们可能以为臣服只有一种练习方式，其实它含着很多变化，可以依着个人的状况和状态有很多调整。

比如说，有些人臣服是完全在宁静中，一点念头都不起伏，这时候只有宁静。有人是对每一个瞬间不断地臣服。也有人念头太多，一时打不住，事后才做臣服。还有人负面的情绪比较重，需要透过定格练习或其他方式先沉淀下来。

臣服的练习含着很多层面，不是单纯方法或技巧的问题，还含着每个人对真实理解的深度。然而，最重要的是：诚恳地面对自己的状态，做一个真实的观察，承认自己的现状，从这里开始。

不管怎么样，最后的结果是很简单的——我们自然会宁静下来，自然会得到一个安慰，会发现原本想不通、解不开的问题可以自然看开。我们不光放过别人，还可以放过自己，原谅自己。

这种宁静或平安，不是这个世界任何东西可以带来，也不是用任何语言可以描述的。

它本身就是永恒的快乐。

05

交托与奉献

前面我们提过对每一个瞬间臣服，指的不只是对外在发生的事臣服，也是对内心发生的一切臣服。

无论哪一种，都是对自己的臣服。

有些朋友觉得这比较难落实，那么，也可以将臣服作为一种奉献，向外交出去。

遇到灾难、大的失落，情绪不断地流出来，很难把这个瞬间看得真切，甚至连事后踩刹车都不容易。这个时候，我们可以选择上主、宇宙、本性，或一位和自己比较亲近的圣人，也许是耶稣、佛陀，轻轻地把自己的伤痛和失落送出来——交给上主、本性或这些圣人。

举一个例子，一个人遭遇到创伤，早上醒来发现自己又做了一夜的噩梦，也就很诚恳地合掌，把个人的灾祸和痛苦完全交出来给大圣人或给上帝，请他们帮助我们承担一切。

心愈诚恳，效果愈大，就好像把业力或过去累积的负担交出来。全部的负担落下了，也就让大圣人把我们的问题带走吧。

把一切的问题交出来。心里一切的负担、一切的责任，也就好像有人代我们承担而消失。

这样的练习，我们可以随时做。一天当中，到晚上睡觉前，把一切自己过不去的感受或经历都交出来。交出来的同时，也在心里观想，就像做个顶礼，把自己的痛苦全部交出来。

这时候，心可能还在痛。一样地，还是把这个痛不断交出来，它自然会慢慢消失。

有意思的是，只要持之以恒，不知不觉中，一个人自然进入一种快乐的状态，过去的痛苦对个人的牵引也自然减弱，甚至沾不到心上了。

我个人的痛心，是有代价的

这个方法还可以有一种变化。

我们也可以把过去承担的所有不愉快、不公平、不平衡、心痛，当作是个人为人类整体而承担，这至少不是白白受苦。

这时候，我们可以很诚恳地做一个表达，就像为自己发一个愿：

为了一切和我有相同遭遇、同样受苦的人，就让我为大家承担吧。

表达得愈具体，效果愈清晰。

也许我们的问题是所有人都会遇到的问题，也许是情感的伤痛，或是人到中年会遇到的困境，像是伴侣的离去、事业的失落，甚至至亲的死亡，那么我们可以说：

为了一切和我同样为分手而痛心的女性，请让我为大家痛心吧。

为了所有遭受事业失败痛苦的朋友，请让我为大家痛苦吧。

为了人间同样为至亲离去而哀痛流泪的人，请让我为大家哀痛流泪吧。

我也认识这样的朋友，在人生中遇到了很大的危机，突然遭遇了没有任何道理可言的失落。他告诉我，他把自己落在十字架上，从内心说出：

主，就让我为人间承担这个痛苦吧。

感谢主，你当初给出你的爱子耶稣，来承担人类的罪和昏迷。

就让我和你一起承担吧。

不光承担我个人的痛苦，是否可以把全人类的苦都交给我来承担。

我相信每个人都有自己的表达方式，最重要的是诚恳。就像发愿一样，透过诚恳，才会把自己交出来，才达到臣服的作用。

最后，一个人会得到安慰，得到宁静，得到快乐。

讲到这里，其实还有一个方法很有力道。

我在很多场合提过，让自己泡在水里、或在淋浴中把自己全部交给呼吸，让这个呼吸自己发动，透过快速的呼吸带动身心。

对于承受了很重的失落而心很痛的人，悲伤会一下子浮出来。这时候，同样把全部的痛心交给心里觉得亲近的圣人，或是当作是自己为了人类而承担。

这样做，会发现泪流不完。一样地，继续把它奉献出来，直到眼泪和痛心消失，自然带给身心很大的净化和释放。

我们只要有过这个经验，自然会明白我在《重生》所介绍的净化式呼吸，也就是醒觉呼吸，是处理创伤后症候群最好的做法。

06

Sādhana

尽管谈了这么多方法，也许你还是感觉很难执行。或许是自己特别容易发脾气、愤怒、嫉妒、恐惧、烦躁、操心，有些人则是对外表或经济状况特别重视，透过前面所谈的方法都安不了心。

面对这种困难，我觉得最好的方法还是运动，让身体动起来。

要提醒的是，面对这些强烈的身心反弹，我们不用责备自己，也确实没有什么好责备的。这不过只是代表我们的制约特别坚固，让我们跟这个世界绑得特别紧，完全和身心的反应分不开、很难从自己的反应看到还有别的可能，更不用说跳出来。

或许你还记得，我是从《真原医》的健康生活习惯一路走到心的层面。这本身就反映了一个人心灵旅程的经过。因此，我过去才推广健康的饮食、运动、念头和情绪的管理，希望让人身心得到均衡并体会到更深的层面。

回来谈运动，除了过去所推广的有氧、健身、螺旋拉伸和螺旋舞之外，我多年来也一直鼓励大家做瑜伽。瑜伽 yoga 这个词在梵文里本来就代表身心合一。我过去从帕坦伽利（*Patañjali*）《瑜伽经》的系统谈起，无论守戒（*yama*）、内修（*niyama*）、瑜伽体位法（*āsana*）、瑜伽呼吸法（*prāṇāy āma yoga*）、八支瑜伽（*ashtanga yoga*）、净化呼吸法（*kriyā yoga*）、服务瑜伽（*karma yoga*）、音流瑜伽（*nāda yoga*）、原音“唵”瑜伽（*praṇava yoga*）、真名唱诵瑜伽（*japa yoga*）都是很好的方法，让我们身心合一而柔软。

我相信你已经知道，我这里所谈的柔软指的不只是身体，也包括心理的层面。

我们过去的制约太厚，身心好像被一层强硬的壳罩着，就像核桃的壳很硬，怎么都打不开。所以，要先用一些方法让身心合一并软化，才可以让我们回到本来就有的最轻松、最根本的状态。

回到瑜伽，前面所谈的“动”为主的瑜伽，自然带我们走到奉爱瑜伽（*bhakti yoga*），甚至解脱瑜伽（*jñāna yoga*，也有人称“真知瑜伽”）。

瑜伽以及任何柔软的运动，包括螺旋拉伸和螺旋舞，甚至包括数息、观息这些静坐，只要彻底去做，到最后自然会让我们的意识落在身体的层面。走到最后，自己就是一体，一体就是自己。除了自己，没有其他的。才会说是回到自己。

不能小看这些作业，这些方法在梵文称 *sādhana*，也就是修持或练习，让我们可以得到解脱。

不这么做，我们可能从早到晚还是在烦恼和萎缩，不是悲伤、抱怨、挑剔或反弹，就是在想接下来该怎么面对问题。愈想愈多，虚构的境界显得愈来愈真实，反而更难走出来。

透过 *sādhana*，我们只要让身体与心合一，即使不刻意去想所要面对的问题，问题的解答自然也会冒出来。这是最有意思的现象，也是解决问题最好的方法。

也就是说，透过 *sādhana* 任何灵性的练习——运动、瑜伽、静坐——把注意力放到别的地方而不是落在脑的层面，把自己的注意力从念相稍微挪开一下，这本身是解决问题的有效方法。

我想，只要你试着这样做，自然会证明这句话的正确性。

身心合一了，一体意识会透过身体告诉我们该怎么做、该闪开或是回避。更可能问题就自己解决了。

再精确一点，一个人是见道、醒觉了才真正进入 *sādhana*。透过每一个行为，在每一个瞬间提醒自己——一切都是一个大妄想，都是脑所造出的虚的境界。每个瞬间不断地重复这个决定——不要被这个幻相带走。

一个人即使醒觉，依然会发现这个世界形相的吸引力非常大，还是随时可以把自己拉走。只是，一想起来，就又回到了存在的家。所以，也没有关系。

07
身体的意识

我们自然会发现，原本脑海里停不了的杂乱念头，在意识落入身体之后，念头也就自然停下来，身心也放松了。

这个道理其实相当容易理解，且本身就带着一个人生解答的大秘密。

我们一切的念头和烦恼是从中枢神经系统产生，而透过神经流到各部位再加上情绪所扩大的。中枢神经系统是依赖分别、二元对立的逻辑所建立，带来种种的比较，比如过去和现在比、和未来比、这里和那里比。

这本身就是我们烦恼和不快乐的来源。

我们大部分身体的细胞不受中枢神经直接的管制，既落在神经系统之外，也没有一个类似神经系统的架构，让它有一个人间的聪明。它自然停留在轻松而没有分别的一体意识。而这个一体意识和一朵花、一颗石头、大自然任何一物都是一样的。

我们懂得运动，例如瑜伽、螺旋舞和静坐，又同时让意识停留在身体，透过观想与身体合一，自然会发现把中枢神经带来的二元对立（例如好坏对错）降到最低，甚至把它停下来，也就自然达到身心的平衡与放松。

我相信，每个人都有过这种体验：本来对样样都很计较，很容易烦恼想不通，运动后身体一舒畅，很多烦恼自然消失，也感到更快乐。这不光是脑内啡的作用，主要还是念头消失，让我们减少对生命种种两难的看法。

我才会说一个人要找到永恒的快乐，首先身心要达到均衡。

每一个人都要好好面对自己，就像照镜子一样。也许在某些阶段多运动一下（包括瑜伽）让身心柔软，或做奉爱瑜伽的功课，或是反问自己让念头踩一个刹车。身心达到合一，本身就是 *sādhana* 最大的作用——准备我们，让我们自然回到一体意识。

一个人要醒觉，则是透过人类分别到极端、虚构出一整套念境（thought-world）的头脑才可能突然反过来照见自己。也就是说，没有人类的脑，也没有醒觉。而人类要醒觉，也是因为有这个脑。

尽管身体的设计不是为了醒觉，透过身体所蕴含的一体意识却可以彻底把醒觉落到身体。再说透彻一点，透过身体的感受，我们可以从脑的“动”的境界、思考的境界深深踏入肉体的境界，才说身体是意识的体现。

我们体验的深度、醒觉的深度，是透过这个身体才可以彻底表达出来。

身体只能透过知觉和感受来反应，虚构出来的念头不见得能渗进去。有些人觉得自己领悟了，是还在头脑上、透过逻辑的层面在懂。然而，这个懂、这个领悟要渗透身体这一层存在，让身体的每一个细胞都懂，把细胞的意识都转过来。

古人所说体会、感觉到、体验到、感受到“在”和上帝，是这个意思。

一个人走到最后，连身体都呼应这个逻辑上的领悟，都可以表达或是可以见证。这也就是我过去所说的报身的成就。

我也常常提到，身体并不是墓地，不是让我们把它当作一个垃圾桶。

我们也要好好照顾这具身体，它是一体意识的管道。

即使神经系统带来的分别是妄想。我们离不开身体的作用，这也一样是一个大妄想。就连我们认为身体的意识比较接近一体意识。这说法本身也只是一个比喻，离不开念相、也离不开妄想。

虽然身心是一个大妄想，但这种说法对头脑是太大的跳跃，我才会强调要先身心合一。透过身体，自然会发现合一是最快的方式。然而，最后连这个身体带来的意识，都要超越。

其实，比较正确的表达方法是——就连醒觉，都是人类才有的动力，而可以用“意识翻过身来”谈醒觉。

最多也就是这样。

到最后，就连一体，我们也要超越。毕竟讲得出来的“一体”，还是从我们局限的脑造出来的。有一个“一体”好谈，就好像“一体”是和“我”对立而对等的存在，反而完全失去一体的意涵。我们最后也只是发现——自己就是整体，整体就是自己。自己从来没有离开过整体、生命或一切。

自己，也只是快乐。

拾

从臣服到参，从参到臣服

——打开不合理的快乐

01

Who am I？我是谁？

前面提到除了臣服，还有一个大的修行的系统，也就是“参”。

“参”的方法，我只在《全部的你》的最后一章简单提过“Who am I？”“我是谁？”，也提到拉玛那·马哈希采用这个话头。

其实，这个系统的起源还要更早。

从两千多年前的佛陀就有，到后来演变成中国禅，也就是话头。不只如此，一千多年前印度吠坛多学派，开启不二论（*Advaita Vedānta*）的乔荼波陀（*Gauḍapāda*）以及集大成的商羯罗（*Adi Shankara*），还有后来同样谈不二论的 *Ṛbhu Gītā* 和 *Avadhūta Gītā* 这两部经，留下的也就是我现在称为“参”的系统。

这个系统不是一般人可以做到的。现代人被生活种种的现象和状况（也就是人间）洗脑而困住了，难以看穿眼前的现实，更不用谈脱离。所以，我在之前的作品先透过臣服来切入。

在这本书里，我想尽我所能来分享“参”这个对我而言最大、最有效的法门。只是，我也必须承认，只有比较成熟的修行者，才可能已经准备进入“参”所带来的挑战。我才会用那么多篇幅，一步步帮你准备来接触它。

“参”所牵涉的结构，也可以简化成 I-I（我—我）这样的表达。写在前面的我，是真我，也就是一体或整体；写在后面的我，是小我。

有时为了表达方便，我过去也会写作 I-I，甚至 I-i，也就是“我—我”来区分。

从操作来说，同样分成两部分，前面是肯定，后半是反问。

要肯定什么？肯定一切都离不开大我。

大我本身就是我们生命的全部，也就是上帝、是本性、是一切。大我也是我们意识的根源。包括一切，而我们也从来没有离开过它。

接下来，人间可以体会到、想到的，都只是“我”所创出来的。

我们不断虚构出来这样的认知——大我和小我是分开的，“我”和身边、和宇宙是隔离的。透过这种认知，自然认定一切所看到、听到、闻到、尝到、碰到、想到、感受到、体会到、领悟到的，都离不开“我”（也就是“参”结构写在后半的小我）。

我们在一天当中，每一个瞬间，自然体会到一切都是“我”虚构的现实在领着我们走，也就是——

> “我看到——”“我听到——”“我闻到——”“我尝到——”“我摸到——”“我想到——”“我感受到——”“我体会到——”“我领悟到——”……

参的练习

参，也就是——

> 体察这个“我”的感觉，同时肯定更大的真实。这含着一个更深层的理解——“我”不是大我，不是全部的我，也不是一体或整体。

无论这些体验还是思想多么微妙，还只是“我”创造出来的，跟一体、整体、大我一点都不相关。

参也含着这样的理解——大我（或说一体）从来没有动过，根本不在意“我”做或不做、看或不看、听或不听、体会不体会……这些跟它一点都不相关。Good. All good. 好。一切都好。一切都 OK。

接下来，再轻轻地问自己——这个“我”是谁？ Who am I？“我”到底是谁？

如果再有一个念头生起，就轻轻问自己：“对谁而言有这个念头？又是谁产生的？”

举例来说，如果有一个不快乐的念头，就可以参——

对谁而言不快乐？是谁不快乐？

有了烦恼——对谁而言是烦恼？在烦恼的是谁？

委屈——谁受委屈？现在，委屈到哪了？受委屈的人在哪里？

冤枉——对谁而言是冤枉？谁受冤枉？

欺负——谁被欺负？被欺负的“我”现在在哪里？

责备——对谁而言是责备？谁被责备？

不公平——谁觉得不公平？对谁不公平？

讽刺——对谁而言是讽刺？被讽刺到的，是什么？又是谁？

惨了——谁觉得惨了？是谁惨了？

想起一件不舒服的事——谁有这个记忆？是谁，想起了这个念头？

伤痛——谁受到伤痛？产生伤痛的点在哪里？

流泪——流泪的，是谁？发现自己在流泪的，又是谁？

发现自己还在难过——难过的，是谁？发现的，是谁？发现自己在

发现的，又是谁？

发现自己轻松下来了——轻松的，是谁？发现的，是谁？为了这件事而快乐的，又是谁？

这么一来，我们只要有任何念头，透过“参”就可以发现——念头的来源“我”从来不存在。

一切的念头都是“我”产生的，而“我”，从整体来看一点都不成比例。

只是，如果没有用这个方法，我们看不到它的根源，也自然就被念头带走。

任何所参、所反问的，最多也只是回到这样的理解——也就是从所参的“我”自然回到大我。

透过“参”，脑海自然可以踩个刹车，任何念相不再那么实在、都是虚的。我们不光是面对不好的事或中性的念头可以这么“参”，就连对好事也可以这么练习：

好事——对谁而言是好事？心动什么？谁心动了？

美——觉得美的，是谁？

漂亮——觉得漂亮的，是谁？眼睛一亮的，是谁？

喜事——对谁是喜事？喜滋滋想分享好消息又担心的，是谁？

珍贵——谁觉得珍贵？想紧紧抓住的，是谁？

参，自然回到存在的家

一整天下来，无论是谈话、开会、做事……我们都可以从肯定到反问，面对自己做“参”的练习。如果能夜里睡前、醒来都做，也就入门了。

我们只要多练习几次，就会变成习惯，也自然会发现一天下来随时在观察自己，也自然会发现这种问题没有答案。

这个“没有答案”，也就是念头与念头之间的空当，才是我们的真实。

所以关键不是在问，而是守住小我的念头（I-thought）[1]，我们只要开始有念头就轻轻问，而这一问本身已经是答案。

只要我们轻轻松松面对“我”，自然发现它不存在，也自然让我们落在大我——回家，回到存在的家。

任何答案，只是让我们化出一个对象、一个客体、一个局限、一个条件、一个制约。这并不是说怎么答都错，而是，探问自己的所知、所感到了一个地步，任何答案的对错一点重要性都没有。

问，也只是轻轻把我们带回家。

只要轻轻松松含着“参”的味道，跟着念头的起伏，透过“参”带来一个刹车，我们自然发现——“参”，也只是让我们透过念头的生灭走到念头或“动”的根源。这一根源也就是无思无想、不动、没有生过没有死过，跟人生种种精彩的内容、悲伤的故事、兴奋的期待其实一点都不相关。

“参”是这么对小我的念头一直追根究底，回到它的根源。

回到根源之后，停留在那个空当，也就是全部生命或存在的“家”，也就是“心”。

刚开始，我们停留在空当的时间可能很短，也就一个刹那，一个念头与下一念

① 这是借用拉玛那·马哈希（Ramana Maharshi）的词汇，直译的话可以译作“我念”。

中间极短暂的片刻，接下来我们的脑又开始起伏，从我→我是→……一连串连贯下去→我是身体、我是（某个）身份……

然而，只要继续“参”，念头之间的空当自然会愈来愈长。到了最后，我们沿着念头随时可以回家。

甚至，随时停留在家。

“参”的微妙之处在于从“动”着手，反映这样的理解——念头本身就是“动”，而人间是透过“动”（念相）成立的。我们所认为的人生从来没有离开过“动”或“做”，连一般人的修行都离不开动或做。

可以说“参”和一般静坐的共通之处最多在于——透过“动”走向不动或合一、走到无思无想。然而“参”没有一个重复的模式，不能算是静坐。静坐还强调一个追求；“参”则是承认我们早就是完美的，最多是再做一个小小的提醒——我们早就完美。

静坐还有一个对象、客体，到最后主体“我”和客体“你（一切）”合并。“参”则是只承认一个主体——I Am.，也就是大我、存在、生命、一体。透过参，我们只是轻轻松松回到主体。回到这唯一的主体，自然没有什么客体好谈的。站着不动，甚至连主体也不存在了。

“参”还可以更进一步，让我们从不动再落到“心”，也就是一体。

这就是古人所说的“从脑落到心”（The mind drops into the heart.）。

“心”才是我们真正的灵性中枢。

我们会突然发现“心”或一体和动或不动不相关。它包括一切，又什么都没有，也就是“空”。因而消除了一切矛盾，包括动和不动的对立或矛盾。

“参”本身是最有效的方法，让我们回到“心”或一体，而随时可以观察到念头的起伏。这不是要我们不动或不想，而是刚刚好相反——是透过“动”和“想”，念头只要一起伏，我们马上可以透过“参”踩刹车随时回到一体、活在“心”。

从脑落在心，我们也可以用乌龟在壳里表达“心”。脑，就像是任何时候，从壳里露出来的乌龟的头和脚。“参”最多是“脑”一从心露出来，透过提醒，又自然回到心。

透过“参”肯定一体和生命，反问是“谁”在动，自然让心和一体落在我们每一个动、每一个想、每一个念头。因此，我们才真正活出神圣的生命，让我们生命的主人——心，带着我们走下去。

它是唯一的一个方法让我们随时看穿这个世界，同时不落入任何角落、再也不会把无限的整体落入局限的“我”。

我才会说，一个人尝过醒觉的滋味，会发现“参”才是接下来活过一生的工具。透过“参”，我们可以和有限的生命与人生做一个接轨、做一个整合，并消除任何矛盾。

哪怕忘记了，又回到人间、回到“我”，我们只要轻轻松松透过“参”记起来，也就又回到一体了。

什么也没有得到，也没有损失。

一切都好。

参，当作每一天的功课

和前面提过的臣服一样，“参”是一早醒来、第一个瞬间就可以开始的功课——

刚刚睡着的是谁？

睡得好或不好的，是谁？

有好梦或噩梦的，是谁？

做梦的人，又是谁？

甚至，比这个瞬间还更早。我们一早醒过来、还没有念头之前，还不知道自己是“我”。在那个不知道、又知道不知道的中间有一个空当，是“我”还没有起步时的空当。

这个空当是最珍贵的，本身就是一个无思无想的空，也就是我们每个人的真实、是我们的本质。那时候，好像有，又好像没有，最多只是轻微地知道。

没有知道什么，一切念头还没有起伏，只是轻轻松松地知道。

我们的本质，也就是这样。轻轻松松，好像很微细地知道，但是知道什么，其实没有答案。

这个空当，还可以扩大、延长。它就是我们的真实，是念头和念头之间的空当。在意识还没有起伏、还没有生出念头之前，它已经开始作业了。

把这个空当延长或扩大，自然就为一天的意识状态定调，并让我们进入这个状况。

失去了这个状态，一个人可能化为旁观者——看着自己醒来，看着自己之前还在睡觉。

倘若失去了旁观，一念“我是……”，分别心一起，这个本质就又落回背景，我们也就马上被这世界带走。

然而，念头一来，我们也可以这么“参”。不只念头，我们即使在处理事，也可以这么“参”。

假如我们第一个念头就是“参”，面对这一天让“参”带一个头，这一来，自然为自己做一个提醒、面对所有纷杂或简单的事就比较容易记得。

我在穿衣服。——谁在穿衣服？观察到在穿衣服的，是谁？观察到正在观察的，是谁？

我在刷牙。——刷牙的人是谁？看到正在刷牙的，是谁？观察到正在看着的，是谁？

一路就这么走下去。

如果一早起来、或夜里醒来第一个瞬间没有这么做，这个空当也就错过了。接下来念头丛生，我们也很难再掌握。然而，即使忘记了，连"参"都起不来，那也没有关系，我们可以运动、可以静坐、可以做瑜伽，将意识落回身体。

重点是，只要我们轻轻松松地把念头和念头之间的空当、睡着和醒来之间的空当拉长到甚至永恒，也就自然走上醒觉的路。

参，最犀利的练习

严格讲，"参"不是一般人所称的静坐，却可以称为静坐之首。怎么说？

一般人所理解、所教、所仿效的静坐，都是一种有系统、有结构的练习——稍微把注意力集中（止），或让我们做一个旁观者（观）。

可惜的是，即使静坐多年，许多人还是停留在方法的层面，被自己建立的系统绑住。哪怕我多次在《真原医》和《静坐》中提到真正的静坐是领悟，也很少有人真正听懂或认同。

为什么可以说"参"是静坐之首？

我们修行到最后，一定要透过"参"跨过去。"参"带着一种扭转的动力，就像提供一个扭力，带我们回到心。不然，是回不去的。毕竟我们一般抓这个世界抓得太紧，放不掉。

"参"，可以说比持咒还有威力。

持咒也是一样，念到最后，我们身心合一，没有一个咒好持。只是，一样要透过“参”——谁在持咒？谁知道自己在持咒？才可以一步回到家，自由。

（其实，哪怕没有那一步，也早就回到存在的家、自由了。可惜的是，我们并不知道。）

一个人遇到“参”是千万生难遇的。

如果遇到了这个方法，又遇到了一个好的老师带着做，这个福德是不得了的。就算这个人这一生没有醒觉，说不定下一生很年轻就遇到这个法门，或生在修行的家庭，修行的路会比较顺遂。

懂了这些，一个人自然好像从早到晚头上顶着一把燃烧的火那么般急迫，“参”也就成了最紧要的事，而且没有第二件事比这个更重要。

02

接受现状，从这里开始

你读到这里，会觉得“臣服”和“参”这两个方法好像是不同的系统。然而，谈到最后，这两个方法其实还是同一个方法的一体两面。

比如说，我们臣服到最后完全宁静了、完全与生命合一，自然会发现还可以观察到一切，甚至可以观察到一个旁观者在观。这时候，自然会产生“这个我，到底是谁？”的一问。

没有念头了，还知道没有念头，那么，这个“我”是谁？

即使不刻意去追求，“参”自然会出来。

——

为什么“参”在当代这么重要？

因为现代人的观念已经饱和，读书就可以读到很多古人的智慧，甚至是参的心得，也就很容易拿这些书上的观念当作自己的体悟，并觉得自己已经领悟到、已经到这个境界了。

这时，其实更需要追根究底——还在知道境界的，是谁？觉得自己领悟到了，是谁？

同样地，“参”到最后，追着小我的念头一路回到根源，自然落在“心”，也就是自己的真实、生命、空。这时一个人自然臣服于一切、臣服于自己的整体。

从臣服，自然会走到“参”；从“参”，会走到臣服。

我才说它们是一体两面。

从每个角落，都可以切入“参”

和臣服一样的，“参”也不是一个单一的方法，而是有很多变化。

有些人“参”到最后完全宁静，一个念头都起不来。也有人从早到晚不断地问“我是谁？”也有人念头或情绪多，随时产生一些疑问、不安全感和恐惧，并且发现自己无法立即踩一个刹车。同样地，还可以继续“参”下去：

这些念头和情绪是对谁发生呢？

谁有这种不安全感？

谁有这种恐惧？

谁有这么多念头？

谁有这么多感触？

想表达这些念头和感触的，是谁？

这就是“参”，一路“参”到底。

没有一件事、一个念头、一个感触是“参”不了的。

就这么一路做下去，我们也就能随时打开念头的制约。

“参”和臣服一样有很多切入点。每个人的状况不一样。我们要对自己很坦白、接受自己的现状，就从那里开始。

比如说，有些朋友在练习“参”的时候感觉不太对劲，念头完全停不下来。或许，我们可能从早到晚都在抱怨、责备别人、责备自己，认为这个世界不公平，觉得自己受到委屈，都是周边的人不理解……总之，一连串都是负面的想法。

这时候，我们要先让这些负面情绪和念头有一个出口，像是采用前面谈的各式各样的方法——运动、瑜伽、静坐，先让身心达到舒畅，再透过“是吗？”踩一个刹车。或者先做臣服的功课，把自己的问题交出来，交给上帝、交给圣人，再进一步为世界承担这个痛苦。

我们每个时点都有不同的状态，自己清楚，自然就会选择最适合自己当下的方式，并不需要非怎样不可。可以说，一切的 *sādhana*、一切的练习走到最后，只是把头脑静下来，并让我们自然走到“参”的门口。

参，是最有效的心理治疗

为什么这么表达，在这里我会多分享一些。

一个人如果习气很重、比较偏执、比较极端、有些过不去的心理障碍（我们每个人多少都有），甚至自己会感受到一些不良的冲动，或身不由己去从事一些恶意的行为，像是抢夺、欺负人、骂人、心情不好就找人出气。这些毛病，不是用压抑、克制可以彻底改过来的。但一样，我们还是可以轻轻地“参”。发作了，还是可以提醒自己——

刚刚有这种萎缩、这种反弹、这种冲动、这种行为的，是谁？

它是从哪里出来的？

是从谁出来这种行为？

这个习气/执着发生在谁身上?

它怎么来的?

再举一个例子，比如说习惯性的偷窃或不老实。当事人自己知道，事后也很懊恼，并会责备自己。但无论怎么责备，总是没办法解开这个毛病，困在“发作→自责→身不由己再发作”的循环，长期习气的制约很难打开。

然而，透过“参”，一个人可以轻轻地看到——还有一个旁观者在看着自己的行为。

久了之后，原本的毛病正要发作或快要发作的时候，自己可以看到。看到了，也就出现一个空当。原因消失了，这些行为也就失去了动力。

我们这样踏踏实实“参”下去，自然会发现它是最好的心理治疗。就连很重的习气或业力都可以扭转。无论是受到委屈、被冤枉、觉得自己受害，还是伤了别人或是怎么也改不了的行为问题……不管我们认为自己有多少罪，只要诚恳地去做，都可以透过这个方法打开。

心理学的角度是以身心为主，最多提到身心要平衡，依然认定真有身心的存在，一样是以物质世界的形相为主的观点。心理学的疗愈一般特别强调感受的转变、情绪的重要性，鼓励人把情绪发泄出来、不要压抑，来达到一个情绪状态的转换。

当然，这没有错，确实能让一些结解开。只是，也并不是完全、彻底的解开。

一般的心理学强调追究过去的问题，并在问题中不断分析。即使后来衍生出超个人心理学等领域，还是一样以身心为主，还是站在“我”的角度去看一切。虽然认为这个一切是超过人与人之间的关系，但还是离不开身心的中心。

我所谈的方法则是跳出身心的层面，这一点，希望能与心理学进行明确的区分。跳出身心的层面，并不是要我们放弃一切，最多只是放弃“我”。只有放弃“我”，其他的层面称不上放弃，也没有排斥。

让我再换一个比喻，就像屋子着火了，一般身心疗愈或心理学面对问题会想知道是哪个房间着火了，甚至要问清楚是不是两个、三个或更多房间同时在着火，以便把所认为的问题根源找出来。有些心理疗愈甚至希望火完全烧过去，好像全烧过去问题才消失，并强调要让情绪反复出来、把理由找出来才会解决问题。

透过我们这里所谈的“参”的方法，反而是突然体会——根本没有火，甚至连房子都没有，哪里来的事情？哪里来的问题？就连“我”都是一个大妄想。根本没有“我”在做事、在动、在想、在责备自己。停留在“Who am I？”“Who am I–I？”“我是谁？”“‘我—我’又是谁？”

这么一参，它没有答案的。最多是“是我啊，当然是我”。

那么，“我”又是谁？

在这个没有答案的当中，我们就已经回到了更大的我。

停留在这里，自然就把很多念头降下来了。问题回到“我”，无论是大我还是小我都一样，走到最后自然无思无想。问题的根源也就消失。

我过去也提过，要解开一个问题，不可能在问题所在的同一个层面来解答。就像之前谈歌德尔定理时用的圆圈，如果我们要解决小圆圈内的问题，要做的并不是在小圆圈里打转，而是从小圆圈外、跳出问题所在的层面来解答。

人生一连串的问题也是这样，去分析、去面对、去解释、去想对策，是解答不了的，都还是在同一个层面绕。只有跳出来——

“我是谁？”

知道这都是空的、是虚构的，一切的问题才可以彻底解答。

这就是修行的关键。

记得我是谁

前面提过“参”和其他静坐方法不一样——它只是轻轻地提点一下，让我们回到本来就有的领悟的状态，而不需要再透过静坐和各种方法去追求。这个方法甚至不是让脑安静下来，而只是提醒一个事实——**我本来就是领悟，只是忘记了。**

“Who am I？”“我是谁？”也只是突然体会到这一点。

我们也只是记得自己，记得真正的根源，永恒快乐的来处。

“参”只是带我们回到真实、回到我们本来就有的，并不是透过它可以追求到什么、或带我们到别的地方、或让我们取得未来的成就。

我们的心是最简单、最根本、最轻松的存在，根本不需要我们去追求、去寻、去找，甚至不需要参。

我多年来觉得最可惜的是 *ātma-vichāra* 这个词的翻译，无论是英文译作 self-inquiry 还是中文的“参”，都错失了重点，好像还在寻、在找。其实，它最多是一个记得的概念——记得快乐、记得圆满、记得一体。

最多只是这样。

“参”的练习含着两个层面：一个是问“我是谁？”；另一个就是提醒自己本来就是领悟。到最后，不是要我们放弃什么，也什么都没有死，只有“我”消失了。然而，回到这具身体，“我”又回来了。

这样“参”下去，我们自然会愈来愈快乐，会发现自己与人间任何实体、任何现象、任何成就都没有关系，甚至连任何追求、目的、生命的意义都没有关系。

我们轻轻松松解开，没有什么负担了。

渐渐地，自然会发现念头少了，我们自然把瞬间包容起来。放过自己、放过别人、放过这个世界、放过这个瞬间。突然也没有一个自己需要救，也没有一个世界需要救。最有意思的是，反而从心里自然浮出爱、快乐、平静。

我们自己就成为爱、快乐和平静的体现（embodiment of love, joy and peace）。

我们这一生接下来自然会选择服务，虽然看起来在服务别人，其实也只是服务自己，因为自己已经和整体分不开。这个自己，已经是真实的自己。

一切爱、快乐、平静从来没有离开过真实的自己。爱，也是自己爱自己。喜乐，也是自己喜乐自己。平静，也是自己平静自己。

这就是最大的秘密，也是快乐真正的来源。

这里指的不是一般的快乐，而是 bliss 欢喜。这不是一般人间的快乐，而是无条件的快乐，是大喜乐、大欢喜，也是每个人都可以做到的。

03

Meditation of I Am “我—在”的静坐

一个人懂了，自然可以随时采用“臣服”和“参”这两个方法。

也许我们的制约或业力比较重，总是在责备自己；或经历很大的创伤、失落、灾难，生命遭遇相当大的萎缩，情绪有很深重的反弹；很多念头、很多烦恼，待不住，做不了，并且难以练习。也可以透过前面所谈的其他方法来调整。

此外，还有一个很简单的方法可以采用，也就是我接下来要介绍的“I Am.”“我是”或“我在”的方法①。这个方法相当重要，一方面为我们铺路，另一方面也是“参”和“臣服”两个大法门的结合。

“I Am.”“我在”——对上帝的静坐。

“I Am.”这两个字就是在称上帝、佛性、生命真正的主体。主体与客体合并了，也就不分了，我和你和世界也都合一了。一切都只是代表一体，而一体不可能再跟自己的哪一个部分分开。

---

① 我之前把 I Am. 译作“我是”。仔细体会，“是”好像还含着一种动力，带有成为的意思，没有反映出be 动词（am）“存在”或“在”所含的不动。在全部生命的探讨中，我觉得比较正确还是译作“我在”。

就连要说“我是谁”，也没有什么好说的。“I Am.”“我在”两个字也就说完了。

我在《静坐》中也提到很多呼吸的法门，例如数息或观息，从数息自然会进入观息。接下来，结合呼吸的“I-Am Meditation”“我在”的静坐，是把“参”和“臣服”合并最简单的方法。

试试看，闭起眼睛，舒舒服服地坐着。吸气，吐气。

吸气，吐气。

吸气，我也知道。

吐气，我也知道。

吸，我知道。

出，我也知道。

每一口呼吸，我都轻轻松松地在观察。

观察到每一个呼吸的动作。

进。

出。

进。

出。

透过这个方法，不刻意去影响，我们的呼吸自然会慢下来，让我们放松，念头自然也就会减少。

放松到底。

我们还是可以观察到呼吸。

每一口吸气。

吐气。

最后，自然会发现我们的注意只剩下

吸气。

吐气。

这时候，自然会产生一个问题——谁还可以观察到呼吸？

谁是这个见证人，看着呼吸，欣赏呼吸？

每一口呼吸都知道的，是谁在知道？

答案很自然是：**我，知道**。

或“**我　在**”。

或“**我**”。

观察这个呼吸的，已经远远超过我的小我。是大的我，在观察呼吸。

这时候，轻轻松松落入每一个呼吸。

每一口呼吸，吸进来——“我”。

吐气的时候——“在”。

吸气——“我”。

吐气——“在”。

进——“我”。

出——“在”。

一进一出，最多也只是——

“我　　在”。

呼吸一进一出，罪也好、烦恼也好、过不去也好、痛心也好、悲伤也好……全部交出来。

我　　在。

我　　在。

我　　在。

只要投入，几个月下来，我们自然会脱胎换骨，愈来愈快乐。我们开始变得轻快，就好像许多业力消失了，跟自己过不去的念头突然解开，这些问题变得不再重要。交出来，也就和自己无关了。

本来心里觉得很严重的问题、过不去的问题，也就过得去了。

交到后来，没有问题了，把全部的我、全部的世界投入并交给呼吸。

最多只剩下——我　　在。

它本身带来一个臣服的作用。

同时，体会——

我　　在

但不等同于这个身体。

我　　在

是在表达一切、整体或一体。

我　　在

变成一个路标，让我回到整体——真正的我　　在。

我　　在

就是摩西和耶稣在《圣经》多次重复的——I Am.

我　　在

接下来还有什么？

最多，留下来——

我　　在。

再做下去，会发现我—在之间的停顿拉长了。

我——在

我————在

我——————在

上一句的在，和下一句的我之间的停顿也拉长了

我——在··我———在···我————在····我—————在……

到后来，没有一个念头好接下去的了。没有这个“我”，也没有“在”。会发现身体呼吸仿佛停下来，念头好像没有了，消失了。

一个人，也就自然欢喜。

“我—在”的静坐本身就含着“我是谁？”，本身已经包容了“参”，并且就连“参”都起伏不来。

一念和一念之间的空当好像拉长了，进入一个无思无想的沉默。

完全宁静，没有念头，一个人自然进入“止”（*śamatha*）。

而且，眼前只剩下“定”（*samādhi*）。

接下来，念头可能又开始起伏，自然产生一个“怎么还知道？”“怎么还在？”，好像有、又好像没有，好像知道、又不知道什么的知觉——“还剩下什么？”

这样一路走下去，脑也就自然落在心。

站在心，一切都只是如此。

一句话，甚至一个念头都是多余的。也只剩下宁静、爱和喜乐。

这本身就是“在·觉·乐”。

谁看到、谁体会，我们都不去追究，因为没有答案。

这自然产生“参”的作用。

这个方法结合“臣服”与“参”，为心烦意乱、悲伤很重、受到大委屈的人铺出了一条路。原本静不下来的，突然也静下来了。

只要有恒心地练习，短时间内就会带来不可思议的转变，并消除这些沉重的习气。

“我—在”→“我—我”

这个方法，也可以采用下列的变化，也就是“我—我”。

我，在看我。也就是大的我，在看小的我。

我是一切，我是由一切延伸出来的念头、是幻相。

不断地“我—我”——等于随时在提醒自己，一切是我，在看我。

都是这样流转出来的。

“我—我”

“我—我”

“我—我”

不断地提醒自己。

一样地，我们只要贯通了，什么都会变成静坐的方法，都可以是修行的工具。

04

三点提醒

讲到这里，我相信你已经发现，这本书和过去的作品都在强调——我们真正的本性或是快乐就在眼前，不用再去追求，只是轻轻松松地记得或把一些表面的阻碍挪开，它自然也就亮出来了。

无论采用的是臣服、参，还是其他的方法，都只是一个工具，让我们把本来就有的找回来，而不是透过它们可以得到一些本来没有或不存在的。这是不可能的。

比较重要的是，我们每一个人都是完美而完整，一点一滴都加不上去，也减不下来。

这些说法不是理论，而是不费力可以活出来的。

过去大圣人的行迹，可以作为领着我们的指南针。他们透过个人生命所验证的解答，我们也同样可以验证。

这里我还是要再提醒一次，提醒你也提醒我自己——这一生来，太宝贵，我们要珍惜。

我接下来会分享三个重点，可以让我们随时提醒自己。

这三点提醒，正是前面“参”的练习所提到的肯定的部分，也就是肯定大我，肯定生命。

早上一醒来，刚睁眼，除了前面谈过的接受、臣服于自己现状的功课，就提醒自己——

我，我懂，我感受到，我体会到，我用每一个细胞都领悟到——

一切，一切我所可以看到、闻到、体会到的世界，都是脑投射出来的。一切——任何东西，你、我、别人、这个世界、一棵树、任何经验、修行、生存、领悟——都还是离不开念头或妄想。

一切都还只是念相，没有真实的本质好谈的。

我，我懂，我感受到，我体会到，我用每一个细胞都领悟到——

我从来没有生过，也没有死过。不可能生，也不可能死。我是永恒的。这个生命、一切人生所经过的，跟真正的我不相关。

我只是"在·觉·乐"。

我，我懂，我感受到，我体会到，我用每一个细胞都领悟到——

每一个人、每一件事都没有"我"。完全没有"我"。样样都没有"我"。都是平等的。

人和人之间是平等。人和动物是平等。人和植物是平等。人和事是平等。

"我"是"我"的脑投射出来的。"我"反映因果，而因果反映脑，也就是念头。

一切都没有"我"，也就是承认一切的因果都是脑投射出来的。

从整体的角度来说，它其实不存在。

没有任何东西有"我"，本身就没有"我"，没有存在的因。

一般的存在看起来有一个连贯的因果关系，都是脑投射出来的。

我把人、动物、植物、矿物……种种形相当作真实，才建立一个虚构的“我”，并划分出一个世界、一个生命、一个人生、一个故事。接下来，我不断在这个虚构的世界建立彼此的关系，再加上过去的记忆和未来的投射，自然不断强化这个虚构的“我”。透过这样的洗脑，就这么活过一生。

“我”本来就没有存在过。我也不可能从“我”解脱。

连这个解脱，都只是一个“我”在解脱。

没有“我”哪里有解脱，哪里有失败，哪里有生命？

这三点提醒，如果你理解了，可以用你的方式来表达。

如果可以当作像咒语一样，从早到晚在心中提醒自己，这三个提醒就活起来了。这么提醒，并不是要我们一字不漏地重复别人的话，而是用自己的口语表达出这三点提醒的意思。只要一再地重复提醒，它的深刻自然对念头踩一个刹车，作用就像持咒一样。

强调没有“我”，也就是说没有什么是冲着谁来的。我们所见的一切、自己或别人所做的事、自己遇到的情况或别人造成的状况，里头其实没有任何个人的动机，也不是冲着某个人来的。

我们一般都会认为是别人害“我”、别人欺负“我”，或是“我”要如何对付谁，在所有遭遇中都有一个“我”作为个人的出发点。

然而，没有“我”也就是说——任何这些事情都没有“我”、都不重要、都是妄想，都是从“我”出发的。

任何事，只要去追查，真正的来源是“没有我”，也就是空，我们都可以把它放过。任何人，任何事，我们都可以原谅。

我们只要不断提醒自己这三个重点，生命样样都会简化，思考的范围也会变得简化。我们自然变得轻松，也就解脱了。生命的质地变得轻盈，而不再那么粗重。

有意思的是，我们明明什么都没有做却已经在转变。

甚至，纯粹的快乐自然会浮出来。

这一快乐，和人间任何事情、现象都不相关，就是我们的本性。这就是我们这一生非要体验不可的。没有任何东西比这个更重要。

非但如此，前三点，表达的其实是——不只没有“我”，甚至没有“法”。

不光任何所见的都是“我”造出来的，任何理解、任何可以描述出来的观念或思想，本身依旧离不开“我”、离不开局限、也离不开妄想。

透过这个“没有‘法’”的理解，我们自然懂得什么是大平等心——自然发现人和人、事和事、经验和经验之间的差别不过是神经系统造出来的一个回路，一样是虚构的。

彻底懂了这三点提醒，自然会走到第四个重点。它的地位可以说和前三个平起平坐。一个等于前面三个，也包容了前面三个，是前三个的汇总——

> “我”，不是真正的我。“你”，也不是真正的你。任何眼前所看到的，不是真正的我。任何东西，凡是可以表达出来的，都不是真正的我。
>
> 我，到底是谁，我不知道。
>
> 但我知道，真正的我不是什么。
>
> 甚至，用任何什么，任何描述、任何语言、任何念头，甚至任何原则，都没办法解释。

这个不是原则的原则，也就是智慧。

其实，智慧是知道——没有什么东西叫智慧，这就是智慧的起步。

智慧的起步是——样样都不是。

早上起来，在做梦的不是我，不是真正的我。

镜子前面所看到的，不是真正的我。

这个身体不是真实的我。

在讲话的，不是真正的我。

在听你说话的，不是真正的我。

这世界不是真实的我。

眼前的计算机不是真实的我。

这张椅子不是真实的我。

眼前的你，不是真正的我。

这件事，不是真正的我。

一天下来，所见的一切……都不是真正的我。

任何宝贵的领悟，都不是真实的我。

就连静坐见到了天使，或者像一万个太阳温暖又明亮得不得了的光明，也不是真实的我。

无论什么境界，多微细或多粗重，就是上天堂或下地狱，也不是真实的我。

就算见到大圣人来灌顶，也不是真实的我。

各种奇奇怪怪的现象和神通现前，也不是真实的我。

一路走下去，就连佛陀来到面前，也不是真实的我。

这样，一个人才能穿过去，真正看穿。

一般人会认为醒觉或开悟应该是相当特殊，甚至震撼的体验，也通常会认为一个人开悟或醒觉可以突然得到或取得什么超乎寻常的能力。

其实，从外在，是得不到醒觉的。醒觉，只是一个内心转变的成就。这一内心的层面是我们每个人都有的，只是仅有少数人知道自己有。

不然，就像我们会去抓这个世界，我们同样也会去抓任何比较微细的境界，而且还会以为这比世界更真实。修行最艰险的陷阱，也就是这样。

所以说智慧的开始，是知道没有什么东西叫智慧。这个智慧才会打开。

就连智慧，也不是真实的我，不过是几句他人所留下来的话。

就连修行走到底，这个底，其实没有底的，也不是真实。

任何东西，都不是真实。

我曾经说过，一个人失去种种的确定感，就像猫从墙上滑下来，还在想法子刮下一点东西。修行，也是这样，还想抓一点东西，哪怕是最虚无缥缈的错觉也好。这，是头脑的本性。

真正的修行，什么都不抓，什么都没有。就像一个人从山顶往下坠入一个碰不到底的意识海，就像无底洞一样深、像大海一样广。他没有任何安全感，没有一点可以确定，这才是解脱了。

你让他讲，他也讲不出来，没有什么好讲的。

就连这个也没什么好讲的，也不是真实。

这就是一般人最难理解的。

透过局限的脑，从任何角度去谈整体，都只是头脑的想象。

我相信，站在分别局限的脑，会认为这一章所谈很不合理。我们当然认为有个人生好谈、有事情要处理、有烦恼要窝囊、有家庭要照顾，怎么可能真实是不生不死，还是永恒的。

也就是说，我们当然认为有业力、有因果、有前、有后。

然而，差别是我们站在人生的制约在看一切，或是站在无限大的整体在看。

一个人不断地提醒自己样样都不是真实，自然就循着“我念”的流（I-thought stream）一直走回根源。这个根源就是一体，就是整体。

这个一体本身就是永恒的现在（eternal presence or eternal now），自然就把“现在”延长到下一个瞬间，甚至明天，甚至持续一个星期、一个月，都离不开这个瞬间。

不合理的快乐，就是扎根在这个永恒的现在。

只要我们移动这个意识回到整体，自然会发现这一章所讲的是再基本不过的常识，并且是最自然的理解。

想不到的是，我们本身就是整体，整体就是我们。是透过脑，我们才和整体分离。

古人很辛苦，用各式各样的语言来表达这个“不可说”而且还说不清。我们现在用数学的语言可以跨过去，可以解释无限大或无限小，至少好像看到了门口。

前面三点提醒，再加上最后的汇总相当重要。一个人如果可以真正活出来，真正体会，真正做到，他其实已经醒觉过来了。

可以说，如果有什么征象可以让一个人知道他在醒觉的过程，也就是这些。

特别是最后的汇总，要好好掌握。修行的过程无论出现再怎么微细、欢喜的境界，都还只是错觉。单单这一汇总就足以与前三个平等，它就是有那么大的作用。

这四点提醒，和“参”是一致的。

我在前面提过，“参”没有一个固定而现成的答案，或说“参”本身就是答案。虽然说“肯定”或“提醒”，但透过任何描述得出来的话来肯定其实也并不正确，最多只能表达“什么都不是”——这个也不是，那个也不是。

我们也可以理解，佛陀所谈的自然走到一个“否定”——不是这个，不是那个。

假如什么都不是，那么“我”的根源是什么？

前面第四点提醒所用的表达——眼前的一切不是我、这个不是我、那个也不是我，都不是永恒的我。这些话也是在表达这样的理解——任何可以描述出来的，都不是真实。

参“我是谁？”“谁有这个念头？”只是轻轻地把我们带到这个理解——凡是可以谈、可以说、可以体会、可以想到的……都不是真实，都不是永恒的。

我们仔细观察，无论透过臣服还是“参”，走到最后都是这个理解。

站在整体，这些念头和想法不断地从脑海浮出来。你也自然在一个醒觉的过程，且任何东西都挡不住。任何东西，相对都不重要了。

你自然会发现，有这个生命，其实就是带你走到这里、走到这条路上。

没有人间的快乐，可以相比。

没有任何痛苦和失落，可以让你退步。

你最多是一路走下去，把生命的全部做一个体悟。

你就醒觉过来了。

走了那么多冤枉路，你自然会发现，醒觉不依赖时间、不仰仗时空，也不靠任何方法或练习。

它自然就在你眼前。

修行，可以比喻为剥洋葱，是一层一层把外在带来的念头、身份、认知剥开，我们自然就会找到核心，并且这个核心是每个人都有的。一个人最多只能放过自己，放过这个世界，不要将自己落入任何角落，不做任何反弹，让任何现象可以来、可以走，知道这一切跟真实的我一点都不相关，再也不会被这个世界带走。其实，这才是醒觉。

04

好，一切都好

就像一切的静坐、一切灵性的修持、一切的臣服自然走到“参”，同样地，这本书所有的章节也自然走到最重要的观念——

Good. 好。

All good. 都好。

All is good. 一切都好。

It’s all OK. 一切都 OK。

一切都好，它不是一个理性的观念。毕竟从各角度来看，人间处处有仇恨、悲伤、不公平、残忍，我们怎么可能认为一切都好?

只是，站在整体的角度来看，也就是这样。

它不可能再完美，不可能再完整。

连一个分别完美与否的念头、任何分别的念头都是多余的。它本身已经完整，没有需要补充的观念，甚至没有境界好谈。

所以，当然一切都好。

我们做那么多灵性的修持，到最后也只是为了抵达这个理解，并且可以执行、活出这个观念——好，一切都好。

一切都好，是要透过宁静，无思无想，没有思考的状态才可以体会。

一切都好，也是表达我们最高的信仰。对自己、对宇宙最高的信心，知道宇宙不会犯错。知道自己在这个点，完全是安排好的。

是宇宙的安排，我今天才会到这个点，才会到“这里！现在！”

我过去一切的错，表面上看来的错，其实不是真正的错。透过这些表面的错，我今天才有机会接受这个观念。

一切的失落，无论多大，多让我伤心，也只是为了准备，让我接受这个观念。

我再也不计较。没有什么好计较。生命的一切都是完美的安排，让我走到这一点，让我能够修行。

这么一来，一个人就突然解脱了。所有过去的悲伤、阻碍、负担突然消失。就连生命的意义也不用再追求，也没有什么意义好追求。

这样走下去，自然会发现每一步都是安排好的。我们最多只能投入每一步，把自己交出来，臣服于生命，臣服于更大的自己。

也就是这样，任何时候，也许在走路，或轻松地用餐，我们可以一边提醒自己——

我，其实跟世界不相关。我，其实不是这个世界组合的。我，其实不跟我个人或集体的生命相关。

我，其实是自由的。

活了多生多世，一次一次地再来，才发现就是因为过去不懂，所以会去抓、去投入每一个形相、每一个“我”的境界；才发现这是最不理性的，毕竟这一切是一个大妄想，是脑创出来的。

只是“我”在昏迷中，把世界当作真实。“我”跟着这世界烦恼，跟着这世界失落，跟着这世界悲伤。

而我，再也不会被骗了。

我醒过来，清清楚楚，再也不跟这个世界打转。

我快快乐乐地活在这世界。享受它也好，不理它也好，再也不做任何反弹，甚至也不再萎缩。

让这世界像一场电影，最多像云雾一样，透过我穿过去。我再也不把它当作一回事，当作真实。

这就是——好，一切都好。

我在这里，把这几句话当作宝贵的礼物，送给你。

一个人真正活出一切都好，自然发现已经活出宁静、涅槃、欢喜、永恒、空、全部。

有一天，假如你可以真正活出这几句话，我相信快乐已经在你心中。

你最多是大笑一场，看这世界——一切都好。

回头看，最多也只能讲——一切都好。

好，一切都好。

好，一切都好。

一切都好，不可能不是这样。

结语

这本书的主题是快乐。我们从快乐这个主题，走到了生命更大更深的层面，也就是探讨——快乐的人或不快乐的人，是谁？或是有没有一种快乐，远远超过我们人间的快乐？或是，还可以进一步说，有什么问题，比这个生命的根源，也就是真实，还更重要？

针对这些问题，我希望都已经做了一个妥当的回答。

我也很有把握，这里所讲的一切，早晚有一天都会被科学验证——是透过未来的科学，而不是现在人间的科学。

当时爱因斯坦采用思想实验，透过逻辑可以得到答案，后来，思想实验也变成物理学相当普遍的一个工具。

同样地，我也认为，只要透过逻辑，自然可以达到我这里所要得到的结论——生命或意识有更大的层面，并远远超过人间带来的限制。只是，这要靠不同层面的逻辑才可以理解，并且这逻辑远超过现在二元对立的逻辑。

只要跳出我们目前思考的限制，我相信这个答案就在眼前，不用费力追求。

然而，这些探讨对我个人都不重要，我相信对你也不重要。最关键的还是我们的人生能不能走出一条路，并且这条路充满潜能、希望、活力——充满了快乐。

这才比较重要。

若非如此，我不会选择写这本书，也不可能认为自己有任何资格做这方面的分享。正因为我充满信心，明白古人留下来的完整系统带来了人生的钥匙，我才鼓起勇气在这个时候出来。

此外，地球快速的变化再加上紧凑的生活步调，几乎已经让我们每个人都跟不上，也自然进入极端的不快乐。我才认为有必要把一个完整的解决方法带出来。

我所分享的，不能说是一个法门、一个哲学、一个系统，甚至连一个讲座也称不上，最多是我个人的一点心得。把它放上科学平台所产生的这些解释，也只是希望能让你自然地接受。

最终，我只能把这把钥匙交给你。怎么用，还是要靠你自己。

其实该问的是——你究竟有多想醒过来？就是想醒过来，又到了什么程度？只是理论层面可有可无的追求？还是你已经感受到了像火一般在心中燃烧的急迫，非在这一生解开不可？是不是带着一种几近野蛮、豁出去了的决心？不论怎么练习都阻碍重重，还是继续练习？毕竟，谁晓得下一次什么时候能有这个觉悟？

这几个问题，只有你自己能够回答。

只是，我敢这么说，这一趟人生之旅，失落愈大、伤痛愈难忍受，反而会催迫你更急切地去找答案。日子过得样样都顺，你反而不见得会重视，更别说想醒过来了。

要记得，人间任何所见、所体验的都不可能永久，早晚有一天会消失。

早晚有一天会消失。

早晚有一天，你要找到一个人生的答案。

有些人一生很早就开始追求这个问题，表面上看来样样都不顺，然而这或许是他最大的福德。我才会建议，不要再蹉跎这一生，而还要一次次回来重复被制约。说真的，没有人晓得下一次再碰到这样的机缘，会是什么时候。

干脆就把这一生当作千万次来最大的机会。

最后，也就轻轻松松醒过来吧。

快乐其实从来没有离开过你。

You can only be happy.

你也只能快乐。

You cannot become happy.

你无法变得快乐。

You are Happiness.

因为，你本来就是快乐。

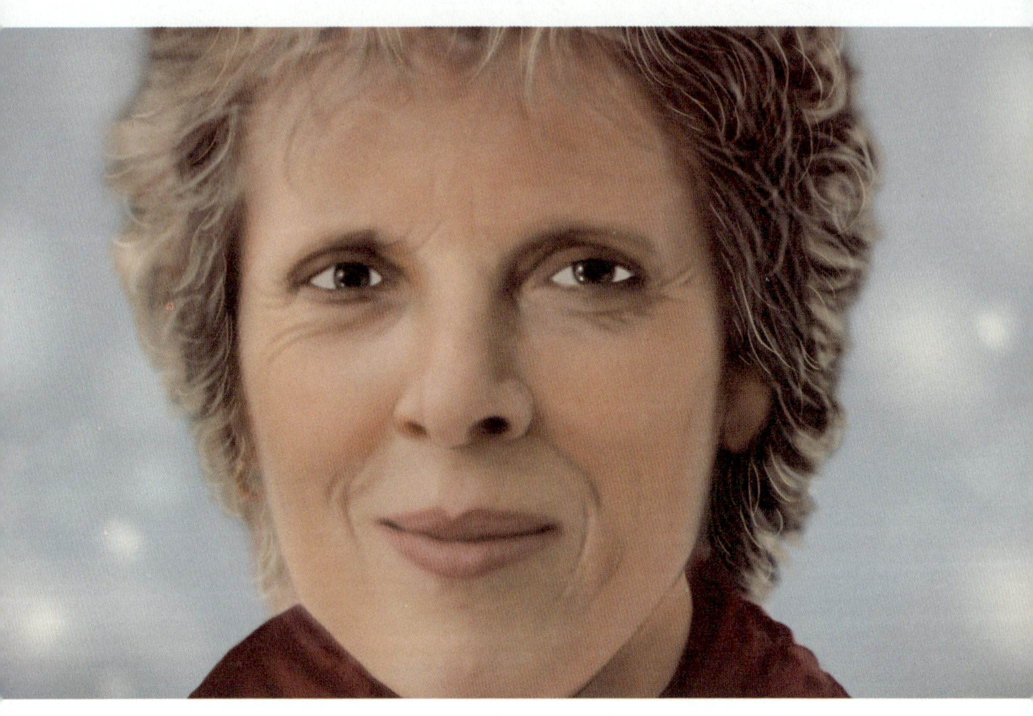

一个人彻底醒来，也就轻轻松松让这个世界活它自己，让它存在。自然对眼前的一切充满理解，充满慈悲，充满接受。内心宁静的
从每一个眼神、表情、行为流露出来，自然感染周边，照亮人间。

附录

生活满意度量表
（Satisfaction with Life Scale）

以下是开发这个量表的科学家对于得分的诠释，虽然30分和31分、25分和26分其实没有太大的差距，为了方便参考，还是先建立一个范围。

31—35分：对人生极度的满足。

26—30分：满足。

21—25分：还算满足。

20分：普普通通。

15—19分：略有不满足。

10—14分：不满足。

5—9分：极度的不满足。

牛津快乐量表
（The Oxford Happiness Questionnaire）

同样，这也是开发这个量表的科学家对得分的诠释，主要是从所谓“正常”的社会功能来说的，也就是人间的快乐。我列在下方给你参考。

1—2 分：不快乐。如果你很诚实地根据自己的状况来回答，却得了很低的分数，那么，或许你把自己和环境看得比真实的情况还糟糕。可能需要更进一步地做“抑郁症测试”或主动寻求专业的帮助。

2—3 分：多少算是不快乐，可以试试一些练习，像是“感恩日记”和“感恩清单”。

3—4 分：没有特别快乐或不快乐，3.5 分是这个量表的平均值。感恩和其他心理练习，是经过科学研究验证的，能让一个人的身心快乐更持久一些。

4 分：还算快乐。满足。这也是一般人最常见的得分。

4—5 分：相当快乐。

5—6 分：非常快乐。快乐与健康、婚姻质量、人生目标达成都有关。

6 分：太快乐。没错，“太”快乐。最近的研究指出，要在工作、学业、健康有不错的表现，所需要的快乐是有一个最佳程度的。太快乐的人，在这些方面可能不见得有最好的表现。

编者的话

一起听见快乐的呼唤

陈梦怡

《不合理的快乐》的编辑过程，带我回顾了自己一路以来对快乐的追寻。

我还记得20世纪八九十年代的自己，高中时期在图书馆里一本一本生吞活剥地读，硬是塞进了各种静坐、戒律、哲学、宗教、神秘学的知识。到了台大校园，从哲学跨到生物学的追求，克服专业术语的门槛，读遍了当时知识圈所引介的各种从物理学、生物学探讨生命的科普书籍，为的也不过就是想要知道——人生是怎么回事？而我来到这里，能做什么？又该如何活这一生？这一生，可能快乐吗？

这本书，从经济学、心理学、神经科学、到超个人心理学、物理学、哲学，对我来说，真正珍贵的不只是所引用的具体研究成果，更是杨定一博士引介这些知识面时深广的脉络。如果当年，有人这么指点我，该有多好。

在成书的过程中，杨博士很有耐性地从第一篇第一章开始调整前后文和风格，从知识量的取舍、到背景故事的引入，无异于牵着读者的手，走进完整的快乐科学研究脉络。说这是华人知识圈第一本真正针对普罗大众而成的原创科普书，都不为过。

只是，我已经尝过了《全部的你》《神圣的你》写作过程的“甜头”。在完成这两本意识转化工具的过程中，我可以看到自己的变化。那不是我个人“修”出来的，而是随着文字记录、修订、朗读，自己的愁苦、烦恼、习性、执着就一点一滴地被转化了。这对我来说，才真的是不可思议。

所以，我一心打算赶紧整理完文稿，希望杨博士再开启另一本书，回到我更受用的主题。我也以为，这本谈快乐的书就到此为止。

然而，更不可思议的是，杨博士在铺陈科学论证的基础之后，笔锋一转，再度切回真正的主题——不合理的快乐、存在的喜悦。而且，给了我毕生求之不得的一个大礼——“臣服”与“参”。

“臣服”与“参”的威力，我就不多说了。我相信，只要真正落实到自己生命的每一个角落，从每一个起心动念去臣服、去参，每一个人都可以亲身体验到来自生命本身的喜悦。

这本书完成的过程，我亲眼见到许多在别处不可能成就的奇迹。

首先是马奕安博士，我回想自己读研究所时投注在文献阅读上的心力，很难想象马博士在短短的时间内整理完那么大量的数据。更难得的是，马博士这位已经把中国台湾当家、说话带着法语温软腔调的“老外”，对我过于口语的描述偶尔提出的提点，确实让文章更清晰、更易读。我非但感激、佩服，也满心期待他和杨博士未来的作品。但愿很快，他会和读者分享他的研究之路。

卢峻晪，从《静坐》《全部的你》增订版、《神圣的你》，到《不合理的快乐》《我是谁》《集体的失忆》《落在地球》的封面设计，全出自她的手笔。我从旁观察她和杨博士的沟通，已经超过了语言的限制，仿佛只要一起坐下来静静地待一会，她就能捕捉到杨博士希望透过封面传达给读者的意象。有好几次，我光是看到她为封面所选的图，就被带入了另一个时空。这是文字和语言所无法企及的境地。

至于内页的插图，到了《不合理的快乐》以及接下来的几本书，相信有些读者察觉到新的风格。这要感谢施智腾（Simon）的加入。他的投入与效率，让接下来的书能全速推进。最有意思的是，Simon 过去并不觉得自己是灵性的画家，然而，却有很深的灵性意味从他的作品透出来。这一点，读者在接下来的三本小书，会更有体会。

同样地，这本书以及后头的三本作品，第一线校读的王先堆先生与陈锦书先生是最有耐性的读者，陪伴我一丝一缕地反复斟酌思绪，照顾不同读者的消化与吸收。如果读者感受到了温柔与照应，有一部分，是来自他们两位的关怀。

刚完成《不合理的快乐》时，我曾经有过这样的感慨——每写一本书，“我”好像就被撼动了一次。多写几本，“我”大概就不是“我”了。那时候，我还不知道后头几本书的威力。

在《不合理的快乐》之后，杨博士为有志于接触“全部生命”的朋友，写下了《我是谁》《集体的失忆》《落在地球》三本小书，录制了《光之瑜伽》《真实瑜伽》两个专辑，还把读书会放到“全部生命系列”的网络平台，作为与这一系列作品同步的素材。

这些作品的完成，对我而言，就像一阵风吹来，带着不可思议的清新，也影响了许多外围的人。意识仿佛被一个我不明白的什么托着，从这里到那里，接下来，不知道会是哪里。

这些文字，像是落在一个既干净又美丽的平面上，有自己跳动的韵律，已经早就不是我的作品。就连杨博士自己在听时，也时常感慨：“这是谁写的？”

写的人不知道是谁，写下来的作品不知道怎么长出这样的样貌，读的人也屡屡回报意识转变的效力，也就是说，就连阅读的“我”也在转变，也不存在。这样的作品，是怎么一回事？

清风吹来，且让我们一起聆听快乐的呼唤。

公版图片来源

第 199 页：Public Domain, https://commons.wikimedia.org/w/index.php?curid=606714

插画家作品列表

施智腾 Simon：p.12、p.31、p.57、p.64、p.96、p.172、p.192、p.240、p.256、p.264、p.271、p.278、p.324、p.339、p.363、p.366、p.370、p.374

曾曼榕：p.72、p.73、p.78、p.80、p.112、p.163、p.167、p.277、p.283、p.285、p.286、p.296

李研慧：p.44

感谢卢峻嵘协作 p.89 图，马奕安博士提供手绘稿 p.118、p.127

杨定一博士《全部生命系列》

天才科学家中的天才 | 中国台湾狂销排行 NO.1
奥运冠军心灵导师耗时 10 年大爱力作 | 彻底优化并改写无数人的命运轨迹

进阶生活智慧　活出人生真实　收获生命丰盛

大健康领域开山之作
统领先进实证研究和
中西医科学文化

ISBN：978-7-5169-1512-7
定 价：69.00 元

让自己静下来，
是这个时代的非凡能力

ISBN：978-7-5169-1947-7
定 价：69.00 元

让睡个好觉
成为简单的事

ISBN：978-7-5169-1511-0
定 价：75.00 元

步入生命的丰盛，
成功和幸福滚滚而来

ISBN：978-7-5169-2004-6
定 价：65.00 元

活出快乐，
其实比什么都简单

ISBN：978-7-5169-2006-0
定 价：99.00 元

从时间的桎梏中突围而出，
实现更清醒自主的人生进化

ISBN：978-7-5169-2008-4
定 价：69.00 元

短路
心灵的科学

如何让所有生命潜能
被彻底激活？

ISBN：978-7-5169-2007-7
定 价：59.00 元

扫码购书